电力信息网络安全

张　涛　林为民　马媛媛　邵志鹏　周　诚　编著

西安电子科技大学出版社

内 容 简 介

　　本书对电力信息网络安全进行了全面系统的研究分析。书中首先介绍了电力信息网络安全的相关概念以及研究现状，并对电力信息基础安全进行了分析；在此基础上，阐述了信息安全防护技术，并详细分析了现有各种安全防护技术的缺陷、进一步研究的方向及其在电力信息网络安全方面的应用。其次，本书对信息安全的前沿技术进行了深入研究，并从不同的角度围绕电力信息系统分析其安全问题，给出了相关应用。最后，本书对工业控制系统信息安全的基本概念、分类及其在国内外的研究应用情况进行了阐述，分析了工业控制系统安全防护体系以及安全防护的关键技术，并给出了工业控制系统安全的挑战以及未来发展的方向。

　　本书是作者多年从事科研项目研究的成果结晶。本书可作为电力信息网络安全相关专业研究生及高年级本科生的教材，也可以作为相关科研人员的参考书，同时也可作为研究生、博士生及教师论文写作的参考书。

图书在版编目(CIP)数据

电力信息网络安全/张涛等编著. —西安：西安电子科技大学出版社，2016.3
ISBN 978 − 7 − 5606 − 3935 − 2

Ⅰ．① 电… Ⅱ．① 张… Ⅲ．① 电力系统—信息安全 Ⅳ．①TM7

中国版本图书馆 CIP 数据核字(2016)第 026960 号

策划编辑　刘玉芳
责任编辑　刘玉芳　毛红兵
出版发行　西安电子科技大学出版社(西安市太白南路 2 号)
电　　话　(029)88242885　88201467　　邮　　编　710071
网　　址　www. xduph. com　　　　　电子邮箱　xdupfxb001@163.com
经　　销　新华书店
印刷单位　陕西天意印务有限责任公司
版　　次　2016 年 3 月第 1 版　2016 年 3 月第 1 次印刷
开　　本　787 毫米×1092 毫米　1/16　印张　11.875
字　　数　274 千字
印　　数　1～2000 册
定　　价　25.00 元
ISBN 978 − 7 − 5606 − 3935 − 2/TM
XDUP　4227001 − 1

* * * 如有印装问题可调换 * * *

编 委 会

前　　言

　　电力产业是我国经济发展的支柱产业。在深化建设电力系统的大背景下，国家相关部门非常重视电力安全建设中的信息安全问题。电力系统拥有极其复杂的特点，社会的健康稳定发展离不开电力系统的安全可靠运行。因此，在信息化高速发展的今天，保障电力信息安全是一项艰巨的任务。

　　电力行业是一个比较特殊的行业，电力企业的建设和电力通信的建设是同步进行的。从电厂到调度网、从变电站到调度网，通信调度网络和电网相生相伴，目前我国电力通信调度专用网络已经大规模建成并投入使用，全国骨干数字通信网架是电力企业管理、生产的基础网络设施。随着电力行业的不断发展，信息交换量呈爆炸式增长，各种服务和应用对信息质量的要求越来越严格，体现在标准化、通信容量、安全性、可靠性、实时性、数据完整性等方面。为了满足需求，电力行业建立了信息网络，即电力系统的专用广域网。电力行业的信息网络系统是由电力信息数据网络（SPTnet）、各级管理信息系统（MIS）以及电力监控系统和调度数据网络（SPDnet）组成的。电力信息网络系统的安全主要是指物理安全、网络安全、系统安全、应用安全和管理安全等。随着电力信息系统的不断发展，其规模日益庞大，再加上新的网络攻击手段和信息欺骗形式的出现，对原安全体系造成了很大的冲击，形成了新的安全隐患。目前，威胁电力信息网络的因素大致分为两类：第一是威胁网络设备的安全，第二是威胁网络中信息的安全。基于此，本书对电力信息网络安全进行了详细的阐述。

　　全书共分为 6 章，主要内容介绍如下：

　　第一章　介绍了电力信息网络安全理论、面临的风险、防范措施，并分析了电力信息网络安全需求。

　　第二章　介绍了对称加密、公钥基础设施认证、可信计算技术和数字水印技术等信息安全基础。

　　第三章　阐述了身份认证、防火墙、入侵检测、蜜罐技术以及网络隔离技术等信息安全防护技术，并在此基础上分析了各种现有安全防护技术的缺陷、进一步研究的方向以及在电力信息网络安全方面的应用。

　　第四章　给出了网络安全管理的概念、体系结构、相关技术、制度建设以及在电力系统方面的应用，阐述了网络安全审计的基本概念、分类、体系及其在电力系统中的应用。

　　第五章　分析了前沿信息安全技术，从不同的角度分别分析了移动互联网、云计算、大数据、物联网的安全问题，并讨论了相关的应用。

　　第六章　阐述了工业控制系统的基本概念、分类以及国内外的研究应用情况，分析了工业控制系统的安全性、安全防护体系以及安全防护的关键技术，给出了工业控制系统安全的挑战以及展望。

　　由于作者水平有限，书中难免存在不当之处，敬请读者批评指正。

编　　者

2015 年 9 月

目　　录

第一章 电力信息网络安全概论

电力产业是发展我国经济的支柱产业，建设信息化的电力产业得到国家的大力支持。电力系统拥有极其复杂的网络系统，社会的稳定健康发展离不开电力系统的安全可靠运行。电力行业信息化发展已经经历 30 年的时间，在信息化高速发展的今天，保障电力信息安全是一项艰巨的任务。

电力企业的信息化起步较早，管理现代化、网络运营市场化和电网调度自动化等都与电力信息系统密切相关。进入 21 世纪，信息技术的高速发展使电力行业得到了更为广泛的应用，资费管理、MIS、客户信息资源管理、客户服务、电力负荷控制和网络通信监控已经应用于各级电力领域，促进了我国电力行业的发展。但因信息化给电力系统带来的安全、稳定和优质运行等问题，也对电力企业生产的各个方面造成了一定的负面影响[1]。

电力信息系统安全作为国家安全的重要组成部分，一直备受关注，我国要求跟踪研究电力系统的信息安全技术，构建高效的安全模型和安全防护体系，保障电力信息系统优质、稳定、经济和安全运行[2]。

近几年来，随着电力事业的发展，我国电力计算机信息网络初具规模。但由于现有的网络协议和安全机制对安全问题考虑得不够，使得它们无法满足网络安全的要求，为此对电力系统信息安全关键技术的研究就显得很有必要，因此，安全问题贯穿在电力信息系统的规划、设计、建设和运营中，必须予以足够重视。

随着电力信息系统的不断发展，其规模日益庞大，然而新的网络攻击手段和信息欺骗形式的出现，对原有的安全体系造成了很大的冲击，形成了新的安全隐患。加上制度不够完善，管理和决策层没有充分考虑安全问题以及现有的安全机制和网络协议存在不足，引发了许多重大电力信息系统安全事故，造成了不良的政治影响，给企业带来了巨大损失，也阻碍了电力行业的健康发展。

电力系统信息安全的研究内容有：信息安全技术方案的提出和实施、信息安全运行管理策略、电力系统安全总体框架的构建以及子系统的安全要求等，这些都说明了电力系统的信息安全是一项涉及管理与技术的复杂工程。全面深入地剖析电力系统的信息系统安全问题，探讨信息安全防护、网络安全防护的方式方法，加强电力信息系统安全建设，以及构建高效的安全模型，是一项意义深远的任务。

1.1 电力信息网络安全理论

1.1.1 电力信息网络的定义

电网企业、供电企业、发电企业内部基于网络技术和计算机的业务系统，以及数据网络和电力通信系统统称为电力信息网络。电力信息网络分为管理信息系统、电力数据网和电力监控系统三个部分。

1. 管理信息系统

管理信息系统含有以下子系统：协同办公管理、物资管理、营销及市场交易管理、人力资源管理、企业一体化信息集成平台以及财务管理。

2. 电力数据网

电力数据网由电力信息数据网和电力调度数据网组成。电力信息数据网是电力行业内部的公用网，涉及所有的数据业务（除电力调度、生产控制）。电力调度数据网由电力生产专用拨号网络和各级电力调度专用广域数据网络组成。

3. 电力监控系统

电力监控系统是指用于监视和控制电网及电厂生产运行过程的、基于计算机及网络技术的业务处理系统及智能设备等。它包含了配电自动化系统、发电厂计算机监控系统、实时电力市场的辅助控制系统、微机保护和安全自动装置、电能量计量计费系统、负荷控制系统、水调自动化系统、变电站自动化系统、换流站计算机监控系统、能量管理系统、水电梯级调度自动化系统、广域相量测量系统和电力数据采集与监控系统等。

1.1.2 电力信息网络安全特性

电力行业的信息网络系统由电力信息数据网（SPTnet）、各级管理信息系统（MIS）、电力监控系统和调度数据网（SPDnet）组成。国家电力信息网络的结构如图 1.1 所示[3]。

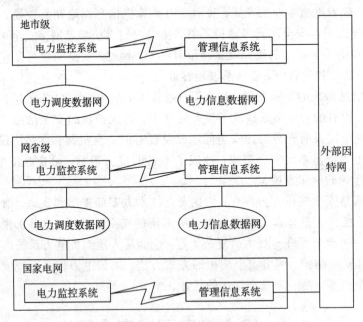

图 1.1 国家电力信息网络的结构

电力企业信息网络的纵向是电力企业在广域网的互联，而横向是电力各级单位。对于组成这个大网的任何发电企业、电网企业和供电企业内部的计算机网络系统，原则上都应该分为"生产控制区"和"管理信息区"两大区域，各级单位的生产控制区由电力调度网连接，管理信息区由电力信息数据网连接，在管理信息区的 OA 办公区和客户服务系统等子区域存在有与 Internet 的接口。

1.2 电力信息网络安全概述

1.2.1 电力信息网络安全研究现状

世界各国都在密切关注电力信息的安全问题，使其成为时下一个热门研究方向。美国对电力信息安全问题相当重视，美国国防部陆军研究办公室（Army Research Office）和 EPRI 联合资助的复杂交互网络/系统创新项目（CIN/SI），投资 3000 万美元，项目为期 5 年，有 2 个电力单位和 28 所大学参与，对新的技术环境下电力信息安全运行的新方法和新理论进行研究。

欧洲在电力安全系统方面开展了 OMASES 工业研究项目，该项目由大学教授、研究单位的研究人员、工业界的工程师和系统运行人员等四类人员参与，主要包括对市场仿真器、暂态稳定评估、EMS 运行人员培训仿真器的研究。该系统目前已经在希腊和意大利投入使用，效果良好。

在深化建设我国电力系统的大背景下，国家相关部门非常重视电力安全建设中的信息安全问题。2003 年，国家电力信息网络的安全运行被国家电网公司写入电力安全生产条例，电力系统信息安全被国家科技部列为国家信息安全示范工程。在国家的大力扶持下，我国电力行业在发电生产管理信息化水平、企业管理水平、电力规划设计、电网管理水平等方面都取得了长足的进步。

电力系统的安全性是国际学术界非常关注的热门问题，但是国内缺乏对信息系统安全性评估理论的研究，也缺乏成熟的安全性自动化评估工具[4]。诸如 Web 应用攻击、SQL 注入攻击、XSS 跨站脚本攻击、DoS/DDoS 拒绝服务攻击、木马蠕虫攻击和缓冲区溢出攻击等恶意有害的攻击，严重威胁着电力系统的安全与稳定运行。"逻辑炸弹事件"、"故障滤波器事件"、"换流站病毒感染事件"、"二滩电厂停机事件"等电力行业信息安全事故严重损害了电力行业的健康运营，造成了严重的国民经济损失。

国家电网把电力信息安全研究作为一项长期的重要任务，电力信息系统安全等级评估是该项研究任务的重点。文献[5]指出，在科技日新月异发展的今天，电力技术不断地与其他技术相融合，研究的重点不应仅仅局限于电力信息系统安全这一点，而应该全盘考虑，研究融合后系统的整体安全。文献[6]将关注点聚焦在风险因素上，用数学模型分析风险发生概率，指出了风险对电力信息系统的影响。文献[7]指出构建电力信息系统安全体系的过程：电力行业组织电力企业用户、信息安全专家、电力系统专家召开研讨会，从各方面给出意见和建议，以确定电力信息系统的安全体系，规避电力信息网络安全风险应从加强网络安全建设着手，从数据、应用、网络等多方面考虑，信息系统管理建设、网络安全系统的防病毒和防攻击建设以及电力信息系统的身份识别是研究的重点内容。文献[8]～[11]指出了目前电力系统中所存在的安全隐患，提出了针对性的建议和预防措施。文献[12]指出电力企业信息系统的网络安全建设应从数据层、应用层、网络层着手，多层面、多方位推进安全建设举措。把加强电力信息系统网络安全管理列入电力安全生产管理体系，此外，把防病毒和防攻击的网络安全系统以及电力信息网络身份认证建设作为研究工作的重点。文献[13]构建了 SSE - CMM 电力信息网络系统安全评估模型,该模型有效地评估了某省现有电力系统的安全系数。

基于以上文献,电力信息系统网络安全是一个热门的研究领域,有关专家和学者已经做了大量的研究工作,认真分析当前存在的问题以及面临的挑战,提出了有效的解决方案,对于后续的研究有重要的参考价值。由于技术的不断发展,新的安全风险层出不穷,应对风险的措施也应该不断变化,当前电力行业需要一种模型简单、理论相对简单、能够从整体解决电力信息系统安全问题、评估易实现的新方法。国家电网公司也十分重视具有自主知识产权的信息安全核心技术的研究工作,多次召开会议要求提高企业的创新能力。

1.2.2　电力信息网络安全面临的风险

目前,威胁电力信息网络的因素大致分为两类:第一是威胁网络设备的安全,第二是威胁网络中信息的安全。在电力系统中,电力业务系统的安全是主要的保护对象,其核心在于保护电力数据的安全,包括数据处理的安全、数据传输和数据存储的安全。网络安全不是指某一方面的安全,而是对整个电力系统的安全进行通盘考虑,技术和管理是其两个主要的方面。网络安全不是一成不变的,随着技术的发展,它极有可能面临新的威胁,因此是一个动态过程。影响电力信息网络安全的因素有很多,可能来自人为的破坏,也可能来自不可抗拒的自然因素[14];可能是无意的,也可能是有意的;可能来自企业外部的攻击者非法利用网络系统资源,也可能是企业的内部所为[15],等等。

电力信息网络系统的安全主要是指物理安全、网络安全、系统安全、应用安全和管理安全等。每一个环节都对整体安全起着至关重要的作用,无论哪一个环节出现问题,都可能产生巨大的网络安全事故。

1. 物理安全风险

物理安全风险是指物理特性以及外界自然环境引起的线路故障、网络设备故障等,这些故障可能导致网络系统瘫痪。由此可见,线路以及相关网络设备的安全性将会影响整个系统的安全性。火灾、水灾、地震、雷电这些物理因素都有可能对电力信息网络的安全构成一定的风险,可能造成系统瘫痪、网络中断;故意破坏、盗窃等人为因素可能造成信息的泄露;电磁干扰、静电干扰等也有可能造成网络系统的瘫痪[16]。

2. 网络安全风险

(1) 网络通信协议的安全风险。Internet/Intranet 的出现以及发展,使得 TCP/IP 协议在网站中得以应用。但由于这些协议本身存在安全漏洞,使得使用这些协议的网络包含了许多不安全的因素,这给网络攻击者以可乘之机,他们可以利用这些漏洞窃取用户信息或者发起网络攻击。比如,对网络的安全漏洞进行探测扫描;通过网络监听的方式窃取用户的私人信息;对网络设备和通信线路发起拒绝服务的攻击,造成整个网络系统的瘫痪[17]。

(2) 网络体系结构的安全风险。电力信息网络的体系结构必须按照安全机制和安全体系结构进行设计,网络平台的安全性能与其息息相关。电力信息网络体系结构比较复杂,由多个局域网和广域网组成。与安全风险密切相关的因素包括:线路、网络设备有无冗余设计;Internet 网、生产业务网和内部行政办公网等网络之间采取的隔离方式是否恰当、到位;网络安全方面的设置是否能随网络安全需求及网络结构的变化及时做出调整;路由器、防火墙设置得正确与否等。

（3）电力实时系统的安全风险。生产单位可以控制其管辖的电网，攻击者入侵电力信息系统网络后，对实时网络系统所发起的一系列攻击行为，将会影响电力设备的正常运行，带来不可预想的后果，对电力行业产生严重危害。

3. 系统安全风险

（1）黑客入侵风险。攻击者利用网络监听、网络探测、拒绝服务、操作系统安全漏洞、系统渗透、扫描网络、木马、用户渗透等方式获得一个合法的用户名、应用操作系统的类型、IP 地址、口令、开放的 TCP 端口号等信息，然后利用这些信息对电力信息系统的网络进行攻击，获取内部信息，甚至使系统瘫痪[18]。一个有效的措施就是将不同安全等级的网络系统进行分级，然后将它们隔离，以防止信息的外泄；另一种方法是过滤服务请求，对数据包进行筛选，正常通信的那一部分才被允许到达相应的主机，其余的请求服务均会被拒绝。

（2）数据库安全风险。SYBASE 或 Oracle 大型分布式数据库由于具有一定的安全级别，因此在电力信息网络中被广泛采用，但仍存在一定的安全漏洞。使用这些数据库的软件系统，其数据的安全管理设计必定也会有安全风险。这些风险包括：数据库服务器本身存在漏洞容易受到攻击、通过口令猜测获得系统管理员权限、非授权用户的访问等。还有一种安全问题值得考虑，如软件崩溃或者硬件问题引起的数据不可恢复问题。

（3）操作系统安全风险。目前最为普遍的网络安全风险是由操作系统安全漏洞造成的，操作系统的安全漏洞存在于网络设备中的操作系统、外部数据交换服务器、Windows 等操作系统、数据库服务器中，甚至有些操作系统中出现了"后门"（backdoor），这些都存在巨大的安全隐患[19]。

由于操作系统在安装时很少考虑其安全性，一般以其能正常工作为目标，这就给安全埋下了隐患。系统的应用和安全配置在一定程度上决定了系统的安全程度，定期对安全漏洞进行修补，否则攻击者很有可能成功入侵。

（4）病毒危害风险。病毒在网络中日益盛行，给网络安全造成很大危害。它可以通过电子邮件、下载、人为投放、网页浏览等方式进入内部网，有些病毒还利用应用软件或者操作系统的漏洞主动向其他存在漏洞的计算机发送病毒，以侵入其系统。病毒的传染性很强，一旦某一台计算机被感染，该病毒就有可能迅速感染所有计算机，造成机器死机、文件丢失、网络中断、信息泄露、服务中断等后果[20]。如今，计算机基本上都安装杀毒软件，但是人们的杀毒意识并不强，不经常对病毒代码进行升级，新病毒仍有可能入侵已经安装杀毒软件的计算机，诸如震荡波病毒、冲击波病毒等都曾困扰过电力信息网络系统，给部分企业带来了计算机病毒灾难。

4. 应用安全风险

（1）信息传输的不可抵赖性和机密性风险。应用系统中有许多重要的事务处理信息，比如与电力企业管理、经营、生产相关的一类信息，攻击者修改、窃取甚至虚假发布这类信息后，对电力企业的管理、经营和生产会造成很大影响，威胁电力行业的信息安全。电力行业使用公安部和国家密码管理委员会批准的密钥管理技术、密码算法和加密方式来避免信息在传输过程中被修改、窃取，以此来确保信息传输的完整性、不可抵赖性和机密性。

（2）信息传输的完整性风险。通过 Internet 和广域网进行电力信息传输，是电力行业传输信息的一种方式。Internet 和广域网本身的特征决定了电力信息在传输过程中具有不完整性和非实时性的特点。解决此类问题的办法是构建 SSL 虚拟专用网（VPN），它是一种基于 Internet 的网络，在此基础上再利用电子签名、信息传输加密等方式可提高电力系统网络的安全性。

（3）授权控制与身份认证的安全风险。传统的认证方式为通过用户的 ID 以及口令进行认证，由于口令很容易被盗取，所以这种传统方式存在很大的安全隐患[21]。现在出现的第三方认证以及动态口令认证可以提高系统的安全性，得到业界的一致认可。但这种方式仍存在一定的风险，这是由于用户的管理和使用不当造成的。解决此类问题的方法是构建基于统一策略的授权控制与用户身份认证机制，针对不同的信息访问者和用户授予不同的事务处理和信息访问权限。

5. 安全管理风险。

电力企业拥有一个非常复杂、庞大的信息网络系统，如何维护系统的正常运转，科学有效的管理起着至关重要的作用。许多事故表明，企业内部由于疏忽管理，严重威胁着电力信息网络的安全，最终酿成大祸。风险的潜在因素包括以下几个方面：安全管理制度不健全或者缺乏可操作性，管理混乱，责权不明；管理员缺乏责任心，操作失误，不遵守规章制度，业务不熟练等；缺乏对网络的可审查性和可控性等。

1.2.3　电力信息网络安全防范措施

近年来，国家出台一系列关于加强信息安全建设的文件。电力企业为贯彻文件精神，结合自身特点，邀请业务应用专家、网络与信息安全专家深入剖析、研究电力行业目前所存在的问题，开展切实有效的信息安全保障工作。

（1）落实电力安全防护策略。落实电力安全策略包括安全分区、网络专用、横向隔离、纵向认证，以加强实时调度生产控制系统的安全运行。

（2）确保信息系统安全可控。坚持信息安全事件"四不放过"原则，坚持信息系统安全监督与管理"四全"机制，坚持"三同步"原则，按照人员、时间、力量"三个百分之百"的要求，将信息系统安全纳入了"百问百查"活动，开展信息系统安全"八查"工作。

（3）制定电力信息系统安全防护措施。通过使用一些技术手段，制定完善的电力信息系统安全防护措施，如入侵检测、防火墙等，减少恶意代码和网上病毒的攻击；通过身份认证，保证企业用户使用信息系统的合法性；通过备份现有的数据，保证信息丢失的情况下的数据安全。

（4）构建信息系统管理体系。各级单位设立专门的信息化领导小组来负责信息安全的工作，建立信息安全各级责任制，不断完善工作机制。在行业内实行严格的监管制度和报告制度，建立有效的安全事故预警方案，提高安全保障的工作水平，保障电力信息系统的安全运行。

（5）建立信息系统应急处理机制。制定《国家电网公司信息系统应急预案》，明确电网公司信息系统应急体系结构、处理流程、培训演练等事项，完善了总部、网省、地市二级信息安全运行通报机制，提高公司应对信息事件的预警、处理能力。

（6）推进信息系统安全综合防范工作。针对上级文件精神，落实各项安全检查、风险评估工作，建立信息安全风险管理机制，将管理过程制度化、常态化，将一切问题扼杀在萌芽状态。

1.3　电力信息网络安全需求与分析

1.3.1　电力信息网络安全需求

在电力信息传递过程中，为了保证信息的可控性、可用性、完整性、不可抵赖性、机密性和可审性，必须认真分析和研究当前电力系统中存在的安全风险和面临的主要威胁，这样就可以有针对性地构建电力信息系统的安全模型和体系[22]。

（1）可控性。可控性是指对授权访问内的信息流向以及方式进行控制，授权机构对信息的内容及传播具有控制能力。

（2）可用性。可用性是指确保已授权用户在需要时可以访问系统中的信息和相关资产，不因人为或自然的原因使系统中信息的存储、传输或处理延迟，或者系统服务被破坏或被拒绝到不能容忍的程度。

（3）完整性。完整性是指提供的信息的正确性，就是数据不以未经授权的方式进行改变或损坏的特性。电力企业的许多开放系统应用都有依赖于数据完整性的安全需求，完整性同样应考虑信息所在的形式和形态。

（4）可确认性。可确认性也称信息的不可抵赖性，是传统社会不可否认需求的信息社会的延伸。可确认性包括证据的生成、验证和记录，以及在解决纠纷时随即进行的证据恢复和再次验证。

（5）机密性。机密性的目的是确保信息仅被授权者可用。由于信息是通过数据表示的，而数据可能导致关系的变化，因此信息能通过许多不同的方式从数据中导出。信息的保护通过确保数据被限制于授权者，即对信息的机密性需求还需通过可审性来配合。机密性需求还应考虑信息所在的形式和状态，例如是物理的纸面形式、电子文档形式，还是传输中的介质形式。

（6）可审性。可审性本身不能针对攻击提供保护，因此容易被忽略。可审性必须和其他安全需求相结合，从而使这些需求更加有效。可审性需求会增加系统的复杂性，降低系统的使用能力。然而，如果没有可审性需求，机密性需求和完整性需求也会失效。

上面阐述了六个方面的内容，这些都是保证电力信息系统信息安全的基本点。其中，可审性不应该是信息自身的安全需求，但是具有信息的责任需求，信息的可确认性也具有责任需求的一面。信息的可审性是事后可追查的特性，这一点在电力信息系统安全中是极为重要的。

1.3.2　电力信息网络安全分析

在国家电力监管委员会（简称电监会）出台的相关文件中，可以看到电力信息网络分为四部分，即四个安全区，这是根据安全和业务特点进行划分的，其中安全区Ⅰ和Ⅱ是生产控制区，安全区Ⅲ和Ⅳ是管理信息区。电监会划分的电力信息网络安全分区如图1.2所示。

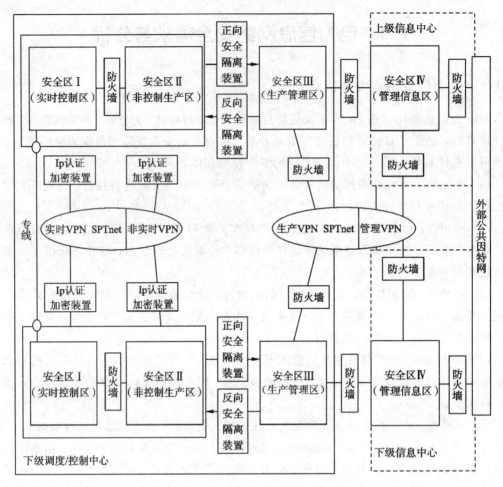

图 1.2　电力信息网络安全分区示意图

由图 1.2 可以看出，这四个安全区承担着不同的功能，所以在安全防护要求、安全防护水平以及安全等级方面也有所不同。安全区 IV、安全区 III、安全区 II、安全区 I 安全等级依次升高，下面详细介绍各分区的情况。

1. 安全区 I

安全区 I 是一个实时控制的区域，是电力生产的核心区域，为电力生产提供关键服务。该区的系统是在线运行系统，可对电力系统进行实时监控。该区通过广域相量测量系统、配电自动化实时系统、变电站自动化系统以及调度自动化系统等实现了对电力系统的控制[23]。安全区 I 是电力信息网络系统中最重要的一部分，它对安全等级有着最高的要求，在整个电力信息系统中占有重要的地位，是安全防护的重点对象。

2. 安全 II

安全区 II 是一个非实时控制的区域，由电力电量交易系统、电能量计量系统、水调自动化系统、故障录波信息管理系统、继电保护系统等组成[24]。它对安全等级的要求仅次于安全区 I，该区虽然不像安全区 I 那样对电力系统实时控制，但它也是电力生产过程中一个非常重要的环节，和安全区 I 的系统关联密切。

3. 安全区 III

安全区 III 是一个生产管理区域，由统计报表系统、雷电检测系统、调度生产管理系统等组成[25]。该区的系统不需要在线运行，所以不具备实时控制功能。它对安全等级的要求次于安全区 II，但是也不能忽视它的安全问题。它与安全区 IV 的办公自动化系统关联密切，在信息交互过程中，安全问题应当予以重视。

4. 安全区 IV

安全区 IV 是一个信息管理区区域，由办公自动化系统、客户服务系统以及管理信息系统等组成。该区的主要功能是实现电力信息管理及其办公自动化。

电力信息网络系统的特点是层次化、分布广和规模大等，许许多多复杂的子系统组成了现在的电力信息网络。在各子系统信息交互的过程中，必须确保电力系统安全。"横向隔离、网络专用、安全分区、纵向认证"是电力行业整体安全保障的基本原则[26]。保障电力信息系统的安全要从两方面着手，一方面要改善系统内部安全，另一方面要加强信息网络边界保护。

下面研究电力信息网络系统的整体架构。安全区 I 和安全区 II 的业务信息系统构成了电力系统生产控制系统，其在线运行是通过电力调度数据网络实现的[27]。安全区 I 与安全区 II 的联系十分密切，两者之间有着频繁的信息交互。基于上述分析，这两个安全区之间必须采用硬件隔离设备进行逻辑隔离。安全区 III 和安全区 IV 的信息系统构成了管理信息系统，两者之间有着较为频繁的信息交互，也必须采用硬件隔离设备进行逻辑隔离。安全区 I 和安全区 II 以及安全区 III 和安全区 IV 之间加装了安全隔离装置以后，就不能直接进行信息交换，而需要通过安全隔离装置的审核过滤后才能决定是否转发。上述将电力信息系统分区的做法，使得信息在各个安全区之间交换的时候，有一个审核过滤的环节，这对保障电力信息系统的安全有着十分积极的作用。

安全区 I 和安全区 II 是电力系统生产控制系统，该区安全方面的威胁主要来自系统内部。加强对电力系统生产控制区的风险控制，排查内部安全风险，是降低该区安全事故的主要措施。安全区 III 和安全区 IV 是管理信息系统，两区安全方面的威胁主要来自系统的外部。该区在防范安全风险上采取的措施是加装入侵检测、防火墙等安全防护设备，这些设备只能在一定程度上阻挡来自外部网络的攻击，但是仍有一部分攻击者绕过安全防护设备对电力系统网络进行攻击，所以对这两区的安全防护，不仅要着眼于内部的威胁，更要重视来自外部的威胁。

1.4　电力信息网络常用安全防护设备

近年来，电力行业加大对网络安全建设的资金投入，并结合行业自身特点构建了安全体系。安全防护技术有横向隔离技术，它是指在不同分区间设置安全隔离设备；防火墙、入侵检测技术，它是指在内部网络与外部网络之间设置安全保障设备。

1.4.1　安全隔离装置

电力信息网络的专用安全隔离设备为电力系统安全提供横向保护，是通过对不同安全分区边界进行防护实现的。安全隔离装置具有很高的安全防护强度，可以在确保数据的单向传递情况下，有效防止 E-mail、Web 等经由隔离装置跨区域传递信息[28]。安全隔离装置部署图如图 1.3 所示。

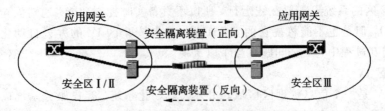

图 1.3 安全隔离装置部署图

安全隔离装置有正向和反向之分。正向隔离装置的特点是在内部有地址过滤，对外没有 IP 地址，所有网络(除了 TCP 以外)功能都可以关闭。为了确保两个安全区之间数据交换的安全可靠，用非网络方式保证两侧网络不同时联通。反向隔离装具备正向隔离装置的基本功能，除此之外还具有应用网络管理功能，因此它能接收与转发数据。

安全区 III 到安全区 I/II 的信息传输要经过三个步骤：第一步是对即将发送的数据签名，它是在数据的发送端进行的；第二步是将这些数据发送给反向型专用隔离装置，在其接收到数据以后，对数据进行验证、过滤处理；第三步是在审核后，将数据转发给安全区 I/II 内部的接收程序。

1.4.2 防火墙

防火墙具有报文过滤、访问控制以及实现不同区域的逻辑隔离功能，所以在不同区间都有防火墙的部署[29]。为了防止攻击者侵入信息网络，在内部和外部网络间也有防火墙的部署。防火墙可以使网络更加安全，这是因为它对数据流进行检测和控制，从而可以屏蔽网络内部信息。防火墙示意图如图 1.4 所示。

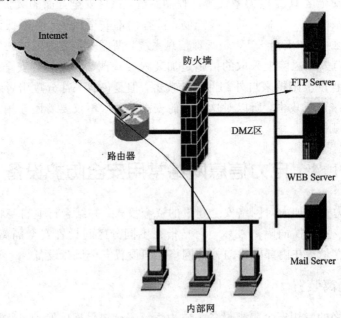

图 1.4 防火墙示意图

防火墙有三类：状态检测型防火墙、应用级型防火墙和包过滤型防火墙。状态检测型防火墙首先对接收到的数据包内容进行检测，然后再对数据包做出处理的具体决定，该防火墙有一个智能引擎，它能自动识别数据包，然后对其处理；应用级防火墙对进出的数据包进行检测，根据现有的安全策略处理数据包；包过滤型防火墙在网络层根据在其内设置的过滤逻辑来选择数据包，能否让此数据包通过是由检测数据包的地址、端口号等决定的。

1.4.3 入侵检测系统

电力信息网络系统的良好运行离不开安全的网络环境，防火墙提供的静态防御防线能对黑客的攻击起到一定的防御作用。随着网络技术的发展，新的系统漏洞给黑客以可乘之机，安全保障体系亟需完善。入侵检测系统在电力信息网络系统中可以弥补防火墙系统的不足，它可以对整个网络中来自外部和内部的安全风险进行有效的监控和分析[30]。入侵检测系统依据不同的监控对象分为以下三类：基于网络的入侵检测系统、基于主机的入侵检测系统以及混合分布式入侵检测系统[31]。

基于网络的入侵监测系统工作原理如下：

（1）在收到的信息中选取协议分析、网络流量等有用的数据信息；

（2）将这些信息和网络正常行为与已知入侵的特征信息进行比较，判断识别入侵事件。

基于主机的入侵检测系统工作在单一的主机上，对主机审计工作日志，以检测来自系统外部和内部的威胁，其示意图如图1.5所示。

混合分布式入侵检测系统由于有效地结合了前述两种系统的优点，因此对各类网络入侵事件有更为准确的识别。

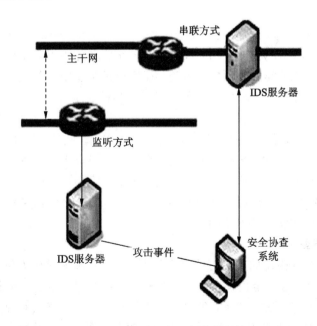

图 1.5 基于主机的入侵检测系统

1.5　电力企业信息网络安全体系

电力企业信息网络安全防护的主体不是简单的系统，而是一个与电力企业和社会结合的、人参与其中的、开放的复杂系统。在建设安全防线的时候，每一处都得设立安全防线，但攻击者可能往往只需攻破一点后就能使整个系统瘫痪，这无疑增加了电力企业网络安全防护的复杂性。综上所述，不同的安全技术、安全产品的简单堆砌是起不到防护作用的，只有建立一整套完善可行的网络安全防范体系，才能对网络系统中的关键数据和实时控制等关键业务进行有效保护。

1.5.1　网络安全模型

网络安全模型是网络整体安全特性的最高层抽象描述，该模型有助于对网络安全进行理解、设计、管理以及实现。它不仅可以降低管理的复杂度和安全代价，还可以保证网络安全功能的完备性。

1. 静态安全模型

静态安全模型是指包括各种网络安全组件（如防火墙、加密和认证系统、入侵检测系统、防病毒系统、漏洞扫描等）的模型。静态安全模型的特征是：采用静态网络安全技术，如防火墙、加密和认证技术；模型内各部件的防御或检测能力是静态的；模型内各部件孤立工作，不能实现有效的信息共享、能力共享、协同工作。

关于静态安全体系结构，OSI 发布了 ISO7498—2 标准。ISO7498—2 从体系结构的观点描述了 OSI 基本参考模型之间的安全通信必须提供的安全服务及安全机制，并说明了安全服务及其相应机制在安全体系结构中的关系，从而建立了开放互连系统的安全体系结构框架。

ISO7498—2 安全体系结构由五类安全服务（Security Services），以及用来支持安全服务的八种安全机制（Security Mechanisms）构成。安全服务体现了安全体系所包含的主要功能及内容，是能够定位某类威胁的安全措施；而安全机制规定了与安全需求相对应的可以实现安全服务的技术手段。一种安全服务可以通过某种安全机制单独提供，也可以通过多种安全机制联合提供；而一种安全机制可以提供一种或多种安全服务。安全服务和安全机制有机结合、相互交叉，在安全体系的不同层次发挥作用。此外，ISO7498—2 还对安全管理进行了描述，但这里的安全管理范围比较狭窄，只对安全服务和安全机制进行管理，即将管理信息分配到相关的安全服务和安全机制中去，并收集与其操作相关的信息。

ISO7498—2 的另一个贡献是把这些内容映射到了 OSI 七层模型中。这个体系结构是国际上一个非常重要的安全技术架构基础。

2. 动态安全模型

将各网络安全组件构建成多层的纵深防御体系，对系统形成全方位、多层次的立体防护，这种模型被称为动态安全模型。动态安全模型的特征是：多层防御体系，各安全组件按其功能和特点构成多层防御体系，各层之间既能互动，又保持相对独立，黑客必须突破所有的防御层才能对系统造成损害；系统的防御能力动态提升；模型内各安全组件可实现互动，模型内的安全组件是相互协作的。

由于传统的计算机安全理论不能适应动态变化的、多维互联的网络环境，于是可适应网络安全理论体系逐渐形成。P^2DR 模型是可适应网络安全理论（或称为动态信息安全理论）的主要模型。

（1）P^2DR 网络安全模型。P^2DR 网络安全模型是 TCSEC 模型的发展，也是目前普遍采用的安全模型，如图 1.6 所示。P^2DR 模型包含四个主要部分：Policy（安全策略）、Protection（防护）、Detection（检测）和 Response（响应）。P^2DR 模型给网络安全管理提供了方法，所有的安全问题都可以在统一的策略指导下，通过防护、检测、响应等组成了一个所谓的完整、动态的安全循环过程，以保证信息系统的安全。

（2）PDRR 网络安全模型。PDRR 网络安全模型，也称做 PPDRR 模型或 P^2DR 者模型，它是在经典的 R^2DR 模型基础上演变而来的，如图 1.7 所示。PDRR 模型包含了五个主要部分：Policy、Protection、Detection、Response、Recovery，这五个部分构成了一个动态的信息安全周期。在 PDRR 模型中，安全策略、防护、检测、响应和恢复共同构成了完整的安全体系[32]。其中，恢复环节对于信息系统和业务活动的生存起着至关重要的作用，只有建立并采用完善的恢复计划和机制，其信息系统才能在重大灾难事件中尽快恢复并延续业务。

随着人们对业务连续性和灾难恢复的愈加重视，尤其是 911 恐怖事件之后，由 P^2DR 模型衍生而来的 PDRR 模型开始得到人们的重视。PDRR 网络安全

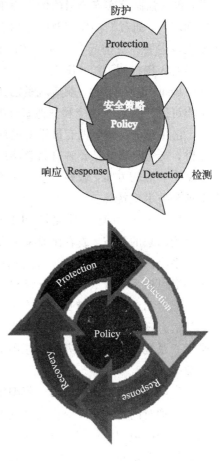

图 1.7　PDRR 安全体系模型

模型与 P^2DR 网络安全模型在策略、防护、检测、响应等环节非常相似，唯一的区别在于 P^2DR 模型把恢复环节包含在响应环节中，只作为事件响应之后的一项处理措施，而 PDRR 模型把恢复环节提到了和防护、检测、响应等环节同等的高度。

Policy（安全策略）：安全策略是 P^2DR 和 PDRR 模型的核心，所有的防护、检测、响应都是依据安全策略实施的，企业安全策略为安全管理提供管理方向和支持手段。安全策略体系的建立包括安全策略的制定、评估执行等。制定可行的安全策略取决于对网络信息系统的了解程度。

Protection（防护）：P^2DR 模型和 PDRR 模型最重要的部分就是防护。防护是预先阻止攻击可能发生的条件产生，让攻击者无法顺利入侵，可以阻止大多数的入侵事件。防护通常采用一些传统的静态安全技术及方法来实现，主要有防火墙、防病毒、加密、认证、漏洞扫描等方法。

Detection（检测）：防护系统去除入侵事件发生的条件，可以阻止大多数入侵事件的发生，但是不能阻止所有的入侵，特别是那些利用新的系统漏洞、新的攻击手段的入侵。因此安全策略的第二个安全屏障就是检测，检测是非常重要的一个环节，检测并不是根据网

络和系统的漏洞，而是根据入侵事件的特征去检测的。检测是动态响应和加强防护的依据，也是强制落实安全策略的有力工具，通过不断地检测、监控网络和系统来发现新的威胁和弱点，通过循环反馈及时作出有效的响应。网络的安全风险是实时存在的，检测的对象应该主要针对构成安全风险的两个部分，即系统自身的脆弱性及外部威胁。主要的检测工具是入侵检测系统（IDS）。

Response（响应）：响应就是已知一个攻击入侵事件发生之后进行的处理。响应的主要工作可以分为紧急响应和其他事件处理两种。紧急响应就是当安全事件发生时采取应对措施，它在安全系统中占有最重要的地位，是解决潜在安全问题最有效的方法。从某种意义上讲，安全问题就是要解决紧急响应和异常处理问题。要解决好紧急响应问题，就要制定好紧急响应的方案，做好紧急响应方案中的一切准备工作。其他事件处理主要包括咨询、培训和技术支持等。

Recovery（恢复）：恢复是 PDRR 模型中的最后一个环节。恢复是事件发生后，将系统恢复到原来的状态，或者比原来更安全的状态。恢复分为系统恢复和信息恢复两个方面。

系统恢复是指修补该事件所利用的系统漏洞，不让黑客再次利用此漏洞入侵。系统恢复一般包括系统升级、软件升级和打补丁等，其另一个重要工作是除去后门。系统恢复都是根据检测和响应环节提供的有关事件的资料进行的。

信息恢复是指恢复丢失的数据。数据丢失的原因可能是由于黑客入侵造成的，也可能是由于系统故障、自然灾害等原因造成的。信息恢复就是从备份和归档的数据中恢复原来的数据。

P^2DR 和 PDRR 网络安全模型阐述了这样一个结论：安全的目标实际上就是尽可能地增大保护时间，尽量减少检测时间和响应时间。每次发生入侵事件，防御系统都要更新，以保证相同类型的入侵事件不再发生，所以整个安全策略（包括安全模型的各个主要部分）组成了一个信息安全周期，这个信息安全周期实际上是一个螺旋上升的过程，经过了一个循环之后，防护的水平也得到了提高。

1.5.2　电力企业信息网络安全体系

网络安全体系应该是一个融合了技术和管理在内的、可以全面解决安全问题的体系结构，它应该具有动态性、过程性、全面性、层次性和平衡性等特点，是一个可以在信息安全实践活动中真正依据的建设蓝图。但 P^2DR 和 PDRR 网络安全模型表现为网络安全最终的存在形态，是一类目标体系和模型，它并不关注网络安全建设的工程过程，也并没有阐述实现目标体系的途径和方法。此外，模型更侧重于技术，对诸如安全管理这样的因素并没有强调，而目前业界内外的共识是：网络安全＝3 分技术＋7 分管理。

电力企业信息网络主要的服务对象为电力企业的生产和管理，随着电力企业接入互联网、企业网站、客户服务等系统的建设，以及为住宅区提供网络接入服务等，使电力企业信息网络结构变得更加复杂，网络用户群更加多样化，因此网络安全防范和安全管理的作用更为突出。

综上所述，在实际网络安全防范的基础上，提出了一种动态的、多方位的网络安全防范体系构建方法。

1. 网络安全防范体系应该是动态变化的

安全防护是一个动态的过程，新的安全漏洞不断出现，黑客的攻击手法不断翻新，而电力企业及信息网络自身的情况也在不断发展变化，在完成安全防范体系的架设后，必须不断地对此体系进行及时的维护和更新，才能保证网络安全防范体系的良性发展，确保它的有效性和先进性。

2. 网络安全防范体系应该是多方位的

网络安全防范体系构建以安全策略为核心，以安全技术为支撑，以安全管理为落实手段，并通过安全培训加强所有人的安全意识，完善安全体系赖以生存的大环境。电力企业信息网络安全防范体系如图 1.8 所示。

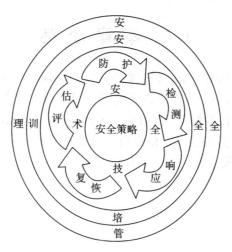

图 1.8　电力企业信息网络安全防范体系

（1）安全策略。安全策略是一个成功的网络安全体系的基础与核心。安全策略描述了电力企业信息网络的安全目标、保护对象的安全等级、各安全等级能够承受的安全风险等方面的内容。

（2）安全技术。常见的安全技术主要包括防火墙、安全漏洞扫描、安全评估分析、入侵检测、网络陷阱、入侵取证、备份恢复和病毒防范等。这些技术手段是网络安全体系中直观的部分，缺少任何一种都会有巨大的危险，因为网络安全防范是一个整体概念。但由于实施计划、经费等的限制，不能全部部署，这时就需要在安全策略的指导下分步实施。网络安全体系并不是安全产品的简单堆砌，而是各部分合理部署、互联互动，形成一个有机的整体。

（3）安全培训。信息网络的安全是动态的过程，新的安全问题和攻击手段不断出现，致使原来安全的网络出现新的安全威胁。这就需要网络管理人员跟踪新的安全问题、新的攻击手段和新的安全防范措施，根据安全威胁的变化及时调整安全防范措施，在出现网络安全事件时能及时响应并处理。此外，用户的安全意识是信息系统是否安全的决定因素，因为用户的计算机被入侵、感染病毒等将成为攻击企业网络的跳板或病毒的传播源。对电力企业用户的网络安全培训和安全服务是整个安全体系中重要的、不可或缺的一部分，尤其是要加强对信息网络管理人员、实时控制区和非控制生产区网络用户的网络安全培训。

（4）安全管理。安全管理贯穿整个安全防范体系，代表安全防范体系中人的因素。电力企业信息网络安全不是简单的技术问题,若不落实到管理,再好的技术、设备也是徒劳。安全管理不仅包括行政意义上的安全管理,更重要的是对安全技术和安全策略的管理。目前,信息网络的安全管理越来越受到重视,相关部门制定了电力系统信息安全的管理规定,各级电力企业也制定了相应的安全管理制度,随着企业体制和信息网络安全的发展和变化,信息网络安全管理制度也需要不断地调整和完善。

　　网络安全体系结构由许多静态的安全控制措施和动态的安全分析过程组成。实现电力企业信息网络安全是个复杂的过程,要从系统工程的角度构建网络的安全体系结构,把所有安全措施和过程通过管理的手段融合为一个有机的整体,才能保证整个过程的有效性,才能保证安全控制措施有效地发挥其效能,从而确保实现预期的安全目标。

1.6　本章小结

　　本章介绍了电力信息网络安全的相关概念以及研究现状,指出了电力信息网络中存在的安全威胁,并从硬件、软件、管理等方面简要介绍了相关的防范措施;同时也对电力企业信息网络安全模型以及体系作了简要介绍。可以看出,在信息网络迅猛发展的今天,电力行业对系统的安全需求愈加迫切。根据电力行业的特点,有针对性地提出整体解决方案,是解决电力行业网络安全问题的一个有效途径。

第二章 基础信息安全

　　网络安全作为计算机科学的分支，它的产生源于网络通信的保密需要，它的发展得益于人们为应对侵犯网络通信和联网计算机系统的各种攻击所做出的锲而不舍的努力。随着互联网技术的深入和普及，如何采取更有效的安全措施保护网络通信内容不被窃取、篡改和伪造，以及如何保护计算机系统免受侵扰等问题变得愈发重要。除军事和金融通信之外，网络安全已成为电子商务、信息管理等领域不可或缺的工具和重要护盾，越来越受到政府、企业、高校及科研单位的重视。毫无疑问，网络安全将继续是计算机科学研究与应用中一个举足轻重的领域。互联网是在有线电话网的基础上发展起来的，由于当初在设计互联网通信协议时忽视了安全方面的考虑，导致互联网通信存在许多本来可以避免的缺陷和漏洞。为了解决互联网技术中的一系列问题，包括网络安全问题，各国科研工作者正在努力探索和开发新一代互联网技术，尤其是在物联网和大数据等新兴技术如火如荼发展的态势下，探讨怎样的体系结构才能更好地适应今后的发展并解决现有的网络安全问题至关重要。无论如何，维护网络安全的努力将持续不断，因为旧的网络安全机制由于计算理论的发展、计算机性能的提高或新技术的产生而不再有效，而新的应用则需要新的安全措施加以维护，网络安全问题也会层出不穷。

　　本章将介绍网络安全的相关背景，重点说明网络安全在新的互联网技术发展形势下日益突出的重要性。首先，简单介绍了密码学的悠久发展史，详细分析了对称加密机制与非对称加密机制相关理论，并比较了不同技术的优缺点，然后系统地介绍了以非对称加密机制为基础的公钥基础设施结构，并说明各部分的作用以及工作原理。同时，还详细介绍了数字签名、可信计算、数字水印等其他相关的基础信息安全理论与技术，依托实际的应用场景帮助读者具体了解计算机安全解决方案中的基本关键技术。

2.1　密码学发展史

　　人类总是希望发出的消息只让特定的人看懂，这一点可以从人类使用密码通信的历史看出来。人类使用密码通信的历史大约与人类使用文字的历史一样悠久，甚至可以追溯到公元前 2000 年的古埃及，人们使用象形文字装饰帝王的墓地。这些象形文字诉说了这些帝王的生平，介绍了他们的功绩，虽然这些象形文字并不是有意隐藏文本的真实含义，但随着时间的推移，这些作品显得越来越复杂并且难以书写和理解。印度的加密术很普及也很先进，政府常用加密术与间谍联系。在著名的希腊戏剧《伊利亚特》中，Bellerophon 就用加密术向国王传递情报。希腊的 Polybius 建立了很好的加密方法（现称为 Polybius 方格），Julius Ceasar 使用了另一种方法（称为凯撒密文）。

　　Leon Battista Alberti 由于建立了多码替换方法而被称为"西方加密术之父"，James Lovell 破译了许多英国密码帮助美国革命取得成功，因此被称为美洲的加密术之父。1975

年前后，Thomas Jefferson 发明了"轮密码"。早在第一次世界大战期间加密算法便得到了运用，但是在第二次世界大战期间加密算法才得以大放异彩，战争大大推进了密码学的发展进程。德国人 Arthur Scherbius 开发的英格玛转盘以及用 Herbert O. Yardley 发明的技术建立的日本紫色机器就是典型的范例。

随着时代的进步，现代计算机密码学成为众多网络安全问题中的一个关键学科，它是为了保护数字化数据的机密性而建立起来的理论和技术，它的研究到了互联网时代更是得到了突飞猛进的发展。20 世纪 70 年代，Horst Feistel 博士建立了 DES（数据加密标准）的前身，在 IBM 公司的 Watson 实验室推出了 Feistel 密码的密码系列。1976 年，NSA（美国国家安全局）利用菲斯特尔密码建立了 FIPS PUB－46，就是现在的 DES。如今，美国财经研究所使用的安全标准是三重 DES 标准。同年，Whitefield Diffie 与 Matin Hellman 在《New Directions in Cryptography》一书中首次提出了公钥加密法（PKC）的思想。

DES 采用对称密钥加密算法，即用相同的密钥进行加密和解密。而 Rivest、Shamir 与 Adleman 设计的 RSA 提供了一个密钥对，一个用于加密，一个用于解密。这个方法的原理是：两个大素数的积很难反过来求出其因子（如一个 100 多位的素数），而这两个素数作为密钥对分别作为公钥和私钥。当时他们声称谁能解密他们加密的消息，就可以得到 100 美元奖金，而利用当时非常强大的计算机，要破译这个消息估计要 4×10^{16} 年。1978 年末，RSA 正式推出了 PKC 系统。事实上，整个安全基础结构是建立在公钥基础上的，称为公钥基础设施（PKI）。

总之，加密算法是密码学的一个主要领域，它用一组运算规则和密钥将明文从可读形式转化为不可读的密文。加密算法的目的是通过编码使消息变得不可读，而整个密码学的责任就是保证数据在传递过程中只被那些由数据拥有者认可的人获得，从而实现安全性。

2.2   对称加密体制

2.2.1   明文和密文

人类语言的任何通信称为明文（plain text）。明文消息是知道这种语言的任何人都能理解的，该消息不进行任何编码。例如，和周围同事、朋友或者家人谈话时，我们使用明文交流而不会在字面上隐藏任何东西。假如我上午进办公室时无心说了句"早上好，小明"，这是一个明文，而且我和小明都知道这句话的意思。更为重要的是，整个办公室里的所有人都听到并听懂了这句话，知道我在和一个叫小明的人打了招呼。

此外，电子会话期间也使用明文进行交流。如图 2.1 所示，我用明文编写邮件信息向国外的同行发了一封电子邮件。任何人看到这个邮件都知道我写的内容，因为我没有使用任何编码语言，而只是用了普通的英文白话，很明显这只是明文的一种书面形式而已。

> Dear Mr. Snow
> Thank you very much for your kind invitation to attend the International
> Conference on ****** next month.
> Unfortunately, prior commitments make it impossible for me to accept your
> flattering offer. Please accept my sincere apologies.
> 　　　　　　　　　　　　　　　　　　　　　　　Yours sincerely

图 2.1   明文示例

总之，明文是发送人、接收人和任何访问消息的人都能理解的消息。

日常生活中，我们自然不用过于担心消息被别人偷听，主要是因为平时生活中交流用到的信息被别人知道了也不会拿来干什么坏事。但是有时我们要保守会话的秘密。比如，当我通过电话挂失银行卡时，银行会询问并核对我的关键信息，这些关键信息要确保不会被泄露出去。这种情况下，就不能在办公室里无所顾忌地侃侃而谈，而是最好找一个没人的地方小声回答。

同样，假设图 2.1 中给 Mr. Snow 的电子邮件是要求保密的，即使某人看到了电子邮件，也不能让别人了解其内容。那么该如何保证呢? 通常最简单的方法是语言编码。例如把邮件中的每个字母按照一种只有自己和通信方才知道的规律换成另一个字母，如把每个字母换成向后两个字母的字母，A 换成 C，B 换成 D，C 换成 E，直到最后 W 换成 Y，X 换成 Z，Y 换成 A，Z 换成 B。表 2.1 总结了这个模式，第一行是原字母，第二行是其替换字母。

表 2.1 替换规律示例一

A	B	C	D	E	F	G	H	I	J	K	L	M	N	O	P	Q	R	S	T	U	V	W	X	Y	Z
C	D	E	F	G	H	I	J	K	L	M	N	O	P	Q	R	S	T	U	V	W	X	Y	Z	A	B

把每个字母换成向后两个字母的字母后，则 GOOD MORNING 就会变成 IQQF OQTPKPI，如表 2.2 所示。

表 2.2 替换规律示例二

G	O	O	D	M	O	R	N	I	N	G
I	Q	Q	F	O	Q	T	P	K	P	I

显而易见，替换后的消息就变得晦涩难懂了。当然，这个模式还有许多种变形，不一定要把每一个字母变成向后的第二个字母，也可以变成向后的第三或者第四个字母，或变成向前的第 n 个字母也是可以的，但归根结底，都是把每个字母按照一定规律替换成另一个字母，从而隐藏原来的消息内容。经编码后的消息称为密文(cipher text)，密文就是编码或者秘密消息。

如图 2.2 所示是用替换字母的模式重新编写了邮件，也进一步说明了这个思想。

```
FGCT OT. UPQY
VJCPM AQW XGTA OWEJ HQT AQWT MKPF KPXKVCVKQP VQ
CVVGPF VJG KPVGTPCVKQPCN EQPHGTGPEG QP ****** PGZV
OQPVJ.
WPHQTVWPCVNA, RTKQT EQOOKVOGPVU OCMG KV
 KORQUUKDNG HQT OG VQ CEEGRV AQWT HNCVVGTKPI QHHGT.
RNGCUG CEEGRV OA UKPEGTG CRQNQIKGU.
                                        AQWTU UKPEGTGNA,
UWP. B. Z
```

图 2.2 密文示例

以上采用的替换法(substitution)是一种经典的将明文变换为密文的方法，除此之外还有栅栏加密等经典的变换法(transposition)。此处的主要目的在于让读者理解明文与密文的区别，有兴趣的读者可以参考其他详细资料。

2.2.2　对称加密基本原理

对称加密算法又称为传统密码算法，因为该算法的加密密钥和解密密钥使用的是相同的算法。即如果已知加密密钥可以推算出解密密钥，同理，由解密密钥也可以推算出加密密钥。我们也把这种算法称为单密钥算法。在通信双方进行安全通信前，必须商定一个密钥。该算法的安全性在于密钥的保密程度，如果密钥泄露则意味着第三方可以对信息进行解密从而导致消息泄露。虽然对称加密算法的安全性存在问题，但是其加密速度非常快，适合大量数据的传输，其原理如图 2.3 所示。

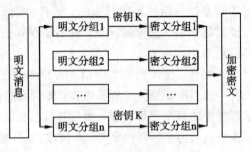

图 2.3　对称加密算法的原理

该原理图展示了对称加密算法中一类分组对称加密算法的基本原理，首先明文消息经过编码后会得到一连串的数字序列，将这些数字序列划分为一定长度的分组，然后密钥 K 将分组变换成等长的、无法阅读的密文分组，此后就可以对数据进行安全的存储或转发操作了。

实际上，对称加密算法分为两类：一类是对字节流或者位流进行操作，称为序列密码或流密码；另一类是对明文分组进行操作，称为分组密码。对称加密算法中有很多非常经典的算法，如 DES、RC - 4、IDEA、RC - 5、Blowfish[33] 和 AES 等。下面就对以上各种经典算法进行分析，比较一下它们的性能。

2.2.3　经典对称加密算法

1. 数据加密标准

数据加密标准（Data Encryption Standard，DES）也称为数据加密算法（Data Encryption Algorithm，DEA），是由美国国家标准与技术研究院（NIST）于 20 世纪 70 年代中期公布的[34]，其来源是美国 IBM 公司的一个密码算法，也是近 20 年来一直使用的加密算法。后来人们发现 DES 在强大的攻击下太脆弱，因此使 DES 的应用有所下降，但是任何一本安全书籍都不得不提到 DES，因为它曾经是加

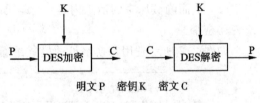

图 2.4　DES 的输入/输出过程

密算法的标志。DES 是一种对称密钥分组加密密码，处理 64 bit 的明文分组的同时产生 64 bit 的密文。需要注意的是，密钥实际输入长度为 64 bit，而有效长度为 56 bit，另外 8 bit 分别为第 8、16、24、32、40、48、56、64 位用作校验位，在 DES 过程开始之前就会放弃密钥的这 8 位。DES 的输入输出过程如图 2.4 所示。

DES 利用加密的两个基本属性：替换与变换，也称为混淆与扩散。DES 共 16 步，每一步称为一轮（round），每一轮均进行替换与变换操作。下面简单介绍 DES 的主要步骤：

第一步，将 64 位的明文送入初始置换（Initial Permutation，IP）函数；

第二步，对明文进行初始的变换；

第三步，初始置换产生两部分转换块，记为左明文（LPT）和右明文（RPT）；

第四步，对左明文和右明文分别进行总共 16 轮的加密过程，分别产生自己的密钥；

第五步，重接左明文和右明文，对组成的块进行最终置换（Final Permutation，FP）输出 64 位的密文。

图 2.5 展示了 DES 加密过程的主要步骤。

DES 在 16 轮加密过程中，基于输入密钥在每一轮都会输出一个 48 位的密钥，具体过程为将 64 比特的输入密钥去除掉奇偶校验比特（第 8，16，24，…，64 位），然后通过某种固定的置换表，将剩余的 56 个比特进行置换，最后生成加密所需的加密密钥，其运算如图2.6 所示。

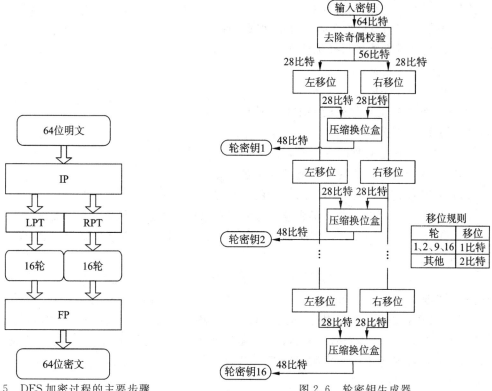

图 2.5　DES 加密过程的主要步骤　　　　　图 2.6　轮密钥生成器

DES 算法综合使用多种密码技术，其中最主要的是字符的混淆与扩散。该算法的主要特点就是加密速度快，相比其他加密算法在加密大量数据上有很大优势。一方面，在算法上，DES 使用 56 位密钥，所以可以有个密钥，基本上要强力攻击 DES 不太可能，除了穷举法之外没有什么特别有效的方法可以破解。但是由于 DES 算法是完全公开的，因此 DES 的强度取决于密钥，而且密钥必须保密。在这种情况下，密钥管理就显得尤为重要。

另一方面，尽管 DES 抗攻击能力不错，但随着计算机技术的迅速发展，DES 也是有可能被破解的，不过 DES 仍然是一个非常好的算法，因此基于 DES 用某种方法提高加密算法的强度是一个相当好的思路。由此出现了两个 DES 的主要变形，即双重 DES 和三重 DES，这部分将在之后进行介绍。

2. 高级加密标准

DES 加密算法开创了公开密钥算法的先例，使了解算法但不具有正确密钥的密文持有者不能通过算法找出明文数据，其安全性来源于破解密码时计算和时间的困难性。但由于

DES 算法的密钥空间较小，随着计算机硬件计算能力的飞速提高，仅仅 20 年之后其密钥的穷举破解就已经成为可能。1997 年由 RSA 公司发起的 DES 挑战赛已经证明了 DES 的 56 比特密钥太短，因此寻找一个安全高效的 DES 替代算法迫在眉睫。在这种背景下，1997 年由原美国国家标准局改组而成的美国国家标准和技术研究所发起了征集替代 DES 算法的高级加密标准（Advanced Encryption Standard，AES）的工作。

AES 的最初设计目标[35]是：

（1）可供政府部门和商业部门使用的功能强大的密码算法；

（2）支持标准密码本方式；

（3）要明显比三重 DES 有效；

（4）密钥大小可变，可在必要时增加安全性；

（5）以公开的方式进行择优选择；

（6）可以公开定义；

（7）可以公开评估。

AES 草案中最低可接受的要求和评估标准是：

（1）AES 可以公开定义；

（2）AES 应该是对称的分组密码；

（3）AES 应该设计成密钥长度可以根据需要增加；

（4）AES 应该可以在各种软硬件平台中实现；

（5）AES 应该可以免费获得或遵守与美国国家标准学会专利政策一致的规定；

（6）AES 的评价要素包括安全性、计算效率、内存需求、软硬件平台的适用性、简易性、灵活性等。

2000 年，在众多提交的候选算法中，美国国家标准和技术研究所确定采用 Rijndael[36, 37] 作为最终算法，并于 2001 年被美国商务部批准为新的联邦信息加密标准（FIPS PUB 197）。

AES 加密算法所依据的数学理论是 $GF(2^8)$ 域[38]，算法本身涉及的数学运算只有两种，一种是乘法运算，以符号 * 表示，一种是异或运算，以符号 $\oplus$ 表示。在算法的核心公式中，其加密和解密所使用的常数参数只有 7 个，分别为 0x01、0x02、0x03、0x09、0x0b、0x0d、0x0，核心公式参考如下。

加密的核心公式（列混合运算）[39]：

$$\begin{cases} S'_{0,c} = (\{02\} * S_{0,c}) \oplus (\{03\} * S_{1,c}) \oplus (\{01\} * S_{2,c}) \oplus (\{01\} * S_{3,c}) \\ S'_{1,c} = (\{01\} * S_{0,c}) \oplus (\{02\} * S_{1,c}) \oplus (\{03\} * S_{2,c}) \oplus (\{01\} * S_{3,c}) \\ S'_{2,c} = (\{01\} * S_{0,c}) \oplus (\{01\} * S_{1,c}) \oplus (\{02\} * S_{2,c}) \oplus (\{03\} * S_{3,c}) \\ S'_{3,c} = (\{03\} * S_{0,c}) \oplus (\{01\} * S_{1,c}) \oplus (\{01\} * S_{2,c}) \oplus (\{02\} * S_{3,c}) \end{cases}$$

解密的核心公式（列混合逆运算）：

$$\begin{cases} S'_{0,c} = (\{0e\} * S_{0,c}) \oplus (\{0b\} * S_{1,c}) \oplus (\{0d\} * S_{2,c}) \oplus (\{09\} * S_{3,c}) \\ S'_{1,c} = (\{09\} * S_{0,c}) \oplus (\{0e\} * S_{1,c}) \oplus (\{0b\} * S_{2,c}) \oplus (\{0d\} * S_{3,c}) \\ S'_{2,c} = (\{0d\} * S_{0,c}) \oplus (\{09\} * S_{1,c}) \oplus (\{0e\} * S_{2,c}) \oplus (\{0b\} * S_{3,c}) \\ S'_{3,c} = (\{0b\} * S_{0,c}) \oplus (\{0d\} * S_{1,c}) \oplus (\{09\} * S_{2,c}) \oplus (\{0e\} * S_{3,c}) \end{cases}$$

AES 的加密算法在结构上也由若干个轮函数组成，这一点与 DES 类似。每一轮 AES 算法的分组长为 128 比特，密钥长度为可变的 128/192/256 比特，对应的加密轮数分别为

10/12/14 轮。轮函数中包括 4 个变换，除去最后一轮，每一轮均包括字节替换（Byte‑Sub）、行移位（ShiftRow）、列混合（MixColumns）和轮密钥加（AddRoundKey）。

　　图 2.7 给出了 128 比特分组长度、128 比特密钥长度的 10 轮 AES 的加密结构。在输入明文和密钥之后，系统形成一个存有原始数据的状态矩阵，同时密钥经过拓展后形成密钥数组 RoundKey，两者作为轮函数的输入参数。轮函数先后对存有原始数据的状态矩阵进行 Byte‑Sub、ShiftRow、MixColumns 等操作，随后通过 AddRoundKey 将操作后的状态矩阵与 RoundKey 进行异或运算，需要注意的是，最后一次轮函数运算并不包含 MixColumns 函数。经过 10 轮运算，最终输出得到我们想要的密文。

　　AES 解密算法是其加密算法的逆算法，利用加密所使用的密钥可以将加密生成的密文转换为可读的明文。对加密算法所使用的可变长度为 128/192/256 比特的密钥，解密算法也分别有 10/12/14 轮三种之分。如图 2.8 所示与介绍加密算法一样也以 10 轮算法为例介绍 AES 算法的解密结构。

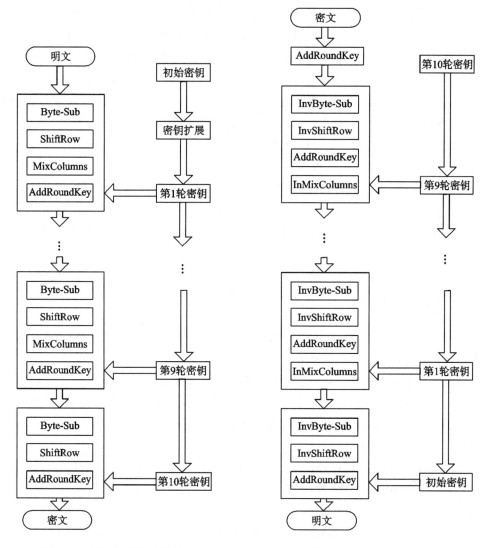

图 2.7　AES 加密算法结构　　　　　　　图 2.8　AES 解密算法结构

如图 2.8 所示，与加密算法相同，10 轮算法的前 9 轮结构相同，均由逆行移位变换（InvByte-Sub）、逆字节变换（InvShiftRow）、轮密钥加和逆列混合（InvMixColumns）这 4 步构成，而第 10 轮不包含逆列混合，此外第 1 轮开始前先进行一次密钥加扩展运算。

AES 具有安全、性能、效率、易用和灵活等优点，无论是在有无反馈模式的计算环境下的软、硬件中都能显示出其非常好的性能。它的密钥安装时间很好，也具有较好的灵敏度。同时，AES 算法的内存需求也比较低，这使得它非常适用于各种受限制的环境中。另外该算法还具有操作简单，可抵御强大的、实时攻击的鲜明特点。

同时，该算法在数据块和密钥长度的设计上也很灵活，算法可提供不同的迭代次数，虽然这些特征还需要更深入的研究，短期内不可能被利用，但最终，其内在的迭代结构会显示出较好的入侵行为防御潜能。

3. IDEA

IDEA（International Data Encryption Algorithm，国际数据加密算法）算法最早于 1991 年欧洲密码学会议上由中国学者来学嘉与著名的密码学家 James Massey 联合以 PES（Proposed Encryption Standard）名义提出的。这是一个块加密算法，加密的数据块为 64 比特，密钥长度为 128 比特。该算法在硬件和软件上均可高速加解密。为了抵抗 Biham 和 Shamir 等人的分析攻击，在 1992 年的欧洲密码学会议上他们又提出了 IPES（Improved Proposed Encryption Standard），后为了商业用途更名为 IDEA。该算法的加密过程与解密过程相同，仅加密密钥与解密密钥不同。注意，IDEA 的解密密钥可由加密密钥得到，它们不是相互独立的，因此，该算法仍然是对称加密算法。

IDEA 算法的设计原则是一种来自于不同代数群的混合运算，且这 3 个代数群的运算无论用硬件还是软件都易于实现。算法输入的 64 位数据被分成 4 个 16 位子分组作为第一轮的输入，总共有 8 轮迭代计算。在每一轮中，相互间进行运算的同时也与 6 个 16 位的子密钥进行运算（每轮均不同），最后还与 4 个 16 位的子密钥进行输出变换而产生输出，其中共有 52 个 16 位的子密钥参与运算。

IDEA 算法分为三大模块：

（1）子密钥的产生。输入：128 比特密钥；输出：52 个 16 比特的子密钥。

（2）加密过程。输入：52 个子密钥和 64 比特数据；输出：64 比特数据。

（3）解密过程。IDEA 算法的加密过程与解密过程是相同的，仅加密子密钥与解密子密钥不相同，且加密子密钥与解密子密钥一一对应。

在 IDEA 算法流程包括 8 轮的变换运算和一轮最终的输出变换。前 8 轮变换的输入都是 4 个 16 位的数据子分组：X_1，X_2，X_3，X_4。在每一轮中子分组相互异或、相加、相乘，并与 6 个 16 位的子密钥相异或。每一轮的执行顺序如下：

（1）X_1 与第一个子密钥相乘；

（2）X_2 与第二个子密钥相加；

（3）X_3 与第三个子密钥相加；

（4）X_4 与第四个子密钥相乘；

（5）将第（1）步与第（3）步输出的结果相异或；

（6）将第（2）步与第（4）步输出的结果相异或；

（7）将第（5）步的结果与第五个子密钥相乘；

（8）将第（6）步与第（7）步的结果相加；

（9）将第（8）步的结果与第六个子密钥相乘；

（10）将第（7）步与第（9）步的结果相加；

（11）将第（1）步与第（9）步的结果相异或；

（12）将第（3）步与第（9）步的结果相异或；

（13）将第（2）步与第（10）步的结果相异或；

（14）将第（4）步与第（10）步的结果相异或。

每一轮完成运算后，第二和第三个子分组交换顺序再作为下一轮运算的输入。经过 8 轮运算之后，进入最终的输出变换：

（1）X_1 与第一个子密钥相乘；

（2）X_2 与第二个子密钥相加；

（3）X_3 与第三个子密钥相加；

（4）X_4 与第四个子密钥相乘。

最后，这 4 个子分组重新连接到一起生成最终的密文。

子密钥的产生也很容易，算法中使用了 52 个子密钥，其中 8 轮运算中每轮需要 6 个，其他 4 个用于最终输出变换。首先将 128 位的密钥分成 8 个 16 位的子密钥，这些是算法的第一批 8 个子密钥，前 6 个用于第一轮，后 2 个用于第二轮。然后密钥向左环移 x 位后再分成 8 个子密钥。开始 4 个用在第二轮，后面 4 个用在第三轮。密钥再次向左环移 25 位产生另外 8 个子密钥，如此进行直到算法结束。

IDEA 的提出是用来代替 DES 算法的一种分组加密算法，也是众多代替 DES 算法中较为成功的一种。首先，它的分组长度足够长可以有效阻止统计分析，加密函数的复杂性也比较强，使用密码反馈操作方式进一步强化了算法的强度。其次，该算法的密钥长度也足够长以便防止穷举式密钥搜索。最后，IDEA 通过三种不同的操作使得密文以一种复杂交错的方式依赖于明文和密钥，同时每个明文比特的扩散使得确定密文和密文统计特性之间的依赖关系将会非常复杂。因此，IDEA 自提出以来在很长时间内都将是一种安全的加密算法。

2.2.4　对称加密体制优缺点

对称加密体制是一种传统的加密体制，也称为单钥（私钥）密码体制。基于这种体制的加密思想产生了一系列高性能的加密算法。该加密体制中，加密密钥能够从解密密钥中推算出来，反过来也成立，加密运算包括移位加密、代替加密、乘积加密等综合运算。大多数对称加密算法的加密密钥和解密密钥是相同的，即 $K_e = K_d$。打个比方，现实生活中为了防止丢失把某个重要文件用钥匙锁在盒子里，用到这个文件的时候再用这把钥匙来开锁。正如这种情形，同一密钥既能用于加密又能用于解密。对称加密算法的加密和解密通式可表示为：

加密：$E(M, K) = C$

解密：$D(C, K) = M$

式中，M、C 分别代表明文和密文，K 代表密钥。

总之，通过对几个经典对称加密算法的研究可以总结出，对称加密算法的优势在于基于简单的数学运算，并且可以通过硬件加速达到非常快的加密速度，在一些受限制的场景下能够实现非常有效的加密效果。但是，对称加密算法也有如下的弊端：

（1）密钥交换需要机密性通道，以保证密钥从产生到分配第三方是无法介入的；

（2）在大规模群体中，密钥管理规模将会非常庞大；

（3）难以建立未知实体间的通信；

（4）必须建立密钥分配中心（Key Distribution Center，KDC），而 KDC 服务器必须始终在线，而且由于掌握着所有用户的密钥信息，因此很容易成为重点攻击对象。

以上环节一旦其中某个出了问题，都将会造成极大的隐患。

2.3　非对称加密体制

2.3.1　非对称加密产生背景

对称密码体制是一种传统密码体制，其加密和解密均采用相同的密钥，密文发送者必须和密文接收者分享密文的加密密钥，因为加、解密密钥相同，需要通信双方选择和保存他们共同的密钥，各方也必须信任对方不会将密钥泄密出去，这样就可以实现数据的机密性和完整性。然而，这需要通信双方在基于对称密码体制进行保密通信以前，必须首先生成它们之间共享的正确密钥，这需要在网络应用中不依赖于物理传输，即要建立安全的密钥信道保证密钥的保密性和可靠性，而这也限制了对称加密算法的使用。

针对对称密钥加密的缺陷，1976 年，美国人 Whitefield Diffie 和 Martin Hellman 在他们的文章《New Direction in Cryptography》中首次提出了有关公钥加密算法的设想，为密码学研究开辟了一个新方向，成为现代密码学的里程碑，具有划时代的重大意义。

但是关于非对称加密算法的起源也存在很多争议，有人认为早在 20 世纪 60 年代，英国通信电子安全小组（CSEG）的 James Ellis 就提出了非对称密钥加密的思想。其思想基于第二次世界大战期间一篇出自贝尔实验室的匿名论文，但却没有提出具体可行的方法。后来在 1973 年他结识并加入 CSEG 的 Clifford Cocks，经过交流，Clifford Cocks 提出了可行的具体算法，第二年来自 CSEG 的 Williamson 开发了非对称密钥加密算法。不过，CSEG 是一个秘密机构，其成果并没有发表。此外，也有人声称美国国家安全局（NSA）也在研究非对称加密机制，据说在 20 世纪 70 年代中期，NSA 就拥有了基于非对称加密机制的相关系统。

2.3.2　非对称加密基本原理

非对称密钥加密（Asymmetric Key Cryptography，AKC）也称为公钥加密（Public Key Cryptography，PKC），该系统中的用户使用两个密钥，一个用于加密称为加密密钥（记为 k），一个用于解密称为解密密钥（记为 k'），两个密钥构成一对。其中，加密密钥公开，任何想参与通信发送消息的用户都可以查找到并使用这个密钥，而解密密钥 k' 则要保密，除了这个密钥其他任何密钥都无法解密消息。这个机制的妙处在于只要有一对密钥，就可以同时和多方进行通信。

公钥加密体制的理论基础是一种特殊的数学函数——陷门单向函数（Troopdoor One-way Function）。陷门单向函数 $y = f(x)$ 满足下列条件：

（1）给定 x，计算 $y=f(x)$ 是容易的；

（2）给定 y，计算 $x=f^{-1}(y)$ 是困难的；

（3）存在另一种信息 k'，若对任意给定的 y 存在相对应的 x，则当 k' 已知时，计算 $x=f^{-1}(y)$ 是容易的。

以上三个条件，满足条件（1）和条件（2）的函数称为单向函数，其中条件（2）是指在实际计算当中相当复杂从而不可行。条件（3）称为陷门性或陷门信息。

利用公钥加密体制进行加密通信的模型如图 2.9 所示。

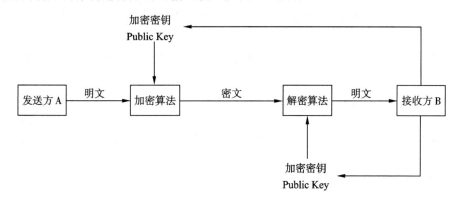

图 2.9 非对称加密体制通信模型

如图 2.9 所示，非对称加密体制的具体工作过程如下：

（1）A 先用 B 分配而来的公钥加密明文消息；

（2）A 通过通信网络将密文发送给 B；

（3）B 用仅自己才有的私钥解密密文获得明文消息。

在这个过程中，由于公钥只用来加密消息，在将密文发送给接收方时，即使有人截获了密文并获得了公钥也无法解密和获得明文。除此之外，这个消息只能用接收方的私钥解密消息，而只有接收方才拥有私钥，其他人无法在通信网络中获得。同样，如果 B 要向 A 发送消息，过程则正好相反。

总之，A 和 B 若要实现双方通信，必须要满足：

（1）A 产生自己的公钥、私钥；

（2）B 产生自己的公钥、私钥；

（3）A 私钥保密，将公钥告诉 B；

（4）B 私钥保密，将公钥告诉 A。

这样就得到非对称加密机制的密钥矩阵，如表 2.3 所示。

表 2.3 非对称加密机制的密钥矩阵

密钥种类	A 是否知道	B 是否知道
A 公钥	√	√
A 私钥	√	×
B 公钥	√	√
B 私钥	×	√

2.3.3 经典非对称加密算法

1. 背包算法

背包算法(Knapsack Algorithm)是一种自公钥密码体制开创以来著名的公钥算法之一，1978 年由 Ralph Merkle 与 Martin Hellman 首先提出，现在称为 MH 背包体制[40]。

背包问题：假定给定了重量各不相同的一些物品，如何将这些物品放入一个背包中，使得背包的总重量等于一个给定的重量。

例　有一堆物品的重量分别为 1，5，6，11，14，20。请问能否组成重量分别为 22 和 24 的背包？

答案很明显：5，6，11 的物品可构成重量为 22 的背包；而这些物品却无法构成重量为 24 的背包。

背包的数学定义：已知一个 n 位的正整数集合 $A=\{a_1, a_2, \cdots, a_n\}$ 和一个正整数 K，求满足 $x_1a_1+x_2a_2+\cdots+x_na_n=K$ 的向量 $x=(x_1, x_2, \cdots, x_n)$，其中 $x_1\in\{0,1\}$，即 $x_1=0$ 表示此物品不放入背包，$x_1=1$ 表示将此物品放入背包，并且把 $a=(a_1x_1, a_2x_2, \cdots, a_nx_n)$ 称为背包向量。

这里，K 表示最终背包的重量大小，集合 A 中的每一位表示各个物品重量的值。与背包问题一致，此处要选择一些物品，使得物品总重量正好构成重量为 K 的背包。

一般的背包问题是困难问题，而超递增背包问题是易解的。MH 公钥加密算法则利用了这一性质，其私钥是一个超递增背包向量 **A**，公开密钥是私钥经过"置乱"的一般背包向量。

MH 背包公钥加密大体流程如下：

(1) 选取一个超递增背包 $A=(a_1, a_2, \cdots, a_n)$ 和模 M，使得 $M>a_1+a_2+\cdots+a_N$；

(2) 取 w 使得 $(w, M)=1$，并求满足 $ww^{-1}\bmod M=1$ 的 w^{-1}；

(3) 构造背包向量 $b=(b_1, b_2, \cdots, b_n)$ 且 $b_1=wa_i\bmod M$；

(4) 取公钥：$b=(b_1, b_2, \cdots, b_n)$，私钥：$A=(a_1, a_2, \cdots, a_n)$、$M$ 和 w；

(5) 加密：设明文 $m=(m_1, m_2, \cdots, m_n)$，密文 $c=m_1b_1+m_2b_2+\cdots+m_nb_n$；

(6) 解密：计算 $s=w^{-1}c\bmod M=m_1a_1+m_2a_2+\cdots+m_na_n$，双方利用 A 的超递增特性由 s 求出明文 m，同时 w 是保密的，非法用户不能由 c 还原 m。

2. RSA

RSA 算法是 1978 年由 Rivest、Shamir、Adleman 三个人共同提出的。RSA 是最具代表性的公钥加密算法，也是最知名的公钥密码算法。由于其算法完善，安全性良好，易于理解和实现，RSA 已经成为一种应用极为广泛的公钥加密算法。在广泛的实际应用中，不仅它的实现技术日趋成熟，而且安全性也得到了认可。根据不同的需求，人们基于 RSA 算法开发了大量的加密方案与产品。

RSA 加密算法是建立在数论的相关数学理论之上的。费马定理和欧拉定理是数论中非常重要的定理，在公钥密码学中有非常重要的作用。RSA 具体算法的核心正是以欧拉定理为基础而设计的。

费马定理：如果 p 是素数，且 a 是不能被 p 整除的正整数，那么

$$a^p-1=1(\bmod p)$$

欧拉根据费马定理发现了更具一般性的性质，即欧拉定理。在介绍欧拉定理之前，首先需要了解欧拉函数的概念。

欧拉函数：如果$(r, n)=1$，则将n的同余类$r \bmod n$称为模n的既约同余类，模n的所有既约同余类的个数记作$\varphi(n)$，通常称为欧拉函数。通俗地讲，就是小于n且与n互素的正整数的个数就是欧拉函数。

欧拉函数具有以下性质：

(1) 如果n为素数，则所有小于n的正整数都与n互素，那么

$$\varphi(n)=n-1$$

(2) 如果$\gcd(p, q)=1$，那么

$$\varphi=(p * q)=\varphi(p) * \varphi(q)$$

(3) 如果整数n因数分解为$n=p_1^{e_1} \cdot p_1^{e_2} \cdots p_k^{e_k}$，其中$p_1$，$p_2$，$\cdots$，$p_k$为互不相同的素数，且$e_k \geqslant 1$，那么

$$\varphi(n)=n\left(1-\frac{1}{p_1}\right)\left(1-\frac{1}{p_2}\right)\cdots\left(1-\frac{1}{p_k}\right)$$

欧拉定理：对于任何互质的正整数a和n，那么

$$a^{\varphi(n)} 1(\bmod n)$$

RSA 算法的设计就来源于欧拉定理。欧拉定理在证明 RSA 算法的合理性时非常有用。

RSA 算法可以分为产生密钥的过程和加解密的过程。

1) RSA 算法产生密钥的过程

(1) 系统产生两个大素数p，q(保密)；

(2) 计算$n=pq$(公开)，欧拉函数$\varphi(n)=(p-1)(q-1)$(保密)；

(3) 随机选择满足$\gcd(e, \varphi(n))=1$的e作为公钥，加密密钥就是(e, n)；

(4) 计算满足$ed=1(\bmod \varphi(n))$的d作为私钥，解密密钥即为(d, n)。

2) RSA 加解密过程

首先将明文分组并数字化，每个数字化分组明文的长度不大于$\lg n$，然后对每个明文分组m依次进行加解密运算：

(1) 加密运算：使用公钥e和要加密的明文m进行$c=m^e(\bmod n)$运算即得到密文。

(2) 解密运算：使用私钥d和要解密的密文c进行$m=c^d(\bmod n)$运算即得明文。

下面是一个 RSA 算法的简单实例。

取$p=47$、$q=71$，则$n=p * q=3337$，随机选择加密密钥e，e与$\varphi(n)$互素，若取$e=79$，则$d=79^{-1}$，$\bmod \varphi(n)=1019$。

假设要加密的明文是$m=6882326819666683$，首先，根据n的大小将m进行分组，这里把明文m分成六个组，即

$$m_1=688, m_2=232, m_3=687, m_4=966, m_5=668, m_6=003$$

接着，分别对各个分组进行加密运算，第一个分组加密为

$$c_1=688^{79}(\bmod 3337)=1570$$

类似地，对其余各个分组分别进行加密运算，可以得到如下密文：

$$c=1570, 2756, 2091, 2276, 2423, 158$$

解密时用私钥 1019 分别对明文进行解密运算，即

$$m_1 = 1570^{1019} \pmod{3337} = 688$$

对其余的密文用同样的计算方法就可以把密文恢复出来，即得到明文。

3. 椭圆曲线密码算法

椭圆曲线密码，即基于椭圆曲线离散对数问题的各种公钥密码体制，最早于 1985 年由 Koblitz 和 Miller 分别独立地提出，它是利用有限域上的椭圆曲线有限群代替基于离散对数问题密码体制中的有限循环群所得到的一类密码体制。严格地说，它应当归入基于离散对数问题的各种密码体制当中，但是由于它具有许多独特的性质，使得学者们一开始就对它进行了单独的研究。

1）理论基础

有限域的运算和椭圆曲线上点的运算是实现椭圆曲线密码体制的数学基础，下面先对一些基本概念做一些简单且必要的说明。

群：设 G 是一个具有代数运算"·"的非空集合，并且满足：

(1) 结合律，即对任意的 $a, b, c \in G$，有 $(a \cdot b) \cdot c = a \cdot (b \cdot c)$；

(2) G 中存在元素 e，使得对任意 $a \in G$，有 $a \cdot e = e \cdot a$；

(3) 对 G 中任意的 $a \in G$，有元素 $b \in G$，使得 $a \cdot b = b \cdot a = e$。

则称关于运算"·"构成一个群，记作 $(G, \cdot)$，也称 G 为群。

如果群 G 的元素个数有限，则称为有限群，否则称为无限群。

当群 G 为有限群时，如果群 G 含有 n 个元素，则称 n 为群 G 的阶，记作 $|G| = n$。

如果群 G 的运算"·"还满足交换律，即对任意 $a, b \in G$，有 $a \cdot b = b \cdot a$，则称 G 为一个交换群，或阿贝尔（Abel）群。

域：由一个集合 F 和两种运算共同组成，这两种运算分别为加法（用 $\oplus$ 表示）和乘法（用 $\otimes$ 表示），并且满足下列算术特性：

(1) $(F, \oplus)$ 对于加法运算构成加法交换群，单位元用 0 表示；

(2) $(F \backslash \{0\}, \oplus)$ 对于乘法运算构成加法交换群，单位元用 1 表示；

(3) 分配率成立：对于所有的 $a, b, c \in F$，都有 $(a \oplus b) \otimes c = (a \otimes c) \oplus (b \otimes c)$。

若集合 F 是有限集合，则称 F 为有限域，由于它首先由法国数学家 E. Galois 发现，因而又被称为伽罗华域（Galois Field）。

有限域 $GF(q^m)$ 可以看做域 $GF(q)$ 上的一个向量空间。其向量是域 $GF(q^m)$ 的元素，标量是域 $GF(q)$ 的元素，在向量的加法运算就是域 $GF(q^m)$ 的加法运算，标量域向量的乘法是域 $GF(q)$ 的元素与域 $GF(q^m)$ 的元素在域 $GF(q^m)$ 上的乘法运算。这个向量空间的维数是 m，并有很多基底（简称为基）。

2）椭圆曲线基本概念

椭圆曲线（椭圆曲线密码体制的研究与实现参考文献 21~25）的研究来自于椭圆积分

$$\int \frac{\mathrm{d}x}{\sqrt{E(x)}}$$

的求解，其中 $E(x)$ 是 x 的三次多项式或者四次多项式，这样的积分不能用初等函数来表达，从而再次引出了椭圆曲线函数。

如果每个系数在 K 上的 n 阶多项式恰有 n 个 K 中的根，则称域 K 是代数封闭的。对于每一个域 K，都存在一个代数封闭的域 $\overline{K}$，使 K 包含于 $\overline{K}$ 中。

设 K 是一个给定的域，K 是它的代数闭域，K 上的三元齐次方程为

$$E: Y^2Z + a_1XYZ + a_3YZ^2 = X^3 + a_2X^2Z + a_4XZ^2 + a_6Z^3$$

记为 $F(X, Y, Z) = 0$，其中，$a_1, a_2, a_3, a_4, a_6 \in K$，称为代数封闭域上的 Weierstrass 方程。

对以上方程，令
$$\begin{cases} b_2 = a_1^2 + 4a_2 \\ b_4 = a_1a_2 + 2a_4 \\ b_6 = a_3^2 + 4a_6 \end{cases}$$

则曲线 E 的判别式 Δ 定义为：

$$\Delta = -b_2^2b_8 - 8b_4^3 - 27b_6^2 + 9b_2b_4b_6$$

令 $x = \dfrac{X}{Z}$，$y = \dfrac{Y}{Z}$，则 Weierstrass 方程在仿射坐标系下表示为 $f(x, y) = 0$：

$$E: y^2 + a_1xy + a_3y = x^3 + a_2x^2 + a_4x + a_6$$

且判别式 $\Delta \neq 0$，Δ 是保证 E 是"光滑"的判别式，满足方程的 (x, y) 称为域 K 上椭圆曲线 E 的点，除了椭圆曲线上的所有点，还需要加一个特殊的无穷远点 ∞。

若域 K 的特征是 2，则通过变量的相容性变换，可得到曲线

$$y^2 + xy = x^3 + ax^2 + b$$

其中，$a, b \in K$。这样的曲线称为非超奇异椭圆曲线，且判别式 $\Delta = b$，记为

$$\frac{E}{GF}(2^m): y^2 + xy = x^3 + ax^2 + b$$

当 $b = 1$ 的时候，上式就称为 Koblitz 曲线（Koblitz Curve）。此类曲线在实现椭圆曲线密码体制的时候速度比较快。

椭圆曲线上的三个点如果在同一条直线上，则我们说它们的和为 ∞（无穷远点）。"弦和切线"法则如下：

（1）$\infty = -\infty$，对于椭圆曲线上任意一点 $P = (x, y)$，$P + \infty = P$。

（2）设椭圆曲线上两点 $P = (x, y)$，$Q = (x, -y)$，它们的连线是一条垂直线，且与椭圆曲线相交于无穷远点 ∞，所以 $P = -Q$。

（3）点加运算：设椭圆曲线上的两个具有不同 x 坐标的点 $P = (x_1, y_1)$，$Q = (x_2, y_2)$，它们的连线与椭圆曲线相交于第三点 R'，则 $P + Q + R' = \infty$，所以 $P + Q = -R'$。

（4）倍点运算：点 $P = (x, y)$ 是椭圆曲线上的任意一点，过点 P 画切线与椭圆曲线相交于点 Q，即 $2P + Q = \infty$，$2P = -Q$。

根据"弦和切线"法则，$E/GF(2^m)$ 的两个点相加得到 $E/GF(2^m)$ 上的第三点。点集合 $E/GF(2^m)$ 以及这种加法运算构成了加法交换群，并且以 ∞ 为无穷远点。以后表述中 $P = (x_1, y_1)$ 和 $Q = (x_2, y_2)$ 表示 $E/GF(2^m)$ 上的点，∞ 表示 $E/GF(2^m)$ 上的无穷远点，L 表示 PQ 的连线。

（1）单位元。对于所有的 $P \in E/GF(2^m)$，$p + \infty = \infty + P = P$。

（2）负元素。$P(x, y) \in E/GF(2^m)$，则 $-p = (x, x + y) \in E/GF(2^m)$。

（3）点加。令 $P=(x_1, y_1)\in E/GF(2^m)$，$Q=(x_2, y_2)\in E/GF(2^m)$，$P\neq \pm Q$，$R=P+Q=(x_3, y_3\in E/GF(2^m))$，那么

$$x_3=\lambda^2+\lambda+x_1+x_2+a$$
$$y_2=\lambda(x_1+x_3)+x_3+y_1$$

其中，$\lambda=(y_1+y_2)(x_1+x_2)^{-1}$。

（4）倍点。令 $P=(x_1, y_1)\in E/GF(2^m)$，$P\neq -P$，$R=2P=(x_3, y_3)$，那么

$$x_5=\lambda^2+\lambda+a=x_1^2+b(x_1^2)^{-1}$$
$$y_3=x_1^2+\lambda x_3+x_3$$

其中，$\lambda=x_1+y_1(x_1)^{-1}$。

定义 k 是一个整数，p 是定义在 $GF(2^m)$ 上的椭圆曲线 E 上的一个点，则 kp 称为点乘或标量乘，它决定着椭圆曲线密码体制的运算速度。在一般的密码系统中，p 是固定的，可以通过预计算数据提高其运算效率。

设 P 是定义在 $GF(2^m)$ 上的椭圆曲线 E 上的一个点，若存在最小的正整数 n，使得 $nP=\infty$（∞ 为无穷远点），则称 n 是点 P 的阶。

在椭圆曲线密码体制中，E 是定义在 $GF(2^m)$ 上的椭圆曲线，P 是 $GF(2^m)$ 上的点，设 P 的阶为 n，则集合 $\{\infty, P, 2P, \cdots, (n-1)P\}$ 是由 P 生成的椭圆曲线循环子群。椭圆曲线方程 E、点 P 和阶 n 构成公开参数组。私钥是在区间 $[1, n-1]$ 内随机选择的正整数 d，相应的公钥是 $Q=d\mathrm{P}$。

2.3.4　对称加密算法的优缺点

相比于传统对称加密体制一般依赖于复杂的混淆和扩散操作，非对称加密体制的安全性是建立在数学难题之上的，它通过寻找具有或接近陷门单向函数性质的数学模型来构造非对称加密机制，例如大整数因子分解、离散对数等。

非对称加密体制具有一些对称加密体制所不具有的优势。一方面，对于公钥加密算法而言，每个用户只需要保存一对密钥对，就可以与其他多个用户进行保密通信，密钥数量大大减少，同时密钥的交换过程也不需要 KDC 的帮助。另一方面，由于公钥密码算法的非对称性，私钥是由每个用户独立地、秘密地保存的，所以依靠私钥变换产生的数据可以作为实现非否认服务的证据，即进行身份的验证，通信其他方都可以使用公钥进行验证排查。

非对称加密体制作为一项很重要的加密技术，在弥补传统对称加密算法在安全通信、密钥协定等方面不足的同时，也存在着自身的限制。相比于对称加密算法，在相同的安全强度下，非对称加密算法的速度远不及对称加密算法，所以在实际使用中几乎不直接使用公钥密码来加密数据，一般的做法是使用公钥来加密对称加密算法中的对称密码，实现对称密码的安全交换，然后再使用对称密码加密数据。

2.4　公钥基础设施认证体系

2.4.1　数字签名

长期以来，文件上的手写签名用于对作者身份的证明，或至少同意文件的内容。签名

如此引人注目主要有以下几个原因：

（1）签名是可信的。签名使文件的接收者相信签名者是慎重地在文件上签字的。

（2）签名不可伪造。签名证明是签字者而不是其他人慎重地在文件上签字。

（3）签名不可重用。签名是文件的一部分，不法之徒不可能将签名移到不同的文件上。

（4）签名的文件是不可改变的。在文件签名后，文件不能改变。

（5）签名是不可抵赖的。签名和文件是物理的东西，签名者事后不能声称他没有签过名。

然而，在现实生活中，关于签名的这些特性没有一个是完全真实的。签名能够被伪造，也能够从文章中盗用移到另一篇文章中，文件在签名后能够被改变。在计算机上做这种事情，同样存在一些问题。首先计算机文件易于复制。即使某人的签名难以伪造（例如手写签名的图形），但是从一个文件到另一个文件剪切和粘贴有效的签名却是很容易的，这种签名并没有什么意义。其次文件在签名后也易于修改，并且不会留下任何修改的痕迹。为了解决这些问题，数字签名技术应运而生。数字签名，又称为数字签字、电子签名、电子签章等[41]。其提出的初衷就是在网络环境中模拟日常生活中的手工签名或印章，而且要使数字签名具有与传统手工签名一样的法律效力。数字签名具有许多传统签名所不具有的优点，如签名因信息而异，同一个人对不同的信息，其签名结果是不同的；原有文件的修改必然会反映为签名结果的改变，原文件与签名结果两者是一个混合的不可分割的整体等。所以数字签名比传统签名更具可靠性。

一个签名方案至少应满足以下 3 个条件：

（1）签名者事后不能否认自己的签名；

（2）接收者能验证签名，而任何其他人都不能仿造签名；

（3）当双方关于签名的真伪发生争执时，第三方能解决双方发生的争执。

一个数字签名方案包含 3 个关键因素：公钥 y、消息 m、签名 s。假设公钥能唯一标识一个实体，在实际应用中通常是由认证机构（CA）来完成的，认证机构必须确保每一个实体都已知与其公钥相应的私钥，然后通过发放证书通知其他第三方，公钥与一系列被所有实体共享的域变量有关。当一个公钥满足设计者所期望的安全需求，并且公钥的拥有者 A 同时还拥有与之相应的私钥时，则这个公钥是有效的。如果公钥是有效的，并且 s 确实是 A 运用与 y 相应的私钥对消息 m 的签名，则称三元组 (y, m, s) 是有效的。

在已有的基本概念下，现给出数字签名的数学描述。数字签名方案是一个算法对的三元组，它包括 (D, Dv)，(G, Gv)，$(\Sigma, \Sigma v)$，以及一个安全参数 k。下面将对各符号进行详细说明。

（1）k：由用户在创建公钥和私钥时选取的安全参数，它决定了签名的长度、可签名消息的长度以及签名算法执行的时间等一系列安全因素。

（2）D：域参数产生算法。这是一个随机算法，其功能是：输入 1^k（即 k 个连续的 1），它能够输出域参数集 S，S 能够被一个或多个用户所共享，同时能够提供一些状态信息用来证明这些参数满足安全需求。

（3）Dv：域参数有效验证算法。该算法是在输入域参数集 S 和一些状态信息 I 后，能够输出一位二进制数来判定域参数是否服从指定的安全需求。

（4）G：密钥对生成算法。该算法是一个随机算法，其功能是在输入域参数集 S 后，能够输出公钥私钥密钥对(y, x)。

（5）Gv：公钥有效验证算法。该算法是一个双方的零知识协议。双方都有作为输入的二元组(S, y)，这里S是有效的域参数集，y是公钥，证实方还需拥有私钥x作为输入。协议Gv允许证实方向验证方展示y确实是与私钥x相应的有效公钥。

（6）Σ：签名生成算法。该算法是一个随机算法，其功能是在输入消息m和与域参数集S相关的私钥后，输出数字签名s。

（7）Σv：数字签名验证算法。该算法的功能是，在输入消息m、数字签名s、有效的域参数集S和有效的公钥y后，输出"真"或"假"来判定数字签名的真伪。规定只要当S是由D生成的有效的域参数集，y是由G生成的与私钥x相关的有效公钥，并且时$s \in \Sigma(m, D, x)$时，$\Sigma(m, s, D, y) = true$。

经典的数字签名技术有对称密钥签名、公开密钥签名，其算法基础都是基于之前所介绍的对称加密体制和非对称加密体制的，具体算法不再赘述。值得注意的是，在实际的实现过程中，采用公钥密码算法对长文件签名的效率太低。为了节约时间，数字签名协议[42]经常和单向 Hash（哈希）函数一起使用。发送方并不对整个文件签名，而只对文件的 Hash值签名。在这个协议中，单向 Hash 函数和数字签名算法是事先就协商好的。基于消息摘要的数字签名基本过程如图 2.10 所示。

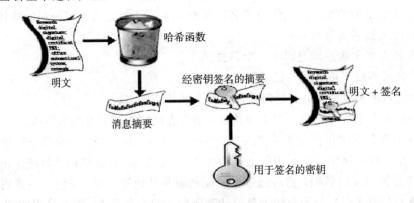

图 2.10　基于消息摘要的数字签名基本过程

数字签名协议还有其他好处。首先，签名和文件可以分开保存。其次，接收者对文件和签名的存储量要求大大降低了。档案系统可用这类协议来验证文件的存在而不需保存它们的内容。中央数据库只存储各个文件的 Hash 值，而根本不需要看文件。用户将文件的 Hash 值传给数据库，然后数据库将提交的文件加上时间标记并保存。如果以后有人对某文件的存在发生争执，数据库可通过找到文件的 Hash 值来解决争端。这里可能牵连到大量的隐秘：发送方可能拥有某文件的版权，但仍保持文件的秘密。只有当他想证明他的版权时，他才不得不把文件公开。

目前已经提出了许多消息摘要函数。其中最为广泛使用的函数是 MD5（Rivest，1992）和 SHA-1（NIST，1993）。MD5 是 Ronald Rivest[43]设计的一系列消息摘要算法中的第 5 个算法。它通过一种足够复杂的方法来打乱明文消息中的所有位，每一个输出位都要受到每一个输入位的影响。简单来说，它首先将原始的明文消息填补到 448 位（以 512 为模）的长度。然后，消息的长度被追加成 64 位正整数，因而整个输入的长度是 512 位的倍数。最后一个预计算步骤是将一个 128 位的缓冲区初始化成一个固定的值。现在开始计算，每一轮取出 512 字节的输入块，并且将它与 128 位的缓冲区彻底混淆起来。为了达到更好的混淆效果，还需要引入一个正弦这样的知名函数，并不是因为它比一个随机数发生器更加具有随机性，而是为了避免嫌疑，不至于让人觉得设计者在算法中内置了一个只有他才能进入的精巧后门。IBM 拒绝公开 DES 中 S 盒的设计原理曾经引起了大量关于后门的猜测，而 Rivest 希望避免这种猜疑。MD5 对每个输入块执行 4 轮。这个过程不断进行，直至所有的输入块都被执行完毕。最后，128 位缓冲区的内容构成了最终的消息摘要。

现在，MD5 已经存在 10 多年了，许多人尝试破解过这个算法。有一些脆弱性已经被发现了，但是某些特定的内部步骤使得它免于被攻破。然而，如果 MD5 内部剩余的屏蔽也沦陷的话，它最终将有可能被打破。不管怎么样，目前为止，它仍然屹立不倒。

2.4.2 体系结构

公钥基础设施(Public Key Infrastructure，PKI)[44]的基本定义十分简单。所谓 PKI 就是一个支持公钥管理体制的基础设施，提供鉴别、加密、完整性和不可否认性等服务的基础设施。在讲解 PKI 的各个组成部分之前，首先介绍一下认证和数字证书，然后再介绍几种常用的认证模型。

1. 认证

公钥密码技术可能会有密钥分发问题[45]，但并不像对称密码技术的密钥分发问题那么严重，因为公钥并不需要像对称密钥那样经常改变。尽管对称密钥在每次消息加密之后都应改变，然而，非对称公钥和私钥能够用于很多数字签名和数字信封中。这要归功于破解非对称密钥相当困难，而且攻击者也难于在使用相同密钥进行多次对称加密的过程中通过相似性而获得好处。更为重要的是，公钥的真实性可以通过可信的第三方来建立。如果验证方确定自己所有的公钥属于被验证方，他就可以非常有信心地使用这个密钥。受到私钥的拥有者和公钥用户这两方所信任的第三方可以担保公钥的真实性。公钥所有者身份的保证叫做公钥认证(Certification)[46]。认证公钥的个人或组织叫做认证权威机构(Certificate Authority，CA)[47]。

公钥加密的最大优点是无需预先建立通信者之间的关系，而这正是对称加密遇到的问题。然而，现在可以看到，公钥加密需要预先的关系，但这个关系不必是非对称密钥用户之间的。通信双方必须都与 CA 建立关系，这就是一种信任关系。验证方必须相信 CA 已经正确地把被验证方认证为私钥的所有者。信任是公钥基础设施所依赖的基本规则。

2. 数字证书

数字证书[48,49]通常称为公钥证书或简称为证书，与司机驾驶执照或日常其他的身份证相似，它包括一个公开密钥、拥有者身份信息(如名字或地址等信息)以及 CA 对这些内容的数字签名。CA 的签名可以保证证书内容的完整性和真实性。证书是二进制文件，可在计算机网络上很容易地传输。

在互联网中，应用程序使用的证书都来自不同的厂商或组织，为了实现可交互性，要求证书能够被不同的系统识别，且符合一定的格式，并实现标准化。X.509[50]为证书及其 CRL[51]格式提供了一个标准。但 X.509 本身不是 Internet 标准，而是国际电联 ITU 标准，它定义了一个开放的框架，并在一定的范围内可以进行扩展。

目前，X.509 有三个版本：V1、V2 和 V3，其中 V3 是在 V2 的基础上加上扩展项后的版本,这些扩展既包括由 ISO 文档(X. 509－AM)定义的标准扩展,也包括由其他组织或团体定义或注册的扩展项。X. 509 由 ITU-T X. 509(前身为 CCITT X. 509)或 ISO/IEC 9594－8 定义,最早以 X. 500 目录建议的一部分发表于 1988 年,并作为 V1 版本的证书格式。X. 500 于 1993 年进行了修改,并在 V1 基础上增加了两个额外的域,用于支持目录存取控制,从而产生了 V2 版本。为了适应新的需求,ISO/IEC 和 ANSI X9 发展了 X. 509 V3 版本证书格式,该版本证书通过增加标准扩展项对 V1 和 V2 证书进行了扩展。另外,根据实际需要,各个组织或团体也可以增加自己的私有扩展。图 2.11 列出了 X. 509 的最终版本 V3 的证书格式。

图2.11　X. 509 V3 证书标准

3. PKI 组件

图 2.12 显示了 PKI 的基本组件。连接这些组件的箭头代表这些组件间互相通信的消息。这些消息包含了证书发行和撤销的请示,以及作为响应而创建的证书和证书撤销清单。

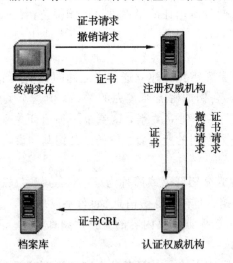

图 2.12　PKI 的基本组件

（1）认证权威机构。

对 PKI 而言,CA 是重要的实体。CA 的责任是发行、管理证书。为了执行其证书发行任务,CA 首先会接收来自一方的认证请求。它对其身份进行认证,并验证请求中的内容。

最后，CA 会生成该用户新证书的内容，并以数字方式签署该证书。

如果对 CA 进行配置，让其使用一个证书库。那么它将会把新生成的证书存储在该证书库中。CA 还会把这个新证书分发给原证书的持有者。CA 通过电子邮件把证书传送给用户，或者发送一个 URL，以后原证书持有者就可以使用它获取该证书。

当必须撤销某证书时，CA 将为该证书创建撤销信息，并管理该信息。证书撤销可以由证书持有者发起，或者由 CA 的操作人员发起。CA 负责认证该撤销请求，从而确保冒名顶替者无法撤销该用户的证书。在撤销证书时，CA 可以从证书库中删除该证书，或者只把该证书标记为"已撤销"。通常情况下，CA 将通知用户证书已被撤销。CA 还将把已撤销证书的序列号添加到证书撤销清单（Certificate Revocation List，CRL）中。

（2）注册权威机构。

认证权威机构（Registration Authority，RA）[52] 是可选的实体，用于分配 CA 的工作量。RA 不会执行任何其 CA 无法执行的服务。RA 的基本职责有认证服务和验证服务。RA 将对定向到 CA 的各种服务请求进行认证。可将 RA 配置为代表 CA 处理认证请求或撤销请求，或者这两种服务。在认证请求之后（即确定该请求来自于合适的实体之后），RA 通常会验证请求的内容。

RA 担当了 CA 的前端处理器的角色，执行 CA 的策略。所以，RA 应该专门为单独的 CA 服务，但 CA 可以由多个 RA 协助。在证书上生成数字签名是计算密集型活动，RA 使得 CA 能够最大限度地专注于这种加密操作。CA 可能仍然会负责与证书库进行交互，并签署 CRL 及证书。然而，通过将一些职责转移给 RA，CA 就能够显著提高其对终端实体请求的响应时间。

（3）证书库。

证书库是 CA 发行证书的数据库。CA 把自己生成的每个证书发布到证书库中。证书库能够被 PKI 的所有用户看作为证书的中心源泉，因此也可以作为公钥源，证书库还可以作为 CRL 的中央位置。

证书库可以使用不同的数据库技术来实施，但 X.500 目录正赢得人们的普遍认同。对于存储证书而言，X.500 是由唯一名称标识的。访问存储在 X.500 目录中的证书或 CRL 的方法是轻量型目录访问协议（Lightweight Directory Access Protocol，LDAP）[53]。提供 LDAP 接口的应用程序为 LDAP 服务器。用户可以向 LDAP 服务器发送 LDAP 查询，以获取某个证书或 CRL。该查询应该指定部分终端实体或者完全的 X.500 唯一名称以搜索证书，或者指定 CA 的 X.500DN 来搜索 CA 证书或 CRL。

2.4.3　认证模型

PKI 服务于用户群体。较大的用户群体很难通过一个 CA 来管理，原因主要包括一台单独机器上的计算要求以及认证大量个人身份的管理难度。因此需要建立一种认证模型来组织 PKI。目前常用的信任模型有三种：严格层次模型、交叉信任模型和网状模型。

1. 严格层次模型

通常情况下，为大规模的群体实施 PKI 的最好方法就是按分层机构来组织 PKI。在层次机构的 PKI 中，CA 的组织关系呈树状结构。其中，只有一个 CA 的证书是自签的，称为根 CA。这个根 CA 把证书分发给其他中间 CA，中间 CA 可以把证书发行给其他中间 CA

或底层 CA，也就是叶级 CA。只有叶级 CA 才可以把证书发行给用户群体中的终端实体。根 CA 将控制自己所有从属 CA 的策略，包括可以有多少级中间 CA 以及每个叶级 CA 应该把证书发行给用户群体的哪个子组。

分层 PKI 中的所有认证路径都是单向的。从终端实体证书到根的路径中，每一个 CA 都有更大的权限。分层 PKI 就是按层次结构进行组织的机构，如大学或公司。整个大学中的根 CA 把证书发给组成该大学的各个学院的中间 CA。这些学院的 CA 把证书发给各系的叶 CA。最后，这些叶 CA 将负责把证书发给本系的全体教员和学生。

2. 交叉信任模型

为了在各个独立的 PKI 之间扩展信任模型，各独立 PKI 中的 CA 应该彼此发行证书。这时，CA 向其他 CA 发行证书，叫做交叉证书(cross-certificate)，并且使用它们的 PKI 就是交叉认证 PKI(cross-certification PKI)。交叉证书可以在各个级别上链接 PKI，从根到根的交叉认证，到从根到中间 CA 的交叉认证，继而到从中间 CA 到中间 CA 的交叉认证。图 2.13 展示了交叉认证 PKI 的结构。

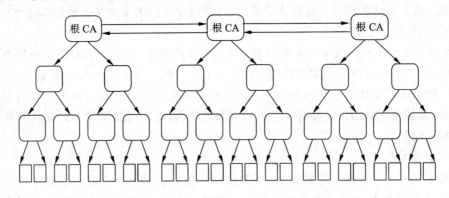

图 2.13　交叉认证 PKI 的结构

3. 网状模型

交叉认证给 PKI 信任模型的完整性带来了严重的影响。每次一个 CA 认证另外一个 CA 时，实际上就是要求它自己的终端实体去信任另一个 CA 下的终端实体。这可能是在冒险，然而如果第二个 CA 接着认证了第 3 个 CA，则风险就更大。这时，第一个 CA 的最终用户将信任由第 3 个 CA 发行的证书，第一个 CA 可能从来就没有打算让这种情况发生，要解决这个问题，第一个 CA 可认证第二个 CA，但其前提条件是第二个 CA 不会再认证其他 CA，或者必须在第一个 CA 同意的规则下进行，这是不切实际的。另一种可能性是，交叉认证中包含的所有 CA 都彼此认证，这就创建了一个网格 PKI，它可以包含根 CA 的交叉认证，或者任何交叉认证级别的所有 CA，通过明确地与所有其他 CA 建立起信任关系，交叉认证过的 CA 对另一个 CA 进行认证，于是就消除了安全问题的风险。所以，网格 PKI 可以比交叉认证 PKI 的常规情形更加安全。遗憾的是，随着所包含的 CA 数量呈线性增长，网格 PKI 中谁的数量会呈几何增长。最后，网格 PKI 可能会变得无法管理。图 2.14 说明了网格 PKI 的结构。

桥式 CA 是担当交叉认证中枢的 CA。它使各个独立的分层结构和网格的 PKI 进行互连，而不会导致产生完整交叉认证网格的系统开销。分层 PKI 的根 CA 或网格中的任何

CA 将使用桥 CA 进行交叉认证。为了使桥 CA 能够发挥作用，所有加入的 CA 都必须服从桥 CA 的认证实践标准。桥 CA 并不是根 CA，终端实体不应该把桥 CA 当作可信根 CA。美国联邦政府正在开发名为"美国联邦桥式认证权威机构"（Federal Bridge Certification Authority，FBCA）的桥 CA。FBCA 设计用来在属于政府机构的 CA 上进行交叉认证，其作用是建立一种新方法的模型，使得政府 PKI、商业 PKI 和学术 PKI 能够整合起来。在能够使用普遍和可靠的 PKI 之前，还有许多挑战有待克服，然而在 PKI 信任模型的标准化和可互操作方面取得的改进，正带领着我们朝着正确的方向前进。

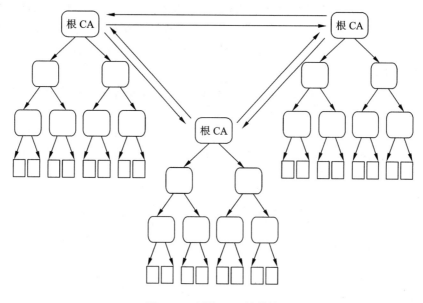

图 2.14　网格 PKI 的结构

2.5　可信计算技术

1983 年，美国国防部制定了世界上第一个《可信计算机系统评价准则》（Trusted Computer System Evaluation Criteria，TCSEC）。之后，美国国防部又相继推出了可信网络解释（Trusted Network Interpretation，TNI）[53] 和可信数据库解释（Trusted Database Interpretation，TDI）[54]，从而形成了最早的一套可信计算技术文件。1999 年，IBM、HP、Intel 和 Microsoft 等著名 IT 企业发起成立了可信计算平台联盟（Trusted Computing Platform Alliance，TCPA）。TCPA 的成立，标志着可信计算高级阶段的形成。2003 年，TCPA 改组为可信计算组织 TCG[55]，标志着可信计算技术和应用领域的进一步扩大。TCPA 和 TCG 的出现形成了可信计算的新高潮。欧洲于 2006 年 1 月启动了名为"开放式可信计算（Open Trusted Computing）"的可信计算研究计划[56, 57]，有几十个科研机构和工业组织参与研究，该计划基于可信计算平台的统一安全体系结构，在异构平台上已经实现了安全个人电子交易、家庭协同计算以及虚拟数据中心等多个应用。目前，可信计算已经成为许多国际学术会议的重要议题，多家网络技术企业的产品支持 TNC 体系结构，可信计算产品已经走向应用。

2.5.1　可信计算的概念

提到可信计算，首先必须准确地把握一个概念——"信任"在计算机应用环境中的含义。信任是一个复杂的概念，当某一个事物为了达到某种目的总是按照人们所期望的方式运转，我们就说我们信任它。在 ISO/IEC 15408 标准中给出了以下定义：

一个可信[58-65]（trusted）的组件、操作或过程的行为在任意操作条件下是可预测的，并能很好地抵抗应用程序软件、病毒以及一定的物理干扰造成的破坏。因此，一个可信的计算机系统所提供的服务可以认证其为可依赖的。系统所提供的服务是用户可感知的一种行为，而用户则是能与之交互的另一个系统（人或者物理的系统），计算机系统的可信性应包括可用性、可靠性、可维护性、安全性、健壮性、可测试性、可维护性等多个方面。

可信计算的基本思想是：

（1）首先在计算机系统中建立一个信任根。信任根的可信性由物理安全、技术安全与管理安全共同确保。

（2）再建立一条信任链。从信任根开始到硬件平台，到操作系统，再到应用，一级测量认证一级，一级信任一级，把这种信任扩展到整个计算机系统，从而确保整个计算机系统的可信。TCG 的信任链如图 2.15 所示。

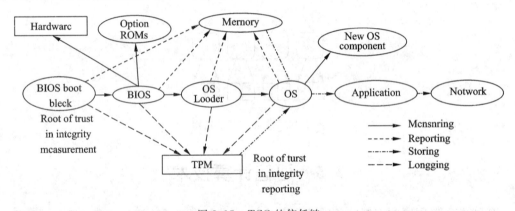

图 2.15　TCG 的信任链

综上所述，可以看出一个共同点，就是强调实体行为的预期性，以及系统的安全性与可靠性。当前，系统的安全性与可靠性是用户最关心的两个问题，因而也就必然成为可信的主要内涵。

信任应当具有下列属性：

（1）信任是一种二元关系，它可以是一对一、一对多（个体对群体）、多对一（群体对个体）或多对多（群体对群体）的；

（2）信任具有二重性，既具有主观性义具有客观性；

（3）信任不一定具有对称性，即 A 信任 B 不一定就有 B 信任 A；

（4）信任可度量，即信任有程度之分，可以划分等级；

（5）信任可传递，但不绝对，在传播过程中可能有损失，而且传递的路径越远损失可能越大；

（6）信任具有动态性，即信任与环境（上下文）和时间因素相关。

2.5.2 可信度量模型与平台体系结构

1. 信任度量模型

1) TCG 的信任度量模型

TCG 的信任度量采用一种链式的信任度量模型，简称为信任链，如图 2.15 所示。从 BIOS boot block 到 BIOS，再到 OS Loader，最后到 OS 构成了一个串行链，其中 BIOS boot block 是可信测量根。模型采用了一种迭代计算 Hash 值的方式，即将现值与新值相连，再计算 Hash 值并作为新的完整性度量值存储到平台配置寄存器 PCR 中。

$$\text{NewPCR}_i = \text{HASH}(\text{OldPCR}_i//\text{NewValue})(其中，符号"//"表示链接)$$

这种链式信任度量模型的最大优点首先是实现了可信计算的基本思想：从信任根开始到硬件平台、到操作系统、再到应用，一级测量认证一级，一级信任一级，把这种信任扩展到整个计算机系统，从而确保整个计算机系统的可信。其次这种链式信任度量模型与现有计算机有较好的兼容性，而且实现简单。

同时，这种信任度量模型存在如下缺陷：

(1) 信任链较长，造成的信任损失较大；

(2) 采用了一种迭代计算 Hash 值的方式，这就使得在信任链中加入或删除一个部件，或信任链中的软件部件更新(如 BIOS 升级、OS 打补丁等)，PCR 的值都得重新计算；

(3) 可信测量根 RTM(在图 2.16 中是 BIOS boot block)是一个软件模块，将它存储在 TPM 之外，容易受到恶意攻击。

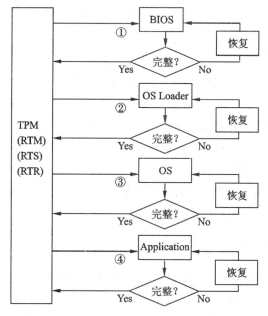

图 2.16　带恢复功能的星型信任度量模型

2) 星型信任度量模型

针对 TCG 可信度量模型信任链较长存在的缺陷，有学者提出一种带数据恢复功能的星型信任度量模型[67]，其结构如图 2.16 所示。它将 RTM 置入 TPM 内部，而且在信任度量过程中增加了数据恢复功能(事先将被度量的部件进行备份,在度量中若发现其完整性被破坏,则进行恢复),并将信任度量延伸到应用。由于这种信任度量模型可以同时提高系统的安全性和可靠性,因此提高了系统的可信性,比较好地体现了关于可信≈可靠＋安全的学术观点。

与 TCG 的链式信任度量模型相比,星型信任度量模型具有如下优点:

(1) RTM 被 TPM 保护,安全性更高;

(2) 具有数据恢功能,安全性和可靠性更高;

(3) RTM 到任何一个被测量部件都是一级测量,没有多级信任传递,信任损失少。

其缺点是 RTM 由 TPM 执行,所有测量都由 RTM 进行,所以 TPM 负担重。

2. 可信计算平台体系

一个典型的 PC 平台上的可信计算体系结构如图 2.17 所示。

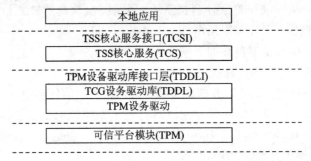

图 2.17　可信计算平台体系结构

整个体系主要可以分为三层:TPM、TSS[68]和本地应用。TSS 是对可信计算平台提供支持的软件,它的设计目标是对使用 TPM 功能的应用程序提供一个唯一入口:提供对 TPM 的同步访问;管理 TPM 的资源;适当的时候释放 TPM 的资源等。TSS 由两部分组成,分别是 TCS(TSS core service)和 TSP(TSS service provider)。TCS 驻留在用户态,通常以系统服务形式存在,它通过 TDDLI 和 TPM 进行通信。TCS 提供了几乎所有的基本功能和复杂功能,如上下文管理、密钥管理、事件管理和审计管理等,它为 TSP 提供接口。TSP 通过 TCS 来使用 TPM 的功能。TSP 也提供了丰富的面向对象的应用接口,包括上下文管理、密钥管理和安全操作等。TSS 平台软件从结构上可以分为三层,自下至上分别为 TDDL、TCS 和 TSP,全部运行于用户模式。

2.5.3　可信平台模块

TPM 是可信计算技术的核心,是一个含有密码运算部件和存储部件的小型片上系统。作为可信平台的构件,TPM 的组件被信赖能够正常工作。从图 2.17 中可以看出,可信平台模块(TPM)是整个可信计算的基石。可信平台的各种信任源也是建立在 TPM 的基础之上的。TPM 是一个硬件芯片,附加在现有的 PC、服务器等环境中,向平台提供各种安全相关的功能。TCG 的一大特点就是采用 TPM 这样一种硬件芯片实现可信计算相关功能,所以只有对 TPM 进行认真的分析与研究,才能对 TCG 提出的可信计算有更深入的认识。

可信平台模块是可信平台的可信根源,从硬件底层提供对于计算机设备的保护。TPM

是一个含有密码运算部件和存储部件的小型芯片，在 PC 架构中，通过 LPC 总线与南桥芯片相连。图 2.18 是 TPM 的功能结构图。

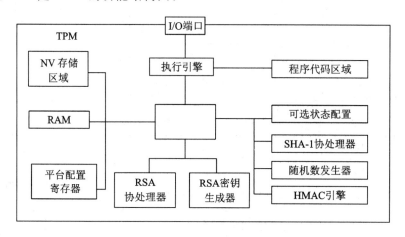

图 2.18　TPM 的功能结构图

从图 2.18 可以看出，TPM 主要包含微处理器、Flash、随机数发生器、RSA 引擎（包括 RSA 协处理器和 RSA 密钥生成器）、HMAC 引擎等。非对称加密和签名认证，是通过 RSA 协处理器和密钥生产器实现的，完整性度量则是通过的 SHA－1 协处理器完成的，对称加密可以使用任意算法。HMAC 引擎用于验证输入的命令的正确性，执行引擎根据从 I/O 端口输入的命令，判断并执行相应的程序。NV 存储区域保存 TPM 内部状态、数据等，平台配置寄存器（PCR）保存对平台的完整性度量值。

TPM 从功能上可以分为如下几个部分：

（1）密码算法：随机数产生器、SHA－1、HMAC 和 RSA 等密码算法；

（2）安全存储和平台配置报告；

（3）保护密钥和数据存储；

（4）TPM 命令验证协议。

除此之外，还包括如下一些辅助功能：

（1）单调计数器和时钟嘀嗒（ticks）；

（2）非挥发性存储；

（3）日志；

（4）委托。

TPM 与外部程序的交互是通过命令的方式实现的，通常的交互模型如图 2.19 所示。外部程序首先构造好需要发送给 TPM 的命令，对每一个命令的格式 TPM 有专门的文档定义。在 PC 平台，外部程序通过向内存映射 I/O 空间：0xFE400000 中的某一个数据寄存器写数据，写完数据后，通过轮询 TPM 的状态或 TPM 向操作系统发送中断的方式通知应用程序，TPM 命令已经执行完成，然后在指定的 I/O 地址读取返回的数据。从中可以知道，TPM 执行命令时工作在单进程模型下，即同一时间只能向 TPM 发送一个命令，只有等该命令返回后，才能继续向 TPM 发送命令。在 TPM 内部维护了一个状态机，当 TPM 处于执行命令的状态时，不接收这时输入的命令。

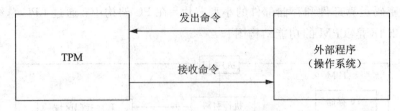

图 2.19　TPM 命令交互方法

表 2.4 是 TPM 定义的一个命令的输入格式[69-71]。

表 2.4　TPM 命令输入格式

参　数		HMAC		类　型	名　字	描　述
序号	大小	序号	大小			
1	2			TPM_TAG	tag	请求命令
2	4			UINT32	pramsize	命令长度
3	4	1S	4	TPM_COMMAND_CODE	ordinal	命令序号
4	4	2S	4	TPM_CAPABILITY_AREA	capArea	权能类型
5	4	3S	4	UINT32	subCapSiz	子权能大小
6	<>	4S	<>	BYTE[]	subCap	子权能的具体数据

表 2.5 是 TPM 定义的对应的返回命令。

表 2.5　TPM 命令返回结构

参　数		HMAC		类　型	名　字	描　述
序号	大小	序号	大小			
1	2			TPM_TAG	tag	返回命令
2	4			UINT32	pramsize	命令长度
3	4	1S	4	TPM_RESULT	returnCode	返回代码
		2S	4	TPM_COMMAND_CODE	ordinal	输入命令的序号
4	4	3S	4	UINT32	respSize	返回的数据的长度
5	<>	4S	<>	BYTE[]	resp	返回的具体数据

　　TPM 规范对每一个命令都通过这种方式予以描述。每一个命令都分为请求命令和返回命令两个部分，分别对应外部程序向 TPM 发出的命令和 TPM 返回给外部程序的命令。在描述命令时，每一个命令分为 5 个部分：参数、HMAC、类型、名字和描述。

　　(1) 参数部分分为序号和大小两个部分。参数序号是指实际传递的参数的序号，大小是指每一个参数的大小，"<>"表示参数的大小不是固定值。

　　(2) HMAC 部分也分为序号和大小两个部分，序号是指在进行 HMAC 时对参数进行 HMAC 时的顺序，大小是指参数的大小。

　　(3) 类型部分是 TPM 定义的数据类型。

　　(4) 名字部分是参数各个部分在数据结构中的名字。

　　(5) 描述部分是对各个参数的文字描述。

2.5.4　可信计算测评技术

　　可信计算产品已经开始走向应用。我国的政策规定，信息安全产品必须经过测评认证才能进入实际应用[72]，因此必须对可信计算平台进行测评。

目前，TCG 尚未对其规范和产品的安全性进行全面的分析和验证工作。从公开的文献来看，TCG 技术规范中仅 DAA 等协议进行了较为严格的安全性分析[73]。TCG 针对 TPM 的设计安全，给出了相应的保护轮廓，并通过了 CC 认证。Atmel 公司的 TPM 产品 AT97SC3201 通过了认证实验室 cygllacom 的 EAL3 认证。Infilleoll 公司已经开始对生产的 TPM 进行最严格的硬件安全评估流程审核，计划要达到 EAL4 硬件安全水平。

在标准符合性测试研究方面，德国波鸿大学的 Sadeghi 等[74]对 TPM 进行了标准符合性测试，发现国外主流的 TPM 在不同程度上都存在与标准不符合的问题，随之带来了一些安全问题。Tóth 等[75]将白盒测试和 Fuzzing 技术相结合，发现了 OpenTc 项目中 TSS 的若干 Bug 和远程溢出安全漏洞。文献[76，77]研究了可信计算平台接口协议的安全性。在国内，国家信息安全重点实验室开展了 TPM 安全性分析和 TCM 标准符合性测试研究[78]。

综上可知，虽然目前国内外已经对可信计算产品的某些部件进行了一定的测评研究，但尚缺少对可信计算平台进行系统的安全测评研究。

在"863 计划"项目的支持下，我国的武汉大学对可信计算平台的测评进行了比较系统的研究，解决了可信计算平台测评的部分理论和关键技术，建立了一套可行的测试方法，研制出我国第一个可信计算平台的测评系统。图 2.20 给出了可信计算平台测评系统的结构。测评的技术路线是，以可信计算的理论和技术为基础，以 TCG 和我国的可信计算规范和标准为依据，以平台的可信特征为测评重点，测评可信计算平台的可信性和安全性。主要测试可信计算平台的 TPM、信任链、TSS 的标准符合性和安全性。

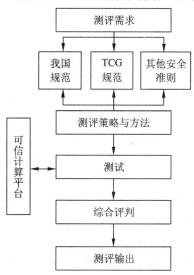

图 2.20　可信计算平台测评系统结构

通过测试发现了现有 TCG 可信计算平台在设计体系上存在着一些缺陷，同时也发现了若干现有可信计算平台产品存在的缺陷。由此可见，测试不仅为用户选择可信计算机产品提供了依据，也为可信计算平台技术及产品的改进和发展提供了依据。

实际测试表明，目前无论是国外还是国内的可信计算都没有完全符合相应平台的技术规范。但是，可信计算的技术进步是明显的早期的可信计算机产品基本上都没有信任链，如 HPnc6230 在信任链方面与 TCG 规范的符合率只有 18.18%。后期的产品在信任链方面与技术规范的符合率则大大提高,如 HPnc6400 在信任链方面与 TCG 规范的符合率已达到 81.2%。值得注意的是,现在仍然有一部分国内外的可信计算机虽然配置了 TPM 芯片,提供了一些 API 调用接口,但却没有完整的信任链和 TSS。由于这些计算机缺少主要的可信计算机制,因而不能称为可信计算机。

测评研究与实践证明,在我国开展对可信计算机的测评研究与实测认证是十分必要的和迫切的。我国政府应当加大这方面的投入和扶持,加强测评认证的管理。另外,虽然目前国内外对可信计算平台的测试进行了一定的研究,但是无论是研究的深度和广度都还是不够的,还需要开展进一步的深入研究。

2.6　数字水印

2.6.1　数字水印产生背景

当前,计算机的普及使得很多文学或艺术作者直接将作品以数字方式记录和存储下来,而网络的飞速发展也为数字作品的传输提供了便利。这些条件使得数字作品与传统作品相比,在创作和传播上具有很大的优越性。数字作品具有极易被理想复制的特性,这是其能够被快速传播的重要原因之一,但这一特性也会被侵权者非法利用。目前,盗版已成为数字化产业最大的威胁,这在相当程度上阻碍了其自身的发展,对数字媒体版权所有者来说,反盗维权的需求迫在眉睫,而数字作品的版权保护不仅仅是一个立法问题,也是一个技术问题。

Van Schyndel[79] 在 ICIP'94 会议上发表了题为"A Digital Watermark"的文章,第一次在主要会议上阐明了关于数字水印的想法,其中说明了一些关于水印的重要概念和普棒水印检测的通用方法——相关性检测。此算法首先把一个密钥输入一个 m-序列(maximum-length random sequence)发生器以产生水印信号,然后此 m-序列被重新排列成二维水印信号,按像素点逐一插入到原始图像像素值的最低位。

90 年代以来,对数字水印的研究兴趣不断增长。1998 年的国际图象处理大会上,还开辟了两个关于数字水印的专题讨论国际光学工程学会(SPIE)从 1999 年起,每年召开一次多媒体信息安全与数字水印大会,其会议的论文主要是关于数字水印技术方面的们文章。目前,国际上剑桥大学、IBM 研究中心、NEC 美国研究所、麻省理工学院等都进行了广泛深入的研究;国内的清华大学、北京大学、北京邮电大学、中科院自动化所、北方工业大学、浙江大学、国防科技大学等都在对该技术进行深入的研究。

传统的加密方法对多媒体内容的保护和完整性认证具有一定的局限性。首先,加密方法只用在通信的信道中,一旦被解密,信息就完全变成明文;另外,密码学中的完整性认证是通过数字签名方式实现的,它并不是直接嵌到多媒体信息之中的,因此无法察觉信息在经过加密系统之后的再次传输与内容的改变。这样,数字水印技术作为加密技术的补充,在多媒体信息的版权保护与完整性认证方面得到了迅猛的发展。

作为新近提出的一种版权保护手段,数字水印是利用数字作品中普遍存在的冗余数据与随机性把版权信息嵌入在数字作品本身,从而起到保护数字作品版权的一种技术。这种技术可以标识和验证出数字化图像、视频和声频记录的作者、所有者、发行者或授权消费者等信息，还可追溯数字作品的非法分发，是目前进行数字作品版权保护的一种较为有效的技术手段。

数字水印技术除具备信息隐藏技术的一般特点外，还有着其固有的特点和研究方法。例如，从信息安全的保密角度而言，隐藏的信息如果被破坏掉，系统可以视为安全的，因为秘密信息并未泄露；但是，在数字水印系统中，隐藏信息的丢失意味着版权信息的丢失，从而失去了版权保护的功能，这一系统就是失败的。因此数字水印技术必须具有较强的鲁棒性、安全性和透明性。

2.6.2 数字水印基本原理

从图像处理的角度看，嵌入水印信号可以视为在强背景下迭加一个弱信号，只要迭加的水印信号强度低于 HVS 的对比度门限，HVS 就无法感到信号的存在。对比度门限受视觉系统的空间、时间和频率特性的影响。因此，通过对原始图像做一定的调整，有可能在不改变视觉效果的情况下嵌入一些信息。从数字通信的角度看，水印嵌入可理解为在一个宽带信道（载体图像）上用扩频通信技术传输一个窄带信号（水印信号）。尽管水印信号具有一定的能量，但分布到信道中任一频率上的能量是难以检测到的。水印的译码（检测）则是一个有噪信道中弱信号的检测问题。

设载体图像为 I，水印信号为 W，密钥为 K，则水印嵌入可用公式描述，即

$$I_w = F(I, W, K)$$

式中，F 表示水印嵌入策略（算法）。水印的嵌入过程如图 2.21 所示。

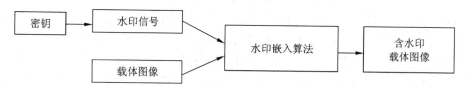

图 2.21 水印信号嵌入过程

水印有两种常用的水印嵌入公式：

$$V_i^w = V_i + \alpha W_i$$

$$V_i^w = V_i(1 + \alpha W)_i$$

其中，V_i，V_i^w 分别表示载体图像像素和嵌入水印的图像像素；W_i 为水印信号分量，$0 \leqslant i \leqslant K$；$\alpha$ 为强度因子。为了保证在不可见的前提下尽可能提高嵌入水印的强度，α 的选择必须考虑图像的性质和视觉系统的特性。

图 2.22 和图 2.23 是水印信号恢复与检测过程。

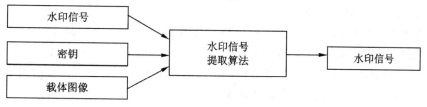

图 2.22 水印信号恢复过程

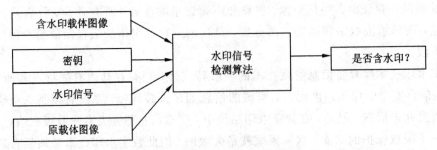

图 2.23　水印信号检测过程

在某些水印系统中，水印信号可以被精确地抽取出来。比如在完整性确认应用中，必须能够精确地提取出插入的水印，并且通过水印的完整性来确认多媒体数据的完整性。如果提取出的水印发生了部分的变化，最好能够通过发生变化的水印的位置来确定原始数据被篡改的位置。

对于强壮水印，通常不可能精确地提取出插入的原始水印，因为一个应用如果需要强壮水印，说明这个应用很可能遭受到各种恶意的攻击，水印数据历经这些操作后，提取出的水印通常已经面目全非，这时需要一个水印检测过程。

通常水印检测的第一步是水印提取，然后是水印判决。水印判决的通行做法是相关性检测。选择一个相关性判决标准，计算提取出的水印与指定水印的相关值，如果相关值足够高，则可以基本断定被检测数据含有指定的水印。

从以上论述可以看出，水印提取的任务是从嵌入水印的数据中提取水印信号，而水印检测的任务是判断某一数据内容中是否存在指定的水印信号。另外，水印检测的结果依赖于一个阈值，当相关性检测的结果超过这个阈值时，给出含有指定水印的结论。这实际上是一个概率论中的假设检验问题：当提高相关性检测的阈值时，虚检概率降低，漏检概率升高；当降低相关性检测的阈值时，虚检概率升高，漏检概率降低。虚检（false positive），是指将没有水印信号的数据误认为含有水印信号。漏检（false negative），是指未能从含有水印信号的数据中检测到水印信号。在实际的水印应用中，更注重对虚检概率的控制。

2.6.3　数字水印技术特点与类型

数字水印技术除应具备信息隐藏技术的一般特点外，还有其固有的特点和研究方法。例如，从信息安全的保密角度而言，隐藏的信息如果被破坏掉，系统可以视为安全的，因为秘密信息并未泄露；但是，在数字水印系统中，隐藏信息的丢失意味着版权信息的丢失，从而失去了版权保护的功能，这一系统就是失败的。因此数字水印技术必须具有鲁棒性、安全性和透明性等特点[80]。

（1）透明性（隐藏性）：经过一系列隐藏处理，目标数据必须没有明显的降质现象，而隐藏的数据无法人为地看见或听见。

（2）鲁棒性（免疫性）：指抗拒各种处理操作和恶意攻击而不导致水印信息丢失的能力。所谓的操作包括传输过程中的信道噪声、滤波、增强、有损压缩、几何变换、D/A 或 A/D 转换等。所谓的攻击包括：篡改、伪造、去除水印等。数字水印技术起源于信息隐藏技术，这一点可从它的隐藏性要求得到证实。

（3）隐藏位置的安全性：指将水印信息藏于目标数据的内容之中，而非文件头等处，防止因格式变换而遭到破坏。

（4）无歧义性：恢复出的水印或水印判决的结果应该能够确定地表明所有权，不会发生多重所有权的纠纷。

（5）通用性：好的水印算法应适用于多种文件格式和媒体格式。通用性在某种程度上意味着易用性。

数字水印的分类方法有很多种，分类的出发点不同导致了分类的不同，它们之间是既有联系又有区别的。最常见的分类方法包括以下几类：

（1）可视水印与不可视水印：如果嵌入的水印强度足够大，能够用肉眼直接观察到，则称之为可视水印。而含有不可视水印的数据通常与原始数据紧密结合在一起，难以用肉眼观察到。

（2）易损水印和鲁棒水印：易损水印很容易被破坏，主要应用于完整性验证等应用之中，它随着对象的修改而被破坏，哪怕细小的影响也会影响数字水印的提取和检测。鲁棒水印则经得起一般处理操作而存留下来，应用范围更加广泛，主要应用于版权保护中，是水印研究的重点。

（3）空域水印和频域水印：直接在空域中对采样点的幅度值作出改变，嵌入水印信息的称为空域水印；对变换域中的系数作出改变（傅立叶系数、DCT 系数、小波系数等）嵌入水印信息的称为频域水印。一般来说频域算法可嵌入水印的数据量大，透明性好，安全性高，但算法复杂度也高。

（4）非盲水印和盲水印：在提取或检测水印的过程中，如果需要原始数据来提取水印信号，称为非盲水印算法；如果不需要原始数据参与，可直接根据水印数据来提取出水印信号，称为盲水印算法。一般来说，非盲水印比盲水印更安全，但盲水印更符合所有权验证的需要，是水印算法发展的方向。

（5）私有水印和公开水印：私有水印只能被特定密钥持有人读取或检测，而公开水印可以被公众提取或检测。通常来说，公开水印的安全性和强壮性比不上私有水印，但公开水印在声明版权信息和预防侵权行为上无疑具有优势，是水印发展的方向。

（6）对称水印和非对称水印：当水印插入与水印提取或检测过程所使用的密钥相同时，相应的水印（算法）称为对称水印（算法）。当水印插入与水印提取或检测过程所使用的密钥不同时，相应的水印（算法）称为非对称水印（算法）。

2.6.4 典型的数字水印算法

1. 空域算法

空域算法中典型的水印算法是将信息嵌入到随机选择的图像点中最不重要的像素位（Least Significant Bits，LSB）上，这可保证嵌入的水印是不可见的。但是由于使用了图像不重要的像素位，算法的鲁棒性差，水印信息很容易被滤波、图像量化和几何变形等操作破坏。另外一个常用方法是利用像素的统计特征将信息嵌入像素的亮度值中。Patch-work 算法方法是随机选择 N 对像素点 (a_t, b_t)，然后将每个 a_t 点的亮度值加 1，每个点 b_t 的亮度值减 1，这样整个图像的平均亮度保持不变。适当地调整参数，Patchwork 方法对 JPEG 压缩、FIR 滤波以及图像裁剪有一定的抵抗力，但该方法嵌入的信息量有限。为了嵌入更多的水印信息，可以将图像分块，然后对每一个图像块进行嵌入操作。

2. 换域算法

换域算法中,大部分水印算法采用了扩展频谱通信(Spread Spectrum Communication)技术。即使当水印图像经过一些通用的几何变形和信号处理操作而产生比较明显的变形后,换域算法仍然能够提取出一个可信赖的水印拷贝。一个简单改进是不将水印嵌入到DCT域的低频分量上,而是嵌入到中频分量上以调节水印的顽健性与不可见性之间的矛盾。另外,还可以将数字图像的空间域数据通过离散傅里叶变换(DFT)或离散小波变换(DWT)转化为相应的频域系数;首先,根据待隐藏的信息类型,对其进行适当编码或变形;再次,根据隐藏信息量的大小和其相应的安全目标,选择某些类型的频域系数序列(如高频或中频或低频);再次,确定某种规则或算法,用待隐藏的信息的相应数据去修改前面选定的频域系数序列;最后,将数字图像的频域系数经相应的反变换转化为空间域数据。该类算法的隐藏和提取信息操作复杂,隐藏信息量不能很大,但抗攻击能力强,适用于数字作品版权保护的数字水印技术中。

3. 压缩域算法

基于 JPEG 和 MPEG 标准的压缩域数字水印系统不仅节省了大量的完全解码和重新编码过程,而且在数字电视广播(Video On Demand,VOD)中有很大的实用价值。相应地,水印检测与提取也可直接在压缩域数据中进行。

下面介绍一种针对 MPEG-2 压缩视频数据流的数字水印方案。虽然 MPEG-2 数据流语法允许把用户数据加到数据流中,但是这种方案并不适合数字水印技术,因为用户数据可以简单地将其从数据流中去掉,同时,在 MPEG-2 编码视频数据流中增加用户数据会加大位率,使之不适宜固定带宽的应用,所以关键是如何把水印信号加到数据信号中,即加入到表示视频帧的数据流中。对于输入的 MPEG-2 数据流而言,它可分为数据头信息、运动向量(用于运动补偿)和 DCT 编码信号块等 3 部分,在方案中只有 MPEG-2 数据流最后一部分数据被改变,其原理是,首先对 DCT 编码数据块中输入的每一 Huffman 码进行解码和逆量化,以得到当前数据块的一个 DCT 系数;其次,把相应水印信号块的变换系数与之相加,从而得到水印叠加的 DCT 系数,再重新进行量化和 Huffman 编码,最后对新的 Huffman 码字的位数 n_1 与原来的无水印系数的码字 n_0 进行比较,只有 n_1 不大于 n_0 的时候,才能传输水印码字,否则传输原码字,这就保证了不增加视频数据流位率。该方法有一个问题值得考虑,即水印信号的引入是一种引起降质的误差信号,而基于运动补偿的编码方案会将一个误差扩散和累积起来,为解决此问题,该算法采取了漂移补偿的方案来抵消因水印信号的引入所引起的视觉变形。

4. NEC 算法

NEC 算法由 NEC 实验室的 Cox 等人提出,该算法在数字水印算法中占有重要地位,其实现方法是,首先以密钥为种子来产生伪随机序列,该序列具有高斯 $N(0,1)$ 分布,密钥一般由作者的标识码和图像的哈希值组成;其次对图像做 DCT 变换,最后用伪随机高斯序列来调制(叠加)该图像除直流(DC)分量外 1000 个最大的 DCT 系数。该算法具有较强的鲁棒性、安全性和透明性等。由于采用特殊的密钥,因此可防止 IBM 攻击,而且该算法还提出了增强水印鲁棒性和抗攻击算法的重要原则,即水印信号应该嵌入源数据中对人感觉最重要的部分,这种水印信号由独立同分布随机实数序列构成,且该实数序列应该具有高斯分布的 $N(0,1)$ 特征。

5. 生理模型算法

人的生理模型包括人类视觉系统（Human Visual System，HVS）和人类听觉系统（Human Auditory System，HAS）。该模型不仅被多媒体数据压缩系统所使用，同样可以供数字水印系统利用。利用视觉模型的基本思想均是通过从视觉模型导出的最小可觉差（Just Noticeable Difference，JND）描述来确定在图像的各个部分所能容忍的数字水印信号的最大强度，从而能避免破坏视觉质量。即利用视觉模型来确定与图像相关的调制掩模，然后再利用其来插入水印。这一方法同时具有好的透明性和强健性。

2.6.5　数字水印实际应用

近十年来，数字水印产品得到了广泛的应用，其应用前景和应用领域巨大，总的来说，数字水印技术有以下一些主要应用领域。

1. 数字作品的知识产权保护

数字作品（如电脑美术、扫描图像、数字音乐、视频和三维动画）的版权保护是当前的热点问题。由于数字作品的拷贝或修改非常容易，而且可以做到与原作完全相同，所以原创者不得不采用一些严重损害作品质量的办法来加上版权标志，而这种明显可见的标志很容易被篡改。"数字水印"利用数据隐藏原理使版权标志不可见或不可听，既不损害原作品，又达到了版权保护的目的。目前，用于版权保护的数字水印技术已经进入了初步实用化阶段，IBM 公司在其"数字图书馆"软件中就提供了数字水印功能，Adobe 公司也在其著名的 Photoshop 软件中集成了 Digimarc 公司的数字水印插件。然而实事求是地说，目前市场上的数字水印产品在技术上还不成熟，很容易被破坏或破解，距离真正的实用还有很长的路要走。

一个典型的例子是 DVD 防拷贝系统。1996 年，美国电影协会（MPAA）、消费电子产品制造商协会（CEMA）和部分计算机厂商联合成立了国际版权保护技术工作组（CPTWG）来研究防止数字视频被盗版。在过去的几年，该协会已研制成功了 DVD 防拷贝系统。1997 年夏天，CPTWG 专门成立了数据隐藏子工作组（HDSG）来评价当前的水印技术应用于防拷贝系统的先进性和可靠性，希望引入数字水印技术。按照 DHSG 的约定，将有两类应用水印技术的模块加入到 DyD 防拷贝系统中，分别是记录控制与回放控制。记录控制利用水印的鲁棒性将拷贝管理系统（CGMS）数据保护起来，保证拷贝控制比特不会被轻易除去，从而有效防止因消除有关数据而引起的非法拷贝。引入回放控制的优点在于：如果盗版者成功地生成了不含内容加扰系统（CSS）密钥信息的非法 DVD RAM 幼拷贝，由于水印仍然存在于这一拷贝中，符合标准的光盘播放机将会读出受水印保护的拷贝控制信息并根据 RAM 盘片本身的特点作出拒绝回放的判断。这样一方面就将这种非法盘片的市场仅限制在那些拥有非标准播放设备的用户中，而另一方面，这种设备不能播放合法的正版 DVD 光盘，以此增强防拷贝系统的抗破坏能力。

2. 商务交易中的票据防伪

随着高质量图像输入输出设备的发展，特别是精度超过 1200 dpi 的彩色喷墨、激光打印机和高精度彩色复印机的出现，使得货币、支票以及其他票据的伪造变得更加容易。据美国官方报道，仅在 1997 年截获的价值 4000 万美元的假钞中，用高精度彩色打印机制造的小面额假钞就占了 19%，这个数字是 1995 年的 9.05 倍。目前，美国、日本以及荷兰都已开始研究用于票据防伪的数字水印技术。其中,麻省理工学院媒体实验室受美国财政部委托,已经开始研究在彩色打印机、复印机输出的每幅图像中加入唯一的、不可见的数字水印,在需要时可以实时地从扫描票据中判断水印的有无,快速辨识真伪。另一方面,在从传统商务向电子商务转化的过程中,会出现大量过渡性的电子文件,如各种纸质票据的扫描图像等。即使在网络安全技术成熟以后,各种电子票据也还需要一些非密码的认证方式。数字水印技术可以为各种票据提供不可见的标志,从而大大增加了伪造的难度。

3. 声像数据的隐藏标识和篡改提示

数据的标识信息往往比数据本身更具有保密价值,如遥感图像的拍摄日期、经/纬度等。没有标识信息的数据有时甚至无法使用,但直接将这些重要信息标记在原始文件上又很危险。数字水印技术提供了一种隐藏标识的方法,标识信息在原始文件上是看不到的,只有通过特殊的阅读程序才可以读取。这种方法已经被国外一些公开的遥感图像数据库所采用。此外,数据的篡改提示也是一项很重要的工作。现有的信号拼接和镶嵌技术可以做到“移花接木”而不为人知,因此,如何防范对图像、录音和录像数据的篡改攻击是重要的研究课题。基于数字水印的篡改提示是解决这一问题的理想技术途径,通过隐藏水印的状态可以判断声像信号是否被篡改。

4. 隐蔽通信及其对抗

数字水印所依赖的信息隐藏技术不仅提供了非密码的安全途径,更引发了信息战,尤其是网络情报战的革命,产生了一系列新颖的作战方式,引起了许多国家的重视。网络情报战是信息战的重要组成部分,其核心内容是利用公用网络进行保密数据的传送。迄今为止,学术界在这方面的研究思路一直未能突破“文件加密”的思维模式,然而,经过加密的文件往往是混乱无序的,容易引起攻击者的注意。网络多媒体技术的广泛应用使得利用公用网络进行保密通信有了新的思路,即利用数字化声像信号相对于人的视/听觉冗余,可以进行各种时(空)域和变换域的信息隐藏,从而实现隐蔽通信。

总的来说,数字水印技术是近几年来国际学术界兴起的一个前沿研究领域。它与信息安全、信息隐藏和数据加密等均有密切的关系。特别是在网络技术和应用迅速发展的今天,水印技术的研究更具现实意义。

2.7　本章小结

本章介绍了信息安全的基础知识,在简述了密码学的发展历程的同时,从对称加密和非对称加密的分类角度列举了一系列曾经乃至当今在信息安全领域都举足轻重的主要加密理论和关键技术,进而介绍了公钥基础设施和认证体系的相关内容,以上这些都是一脉相承、层层发展而来的,对于初步了解信息安全的读者来说花些时间来讲解是非常必要的。随后介绍了现代信息安全中非常重要的可信计算理论,该理论致力于构建完整的安全体系,涉及人个、企业、社会的方方面面是建立现代信息安全的关键。最后本章给出数字水印的相关知识,这是信息安全领域在具体生活中有所体现的重要方面,借此读者可以更加形象地理解现代信息安全的作用和地位。

第三章　信息安全防护技术

随着全球信息化的同步，我国电力系统的要求也日益提高，如果电力系统的安全出了问题，则会影响人民群众正常的生产、生活。电力信息网络系统在保证电力系统的稳固运行和安全运行起着至关重要的作用。电力信息网络系统安全稳定的运行是我国国民经济快速发展的重要保障之一，关系到我国的国计民生问题，对于维持社会稳定、和谐具有十分重要的作用。飞速发展的电力信息网络给人们带来了很大的方便，但同时也伴随着一系列的安全隐患，而且越来越严重，每年由于电力信息网络的安全问题都会造成大量损失。本章在第二章介绍的电力信息网络加密技术(包括对称加密、非对称加密以及 PKI 认证系统等密钥加密技术)的基础上，进一步研究了信息安全防护技术，包括身份认证、防火墙、入侵检测、蜜罐技术以及网络隔离技术等，并分析了各种安全防护技术现有的缺陷、进一步研究的方向，以及在电力信息网络安全方面的应用。

3.1　身　份　认　证

3.1.1　身份认证基本概念

认证技术是信息安全中的一个重要内容，主要包括消息认证与身份认证[87]。身份认证是指验证一个最终用户或设备(如客户机、服务器、交换机、路由器、防火墙等)所声称的身份的过程[88,89]。身份认证一般包括以下两方面的内容：

(1) 识别一明确访问者的身份，要求可区分不同的用户，例如使用不同的标识符。

(2) 验证一对访问者声称的身份进行证实。

身份认证系统一般由三方组成：一方是出示证明的人，称为示证者或申请者，提出某种请求；另一方为验证者，检验申请者出示的证明的正确性和合法性；第三方是攻击者，可以窃听和伪造申请者，以骗取验证者的信任。认证系统在必要时也会有第四方，即可信赖者参与调解纠纷。

3.1.2　身份认证技术分类

当前，身份认证技术已经在众多领域得到广泛应用，并形成了一套比较完整的理论体系，根据不同的划分标准，身份认证技术可分为以下几类[88-90]。

1. 根据实体间关系划分

根据参与认证的双方之间的关系划分，身份认证技术可以分为单向认证和双向认证。在单向认证中，示证方无条件信任验证方，并向验证方提供示证信息；在双向认证中，双方处于平等地位，双方为了取得对方信任都必须向对方提供示证信息。

2. 根据示证信息的性质划分

根据示证信息的性质划分，身份认证技术可以分为基于秘密知识的身份认证技术、基于物品的身份认证技术和基于生物特征的身份认证技术。基于秘密知识的身份认证技术包括基于用户名/口令的身份认证、基于对称密钥的身份认证、基于 KDC 的身份认证、基于公钥密码体制的身份认证和基于 CA 的身份认证等；基于物品的身份认证技术主要包括基于智能卡的身份认证和基于非电子介质的身份认证；基于生物特征的身份认证技术主要包括基于生理特征（指纹、虹膜等）的身份认证和基于行为特征（步态、签名等）的身份认证。

3. 根据示证信息的数量划分

根据示证信息的数量划分，身份认证技术可以分为单因素认证和多因素认证。

4. 根据实体间的信任关系划分

根据实体间的信任关系划分，身份认证技术可以分为有仲裁认证和无仲裁认证。在无仲裁认证系统中，双方互相信任；在有仲裁认证中，双方互不信任，一旦出现纠纷，就需要可信的第三方进行仲裁。

5. 根据认证的方法划分

根据认证的方法划分，身份认证技术可分为非密码身份认证和基于密码的身份认证。非密码身份认证包括口令方式；基于密码的身份认证既可以利用对称密码体制，也可以利用公钥密码体制。

3.1.3　常用身份认证机制

常用身份认证机制主要有基于 CA 的身份认证机制和基于 DCE/Kerberos 的身份认证机制。

1. 基于 CA 的身份认证机制

CA 是 Certificate Authority 的缩写，是证书授权的意思。在网络中，所有客户的证书都是由证书授权中心分发并签名的，该证书内含公开密钥，每一个客户都拥有一个属于自己的私密密钥并与证书相对应，同时公开密钥加密信息必须用对应的私密密钥来解密。CA 体系由证书审批部门和证书操作部门组成。网上的公众用户通过验证 CA 的签字从而信任 CA，任何人都应该可以得到 CA 的证书（含公钥），来验证其签发的证书。

2. 基于 DCE/Kerberos 的身份认证机制

Kerberos 系统是美国麻省理工学院为 Athena 工程而设计的，为分布式计算环境提供一种对用户双方进行身份验证的方法。它的安全机制在于首先对发出请求的用户进行身份验证，确认其是否是合法的用户，如是合法的用户，再审核该用户是否有权对他所请求的服务或主机进行访问。从加密算法上来讲，其身份验证是建立在对称加密的基础上的。基于 DCE/Kerberos 的身份认证是通过用户在安全服务器上登录，从而获得身份的证明。其前提条件是用户在登录前必须已经注册，同时在客户端必须运行 DCE 的客户端软件。DCE/Kerberos 的身份认证强调了客户机对服务器的认证，是一种被证明的非常安全的双向身份认证技术。

3.1.4　对身份认证系统的要求

对身份认证系统的要求[91]如下：

（1）验证者正确识别合法示证者的概率极大化；

（2）不具可传递性，验证者不可能重用示证者提供给他的信息来伪装示证者而成功地骗取其他人的验证，从而得到信任；

（3）攻击者伪装示证者欺骗验证者成功的概率要小到可以忽略的程度，特别是要能抗击已知密文攻击，即能抗击攻击者在截获到示证者和验证者多次通信信息后伪装示证者欺骗验证者；

（4）计算有效性，为实现身份认证所需的计算量要小；

（5）通信有效性，为实现身份认证所需通信的次数和数据量要小；

（6）秘密参数能安全存储；

（7）交互识别，某些应用中要求双方能相互进行身份认证；

（8）第三方的实时参与，如在线公钥检索服务；

（9）第三方的可信赖性；

（10）可证明安全性。

其中，（7）～（10）是某些身份认证系统提出的要求。

3.1.5　身份认证技术的发展方向

综合现阶段身份认证技术的研究成果，身份认证技术未来应在以下几个方面取得进一步的突破和发展。

1. 多技术融合

各种身份认证技术各有所长，也存在各自的缺点。改进和弥补这些技术的缺陷与不足，是大家今后工作的方向，有些实际问题很难解决。若将多种技术相结合，取长补短，对于提高认证的安全性、有效性来说是一个不错的选择。综合来看，口令认证简单易行，基于密码的认证鉴别技术算法比较成熟、稳定，智能卡具有存储能力，而指纹则具有很好的唯一性，不会丢失或被冒用。把各自的优势结合起来，会产生更好的效果，如将口令和智能卡结合的双因素智能卡技术。另外，将指纹和口令、指纹和智能卡等结合使用，都会取得更好的安全性。

2. 分布式认证

目前一般的应用系统都采用一种集中式的认证管理，存在一个认证鉴别中心（Authentication Center，AC），用户提供 PIN 和证据给 AC，AC 将提交的证据与登记过的证据进行对比实现认证。把公钥认证和指纹认证有机结合起来，可以构成一个可靠的分布式认证系统。比如用智能卡作为个人信息的存储介质，智能卡由权威机关分发，卡内存储个人的指纹特征并由发卡的权威机关用其私钥签名。

验证过程如下：持卡人出示自己的指纹和智能卡给分布式认证设备，认证设备先计算出持卡人出示的指纹特征值，然后用发卡机关的公钥对智能卡中的签名指纹进行解密，再对两组指纹特征进行对比验证。

3. 认证的标准化

由于没有统一的标准，不同应用系统采用不同的认证方法，一方面给用户带来了很大的不便，但是不同的系统需要用户提供不同的认证信息，用户很难把诸多种类的认证信息安全地保管好；另一方面，会使安全产品之间缺乏互操作性，这本身就给安全系统带来不安全的因素；此外，缺乏统一标准来规范的安全产品市场比较混乱，安全产品的安全性能无法有效地衡量和保障。灵活的、可互操作的认证和访问控制标准是未来网络计算和安全网络服务发展的关键。标准化对于认证产品的生产商、经销商及用户都是至关重要的，它有利于认证产品的推广，提高不同厂商产品之间的互操作性，减轻用户升级和维护安全系统的负担，提高系统的安全性和可靠性。

3.1.6　身份认证在电力信息网络安全方面的应用

实现电力信息网络安全需要及时掌握电力信息安全技术应用发展动向，再结合我国电力工业的特点，以及企业计算机和信息网络技术应用的实际情况。在此基础上提出的电力信息安全体系的总体结构框架要求具体的信息系统安全目标应包括[84]以下几个方面：

(1) 创建一个安全的物理环境；

(2) 防范入侵者的恶意攻击与破坏；

(3) 防范病毒的侵害；

(4) 防范网络身份被假冒；

(5) 防范网络资源的非法访问及非授权访问；

(6) 保证信息传输过程中的机密性、完整性；

(7) 制定合理的备份/恢复策略；

(8) 制定安全的管理策略。

其中，以上安全目标中第(4)、(5)条可通过身份认证技术来保证。

3.2　防　火　墙

3.2.1　防火墙基本概念

随着 Internet 的发展，网络已经成为人民生活不可缺少的一部分，网络安全问题也被提上日程。作为保护局域子网的一种有效手段，防火墙亦备受青睐。

1. 定义

防火墙是分隔可信网络和不可信网络的设备，它可以是一台路由器、运行专用软件的 PC 或一台具有综合功能的设备。一个典型的防火墙由包过滤路由器、应用层网关(或代理服务器)、电路层网关等构成。

2. 作用

防火墙部署在不同的分区之间，它不仅可以实现不同区域的逻辑隔离，而且还具有访问控制、报文过滤等功能。防火墙还可以部署在外部和内部网络之间，其目的是为了禁止威胁侵入信息网络中。通过防火墙可以对数据流进行检测和控制，可以在很大程度上屏蔽来自网络外部的信息，以保护网络的安全。

3. 分类

按照采用的技术可将防火墙分为 3 类，即包过滤、状态检测和应用级防火墙。包过滤型防火墙通过检测数据包的地址、端口号等来检测是否让此数据包通过。状态检测型防火墙则主要是通过检查数据包的内容，并根据数据包内容来决定如何处理该包。状态检测型防火墙的特点是它有一个智能引擎，该引擎可以自动对包进行合法识别并将其处理。应用级防火墙的原理是通过检测进出的数据包透视应用层协议，然后按照既定的安全策略对其进行比较处理。

3.2.2　防火墙原理及组成

1. 防火墙原理

防火墙是一种安全有效的防范技术，是访问控制机制、安全策略和防入侵措施。从狭义上来讲，防火墙是指安装了防火墙软件的主机或路由器系统；从广义上来讲，防火墙还包括了整个网络的安全策略和安全行为。它通过在网络边界上建立起来的相应网络安全监测系统来隔离内部和外部网络，以确定哪些内部服务允许外部访问，以及允许哪些外部服务访问内部服务，阻挡外部网络的入侵，如图 3.1 所示。

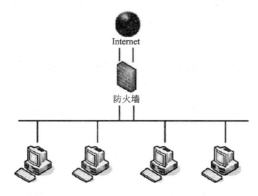

图 3.1　防火墙在因特网上的使用

防火墙作为内部网与外部网之间的一种访问控制设备，常常安装在内部网和外部网交接的点上。Internet 防火墙是路由器、堡垒主机或任何提供网络安全的设备的组合，是安全策略的一部分。安全策略建立了全方位的防御体系来保护机构的信息资源。安全策略应告诉用户应有的责任，公司规定的网络访问、服务访问、本地和远地的用户认证、拨入和拨出、磁盘和数据加密、病毒防护措施，以及雇员培训等。所有可能受到网络攻击的地方都必须以同样的安全级别加以保护。若仅设立防火墙系统，而没有全面的安全策略，那么防火墙就形同虚设。

防火墙系统可以是路由器，也可以是个人主机、主系统和一批主系统，用于将网络或子网同那些可能被子网外的主系统滥用的协议和服务隔绝。防火墙系统通常位于等级较高的网关或网点与 Internet 的连接处，但是防火墙系统也可以位于等级较低的网关，以便为某些数量较少的主系统或子网提供保护。

2. 防火墙组成

防火墙的组成包括网络策略、验证工具、包过滤及应用网关[81]。

（1）网络策略。两级网络政策会直接影响防火墙系统的设计、安装和使用。高级政策是一种发布专用网络的访问政策，它用来定义那些受限制网络的许可服务或明确拒绝的服务、如何使用这些服务，以及这种政策的例外条件。低级政策描述防火墙上如何尽力限制访问，并过滤高层政策所定义的服务。

（2）验证工具。由于传统口令的弱点而产生的 Internet 的偶发事件是很难预防的，先进的验证措施使用先进的验证装置产生的口令，而这类口令不能由监视连接的攻击者重新使用。目前使用的一些比较流行的先进验证装置叫做一次性口令系统，其所产生的响应对每次注册都是独一无二的。这种口令即使被监控的话，也不可能被入侵者重新使用而获得某一账户。

由于防火墙可以集中并控制网点访问，因而是安装先进的验证软件或硬件的合适场所。虽然，先进验证措施可用于每个主系统，但是把各项措施都集中到防火墙更切合实际，也更便于管理。

（3）包过滤。IP 包过滤通常是用包过滤路由器生成的。这种路由器可以在信息包通过路由器的接口时用来过滤信息包。包过滤路由器通常可以过滤基于某些或所有下列信息组的 IP 包：源 IP 地址、目的 IP 地址、TCP/UDP 源端口和 TCP/UDP 目的端口。

包过滤路由器[82]虽然有不少可取之处，但是它也有许多弱点：包过滤规则规定起来较复杂，而且通常没有测试工具来检验规则的正确性；有些路由器不具备任何记录能力，因此，如果路由器的规则仍然让有威胁性的信息包通过，那么，这种信息包在强行闯入以前是检测不出来的。

（4）应用网关。为了克服与包过滤路由器相关联的某些不足之处，防火墙需要使用应用软件来转发和过滤 TELNET 和 FTP 等服务的连接，这样的应用叫做代理服务，而运行代理服务软件的主系统叫做应用网关。应用网关和包过滤路由器可以组合在一起使用，以获得高于单独使用的安全性和灵活性。

3.2.3 防火墙的功能

防火墙通常具有以下两种功能：数据包过滤、代理服务数据包过滤。

包过滤路由器（Packet Filters Router，PFR）是第一代防火墙，它实质上是一个检查通过它的数据包的路由器。

包过滤路由器设置在网络层如图 3.2 所示，可以在路由器上实现包过滤。首先应建立一定数量的信息过滤表，信息过滤表是以其收到的数据包头信息为基础而建成的。信息包

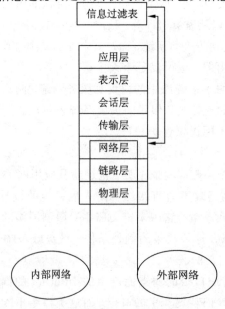

图 3.2 包过滤路由器逻辑图

头含有数据包源 IP 地址、目的 IP 地址、传输协议类型（TCP、UDP、ICMP 等）、协议源端口号、协议目的端口号、连接请求方向、ICMP 报文类型等。当一个数据包满足信息过滤表中的规则时，则允许数据包通过，否则禁止通过。这种防火墙可以用于禁止外部不合法用户对内部的访问，也可以用来禁止访问某些服务类型。但包过滤技术不能识别有危险的信息包，无法实施对应用级协议的处理，也无法处理 UDP、RPC 或动态的协议。

由于包过滤是在七层协议的下三层实现的，包的类型可以拦截和登录，它比其他类型的防火墙更加易于实现，具有以下特点：

（1）利用路由器本身对数据包的分析能力，设置访问控制列表实施对数据包的过滤；

（2）实施过滤的技术基础是数据包中包含的 IP 地址、端口号、IP 标识和其他网络特征。

代理服务是指运行在防火墙主机上的一些特定的应用程序或服务器程序，这些程序统称为"代理（Proxy）"程序。防火墙主机可以是一个同时拥有内部网络接口和外部网络接口的双重宿主主机，也可以是一些内部网络中唯一可以与外部互联网通信的堡垒主机。代理服务程序接收用户对 Internet 服务的请求，并按照安全策略向外转发。所谓代理服务就是一个提供替代连接并充当服务的网关。代理服务位于内部用户和外部服务之间，对用户是透明的，代理服务器给用户以直接使用真正的服务器的假象；但对于服务器来说，它不知道用户的存在，它将认为它是和代理服务器对话，其逻辑位置如图 3.3 所示。

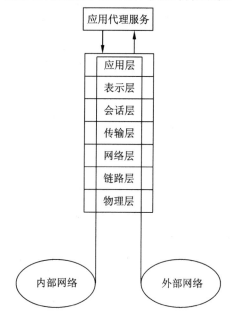

图 3.3　应用层网关逻辑位置

应用层网关由代理服务器和过滤路由器组成，其逻辑位置位于七层协议的第七层上。过滤路由器负责网络互连和数据选择，并将筛选过的数据传送给代理服务器。代理服务器起到外部网络申请访问内部网络的中间转接作用，它控制用户可以访问服务的类型。当外部网络向内部网络申请某种网络服务时，代理服务器接受申请，然后它根据其服务类型、服务内容、被服务的对象、服务者申请的时间、申请者的域名范围等来决定是否接受此项服务，如果接受，它就向内部网络转发这项请求。现要较为流行的代理服务器软件是 win Gate 和 Proxy Server。

3.2.4　防火墙基本类型

1. 包过滤型防火墙

包过滤器安装在路由器上，PC 机上当然也可以安装包过滤软件。它工作在网络层（IP），因此也称为网络防火墙。它基于单个包实施网络控制，根据所收到的数据包的源地址、目的地址、TCP/UDP、源端口号及目的端口号、包出入接口、协议类型和数据包中的各种标志位等参数，与用户预定的访问控制表进行比较，决定数据是否符合预先制定的安全策略，从而决定数据包的转发或丢弃，即实施信息过滤。它实际上是控制内部网络上的主机直接访问外部网络，而外部网络上的主机对内部网络的访问则受到限制。这种防火墙的优点是简单、方便、速度快、透明性好，对网络性能影响不大，但它缺乏用户日志和审计信息，缺乏用户认证机制，不具备登录和报告性能，不能进行审核管理，且过滤规则的完备性难以得到检验，复杂过滤规则的管理很困难，因此安全性较差。

2. 代理服务器型防火墙

代理服务器型防火墙[83]通过在主机上运行代理的服务程序，直接对特定的应用层进行服务，因此也称为应用型防火墙。其核心是运行于防火墙主机上的代理服务器进程。代理网络用户完成 TCP/IP 功能，实际上是为特定网络应用而连接两个网络的网关。对每种不同的应用层（如 E-mail、FTP、Telnet、WWW 等）都应用一个相应的代理。外部网络与内部网络之间想要建立连接，首先必须通过代理服务器的中间转换，内部网络只接收代理服务器提出的要求，拒绝外部网络的直接请求。代理服务可以实现用户认证、详细日志、审计跟踪和数据加密等功能，并实现对具体协议及应用的过滤，如阻塞.java 或JavaScript。这种防火墙能完全控制网络信息的交换，控制会话过程，具有灵活性和安全性，但可能影响网络的性能，对用户不透明，且对每一种服务器都要设计一个代理模块，建立对应的网关层，实现起来比较复杂。

3. 监测型防火墙

监测型防火墙是新一代的产品，这一技术实际上已经超越了最初的防火墙定义。监测型防火墙能够对各层的数据进行主动的、实时的监测，在对这些数据进行分析的基础上，监测型防火墙能够有效地判断出各层中的非法侵入。同时，这种检测型防火墙产品一般还带有分布式探测器，这些探测器安置在各种应用服务器和其他网络的节点之中，不仅能够检测来自网络外部的攻击，同时对来自内部的恶意破坏也有极强的防范作用。据权威机构统计，在针对网络系统的攻击中，有相当比例的攻击来自网络内部。因此，监测型防火墙不仅超越了传统防火墙的定义，而且在安全性上也超越了前两代产品。

4. 混合型防火墙

混合型防火墙把包过滤和代理服务等功能结合起来，形成新的防火墙，所用主机称为堡垒主机，负责代理服务[85]。各种类型的防火墙各有其优缺点。当前的防火墙产品已不是单一的包过滤型或代理服务器型防火墙，而是将各种安全技术结合起来形成一个混合的多级防火墙，以提高防火墙的灵活性和安全性。一般采用以下几种技术：动态包过滤，内核透明技术，用户认证机制，内容和策略感知能力，内部信息隐藏，智能日志、审计和实时报警，防火墙的交互操作性。

3.2.5　防火墙体系结构

防火墙的体系结构一般有以下几种。

1. 双重宿主主机体系结构

双重宿主主机体系结构是围绕具有双重宿主功能的主机而构筑的。该计算机至少有两个网络接口，它通过在主机中插入两块网卡来实现硬件连接，是防火墙系统使用的最基本配置。这种防火墙主机至少有两个网络接口，一个是内部网络接口，一个是外部网络接口。主机可以充当这两个接口之间的路由器，它能够从一个网络向另一个网络发送 IP 数据包。双重宿主主机的防火墙体系结构禁止这种直接的发送功能，因而 IP 数据包并不是直接从一个网络（例如因特网）发送到其他网络（例如内部的、被保护的网络）。防火墙内部的系统能与双重宿主主机通信，同时防火墙外部的系统（在因特网上）也能与双重宿主主机通信。但是这两个系统不能直接相互通信，它们之间的 IP 通信被完全阻止。

双重宿主主机能提供高级别的控制功能。假设一点也不允许外部网络与内部网络之间进行数据包传输，那么一旦在内部网络上发现了任何具有外部源的数据包，就可以断定存在某种安全问题。在某些情况下，双重宿主主机将允许你拒绝声称提供特殊服务，但又不包含正确的数据种类的连接，而数据包过滤系统则难以实现这个等级的控制。

双重宿主主机仅仅能通过代理，或者让用户直接登录到双重宿主主机上来提供服务。这样，用户账号本身会带来明显的安全问题，尤其是在双重宿主主机上，这些用户会带来更严重的问题，比如他们可以突然允许某种不安全的服务；而另一方面，大多数用户认为通过登录到双重宿主主机来使用因特网太麻烦。

2. 屏蔽主机体系结构

双重宿主主机体系结构所提供的服务是内部网络和外部网络之间的服务（但路由关闭），屏蔽主机体系结构则使用一个单独的路由器来提供内部网络主机之间的服务，在这种结构中，主要的安全机制由数据包过滤系统来提供。

数据包过滤系统可以使内部网络中的某台主机成为堡垒主机，堡垒主机位于内部网络上，是 Internet 网上的主机能连接到的唯一的在内部网络上的主机系统，当然只有某些确定类型的访问被允许。任何外部系统只有通过连接到这台主机上才能访问内部系统，因此，堡垒主机需要更高等级的主机安全。

数据包过滤也容许堡垒主机向外部网络开放可以允许的连接，由安全策略来决定。在屏蔽主机体系结构中，数据包过滤系统可按如下方式之一进行配置：

（1）为获得某种特殊的服务，允许其他的内部主机连接外部网；

（2）不允许来自内部主机的所有连接。

使用时可以针对不同的服务混合使用这两种手段，某些服务可以被允许直接经由数据包过滤系统，而其他服务可能仅仅被允许经由代理，这完全取决于网络的安全策略。

因为屏蔽主机体系结构允许数据包从外部网络进入到内部网络，因此，它比双重宿主主机体系结构似乎更加危险，因为它允许外部数据包到达内部网络。但是实际上双重宿主主机体系结构在防备外部网络数据包时也较容易失败；而另一方面，保卫路由器比保卫主机较容易实现，因为它提供非常有限的服务组。所以在多数情况下，屏蔽主机体系结构比双重宿主主机体系结构具有更好的安全性和可用性。

被屏蔽主机体系结构主要的缺点是：如果侵袭者设法入侵堡垒主机，则在堡垒主机和其余的内部主机之间就没有任何保护网络安全的东西存在了。路由器如果出现单点失效故障，或者被损害，整个网络对入侵者来说就是开放的了。

3. 屏蔽子网体系结构

屏蔽子网体系结构添加额外的安全层到被屏蔽主机体系结构，它通过添加周边网络进一步把内部网络与 Internet 隔开。

为什么这样做呢？这是由堡垒主机的性质决定的。堡垒主机是网络上最容易遭受侵袭的设备。尽管我们尽最大的努力来保护它们，但它们仍然最可能受到侵袭。如果在被屏蔽主机体系结构中，内部网络对来自堡垒主机的侵袭没有防备，那么堡垒主机就会是非常诱人的目标，因为在堡垒主机和其他内部机器之间没有其他的防御。通过在周边网络上隔离堡垒主机，可以减少在堡垒主机上入侵的影响。它会给入侵者一些机会，但不是全部。

屏蔽子网体系结构最简单的形式为：两个屏蔽路由器，每一个都与周边网络连接。一个位于周边网与内部网络之间，另一个位于周边网与外部网络之间（通常为 Internet 网）。为了侵入用这种类型的体系机构构筑的内部网络，入侵者必须通过两个路由器。即使入侵者设法侵入堡垒主机，他仍然必须通过内部路由器。在这种情况下，消除了内部网络的单一易受侵袭点。

与其他体系结构的防火墙相比，屏蔽子网体系防火墙有较大的优越性，其安全性更好，但是它的代价很高，不易配置，增加了堡垒主机转发数据的复杂性，同时，网络的访问速度减慢，其费用也明显高于其他两种。

3.2.6　防火墙的优缺点

好的防火墙具有以下五大特性：一是所有的信息都必须通过防火墙；二是只有在受保护网络的安全策略中允许的通信才允许通过防火墙；三是记录通过防火墙的信息内容和活动；四是对网络攻击进行检测和告警；五是防火墙本身对各种攻击免疫。

防火墙在网络系统上应用得如此广泛，正是得益于其加强网络间访问的控制，有效地保护了内部系统。其优点主要体现在以下几个方面。

（1）防火墙允许定义一个中心"扼制点"来防止非法用户（如黑客、网络破坏者）进入内部系统。禁止存在安全脆弱性的服务进出网络，并抗击来自各种路线的攻击。防火墙能够简化安全管理，网络安全性是在防火墙系统上得到加固，而不是分布在内部系统的所有主机上。

（2）保护网络中脆弱的服务。防火墙通过过滤存在安全缺陷的网络服务来降低内部系统遭受攻击的威胁，因为只有经过选择的网络服务才能通过防火墙。比如，防火墙可以禁止某些易受攻击的服务（如 NFS 等）进入或离开内部网络，以防止这些服务被外部攻击者利用，单在内部系统中仍然可以使用这些比较有用的服务。

（3）在防火墙上可以很方便地监视网络的安全性，并产生警报。对一个内部系统已经连接到 Internet 上的机构来说，重要的问题不是内部系统是否会受到攻击，而是何时会受到攻击。

（4）集中安全性。一个内部系统的所有或大部分需要改动的程序以及附加的安全程序都能集中地放在防火墙系统中，而不是分散到每一个主机中，这样防火墙的保护范围就相对集中，也降低了安全成本。

（5）防火墙可以作为部署网络地址变换（NAT，Network Address Translator）的逻辑地址。因此防火墙可以用来缓解地址空间短缺的问题，同时也可以隐藏内部系统的结构。

（6）增强保密性、强化私有权。对一些内部系统而言，保密性是很重要的，因为某些看似不重要的信息往往会成为攻击者的开始。如攻击者常常利用 finger 列出当前使用者的名单，以及一些用户信息。DNS 服务也能提供一些主机信息，使用防火墙系统可阻塞 finger 和 DNS 服务，从而使外部机器无法获得这些有用的信息。

虽然防火墙是系统安全体系中极为重要的一环，但也不能因为有防火墙就可以高枕无忧。防火墙还有以下一些缺点：

（1）限制有用的网络服务。防火墙为了提高被保护系统的安全性，限制或关闭了很多有用但存在安全缺陷的网络服务。

（2）无法防止内部用户的攻击。目前防火墙只提供对外部网络用户的防护，对于来自内部网络用户的攻击只能依靠内部网络主机系统的安全性。

（3）防火墙不能完全防止传送已感染病毒的软件和文件。这是因为病毒的类型太多，操作系统也有多种，编码与压缩二进制文件的方法也不相同。防火墙不可能扫描每一个文件，查出潜在的病毒。

（4）防火墙无法防范数据驱动型的攻击。数据驱动型的攻击从表面上看是无害的数据被邮寄或拷贝到主机上，但一旦执行就开始攻击。

（5）防火墙不能防备新的网络安全问题。防火墙是一种被动式的防护手段，它只对已知的网络攻击起作用。随着网络攻击手段的不断更新和一些新的网络应用的出现，不可能靠一次性的防火墙设置来解决永远的网络安全问题[86]。

3.2.7　新型防火墙

针对传统防火墙的缺陷，目前出现了多种新型防火墙。新的防火墙更加注重数据的安全性，它不仅仅要维护网络安全，也要保证各种应用能够正常进行。因此，新的防火墙较传统的防火墙来说，新增了代理体系，不但包含过滤网功能，还可以在应用层进行代理。先进的过滤网以及代理体系可以实现从数据链路层到应用层全方面的系统维护，通过TCP/IP 协议和代理体系的相互合作，为用户提供完全公开透明的代理模式，从而减少客户端的安全配置，提高系统的防御能力和运行速度。新的防火墙不但具有访问控制功能，还新增了其他的新技术，进一步提高了防火墙的安全性。

1. 分布式防火墙

分布式防火墙可以很好地解决边界防火墙的不足，它不是为每对主机安装防火墙，而是把防火墙的安全防护系统延伸到网络中的各对主机。一方面有效地保证了用户的投资不会很高，另一方面给网络带来了全面的安全防护。分布式防火墙负责对网络边界、各子网和网络内部各节点之间的安全防护，从而形成了一个多层次、多协议、内外皆防的全方位安全体系。

2. 智能防火墙

智能防火墙利用统计、记忆、概率和决策的智能方法对数据进行识别，并达到访问控制的目的。新的数学方法消除了匹配检查所需要的海量计算，高效地发现网络行为的特征值，直接进行访问控制。由于这些方法多是人工智能学科采用的方法，因此被称为智能防火墙。智能防火墙成功地解决了普遍存在的拒绝服务攻击（DDoS）问题、病毒传播问题和高级应用入侵问题，代表着防火墙的主流发展方向。新一代的智能防火墙自身的安全性较传统的防火墙有很大的提高，在特权最小化、系统最小化、内核安全、系统加固、系统优化和网络性能最大化等方面，与传统防火墙相比都有质的飞跃。

3.2.8　防火墙的发展方向

1. 可扩展性

计算机网络和点到点客户的快速发展，3G 网络已经向 4G 网络的逐步过渡，对防火墙的扩展性提出了更高的要求。软件技术的发展必须为未来的发展提出更好的要求，其扩展性要有一定发展，使防火墙能更好地为网络安全服务，提高网络安全服务的本领，减少病毒的入侵。

2. 专业化

目前防火墙都是集所有功能于一身，以满足各行业的安全需要，但大众型防火墙却无法满足一些特殊性、敏感性行业的要求。防火墙将朝着针对性强的方向发展，开发能够满足不同行业要求的防火墙，如电子邮件防火墙、FTP 防火墙等。

3. 智能化

智能化是新一代防火墙发展的趋势。智能防火墙将由人工设置改为自动设置方式，能够自动识别攻击方式，对于自身的漏洞能够自动修复，这样就阻止了黑客利用防火墙自身漏洞进行攻击。

4. 管理集中化

分布式和分层的安全结构是未来的趋势，需要对防火墙进行集中管理，包括安全策略集中定制和下发、日志集中管理与分析、设置各级联管理与实时监控等。其中，策略的集中管理最重要，因为需要保证整个网络策略的一致和安全。集中式管理可以降低管理成本，保证在大型网络中安全策略的一致性，能够提供快速响应和快速防御能力，提供强大的审计功能和自动日志分析功能，可以更早地发现潜在的威胁并预防攻击的发生。日志功能有助于发现系统中存在的安全漏洞，及时地调整安全策略等各方面管理。

5. 抗攻击性

防火墙自身的安全是网络安全保障的前提，需要给设备提供抵抗各种攻击的能力，例如抗 DoS/DDoS 攻击、抗 ARP 攻击、抗 DNS 攻击等。此外，还要对被攻击后的操作进行设计。

3.2.9　防火墙在电力信息网络安全方面的应用

电力系统对安全性有着极高的要求，使得电力企业信息网络的安全问题应该予以格外关注[105]。必须组建科学、严密的防火墙体系，为企业内部网络尤其是内部网络中的 SIS 子网提供高度的网络安全[106]。

电力企业内部网络由两个安全级别不同的子网 MIS 和 SIS 构成，其中 SIS 对安全要求更高，因此它仅向 MIS 提供服务且不直接与外部网络相连，而由 MIS 向外界提供服务。基于这个特点，防火墙宜采用屏蔽子网的体系结构，如图 3.4 所示。

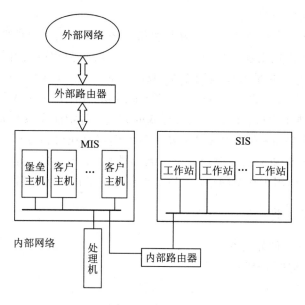

图 3.4　防火墙体系结构

MIS 作为体系中的周边网，SIS 作为内部网。设置两台屏蔽路由器，其中外部路由器设在 MIS 与外部网络之间，内部路由器设在 SIS 与 MIS 之间，对进出的数据包进行过滤。另外，堡垒主机连接在 MIS 中，对外作为访问的入口，对内则作为代理服务器，使内部用户间接地访问外部服务器。

应该强调的是，MIS 的堡垒主机极有可能受到袭击，因为所有对内部网络的访问都要经过它，因此，在条件允许的情况下，可以在 MIS 中配置两台堡垒主机，当一台堡垒主机被攻击而导致系统崩溃时，可以由另一台主机提供服务，以保证服务的连续性。同时，在 MIS 中配置一台处理机，与内部路由器组成安全网关，可以作为整个防火墙体系的一部分，控制 MIS 向 SIS 的访问以及对数据传输进行限制，提供协议、链路和应用级保护。网关还应考虑安全操作系统问题，Win2000 是一个可行的选择。尽管可能还存在一些潜在的漏洞，Win2000 依然是目前业界最安全的操作系统之一。由于 SIS 仅对 MIS 的固定用户提供服务，同时考虑到 SIS 的安全要求，对网关的管理可以采取 Client/Server 方式，这样虽然在实现上较 Browser/Server 方式复杂一些，但却具有更强的数据操纵和事务处理能力，以及对数据安全性和完整性的约束能力。

3.3　入侵检测

3.3.1　入侵检测概念

单纯的防火墙无法防范复杂多变的攻击，再加上其自身可以被攻破，对某些攻击的保护又很弱，无法防范来自防火墙内部的攻击等缺陷，入侵检测应运而生。入侵检测是一种主动保护自己免受攻击的网络安全技术。入侵检测是防火墙的合理补充，帮助系统对付网络攻击，扩展了系统管理员的安全能力（包括安全审计、监视、进攻识别和响应），提高了信息安全基础机构的完整性。

入侵检测是对入侵行为的发觉，它从计算机网络或计算机系统的关键点收集信息并进行分析，从中发现网络或系统中是否有违反安全策略的行为和被攻击的迹象。进行入侵检测的软件与硬件的组合便是入侵检测系统（Intrusion Detection System，IDS）。Dennying于1987年提出了一个通用的入侵检测模型[92]（如图3.5所示）用于入侵检测，是一种实时交互的监测和主动防御手段。IDS采用特征库的方法，但特征库只是其报警的方式。即使特征库中没有现成的特征样本，IDS依然给大量的仍可以观察和分析的原始行为写日志和报警，人依然可以了解和给出必要的安全判断和措施。IDS还能与防火墙进行互动，进行主动防御。IDS主要作用于整个网络，可以监控和分析来自网络内部和外部的威胁。

3.3.2　入侵检测分类

入侵检测系统有三种分类方法[94]。

1. 根据检测分析方法分类

（1）异常检测系统：异常检测系统假设入侵者活动异于正常主体的活动，进而建立正常活动的"活动简档"。当前主体的活动违反其统计规律时，认为可能是"入侵"行为。

（2）特征检测系统：特征检测系统假设入侵者活动可以用一种模式来表示，而系统的目标是检测主体活动是否符合这些模式。

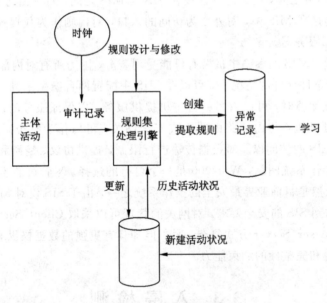

图3.5　入侵检测模型

2. 根据数据采集位置分类

（1）基于主机的入侵检测系统（Host-based Intrusion Detection System，HIDS）：通过监视与分析主机的审计记录检测入侵。能否及时采集到审计是这些系统的弱点之一，入侵者会将主机审计子系统作为攻击目标以避开入侵检测系统。

（2）基于网络的入侵检测系统（Network-based Intrusion Detection System，NIDS）：通过在共享网段上对通信数据进行侦听采集数据，分析可疑现象。这类系统不需要主机提供严格的审计，对主机资源消耗少，并能够提供对网络通用的保护而无需顾及异构主机的不同架构。

（3）基于网关的入侵检测系统：新一代的高速网络结合了路由与高速交换技术，基于网关的入侵检测系统通过提取网关中的相关信息，对整个信息基础设施提供保护。

3．根据网络状态分类

（1）离线检测系统：离线检测系统是非实时工作的系统，它在事后分析审计事件，从中检查入侵活动。

（2）在线检测系统：在线检测系统是实时联机的检测系统，它包含对实时网络数据包的分析和实时的主机审计分析。

3.3.3　入侵检测系统结构

1．基于主机型入侵检测系统结构

基于主机型入侵检测系统为早期的结构，其检测的目标主要是主机系统和系统本地用户。其检验原理是根据主机的审计数据和系统日志发现可疑事件，检测系统可以运行在被检测的主机和单独的主机上，如图 3.6 所示。

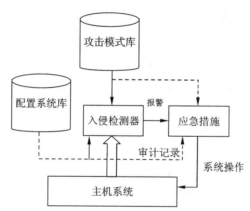

图 3.6　基于主机型入侵检测系统的结构

这种系统依赖于审计数据或系统日志的准确性和完整性，若入侵者设法逃避审计或进行合作入侵，就暴露了其弱点，特别是在现有的网络环境下，单独依靠主机审计信息进行入侵检测难以适应网络安全的需求。

2．基于网络型入侵检测系统结构

由于单独依靠主机审计信息进行入侵检测难以适应网络安全的需求，因此人们提出了基于网络型入侵检测的结构。这种结构根据网络流量、单台或多台机子的审计数据进行检测，如图 3.7 所示。

图 3.7 中的探测器由过滤器、网络接口引擎以及相关过滤规则决策器构成。探测器的功能是按一定的规则从网络上获取与安全事件相关的数据包，然后传递给分析引擎进行安全分析判断。分析引擎器将从探测器上收到的包结合网络安全数据库进行分析，把分析的结果传递给配置构造器。安全配置构造器按分析引擎器的分析结果构造出探测器所需要的配置规则。值得注意的是，基于网络的 IDS 不像防火墙那样采取访问控制措施，而是采取报警的方式。

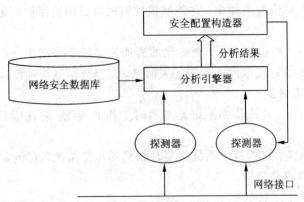

图 3.7　差于网络型入侵检测系统的结构

3. 基于分布式入侵检测系统结构

典型的入侵检测系统是一个统一集中的代码块，它位于系统内核或内核之上，监控传送到内核的所有请求。但是随着网络系统结构的复杂化和大型化，系统的弱点或漏洞将趋于分布式。另外，入侵行为不再是单一的行为，而表现出相互协作的特点，因此分布式入侵检测系统应运而生。分布式入侵检测系统的结构如图 3.8 所示。

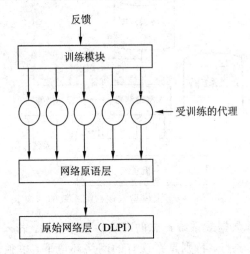

图 3.8　基于分布式入侵检测系统的结构

基于分布式入侵检测系统其主要方法是采用相互独立并独立于系统而运行的进程组，这些进程被称为自治主体。通过训练这些主体，并观察系统的行为，然后将这些主体认为异常的行为标记出来。

在基于主体的 IDS 原型中，主体将监控系统的网络信息流。操作员将给出不同网络信息流形式，如入侵状态下和一般状态下等情形来指导主体学习。通过一段时间的训练，主体就可以在网络信息流动中检测异常活动，目前主体是通过基因算法来实际学习的，操作员不必主动调整主体的操作。

3.3.4　入侵检测方法

目前的 IDS 使用的检测方法主要有：统计方法、预测模式生成、专家系统、Keystroke

Monitor、基于模型的入侵检测方法、状态转移分析、模式匹配和软计算方法。下面介绍这几种方法和工作原理。

1. 统计方法

统计方法是产品化入侵检测系统中常用的方法，它通用于异常检测。在统计方法中，需要解决以下四个问题：

（1）选取有效的统计数据测量点，生成能够反映主体特征的会话向量；

（2）根据主体活动产生的审计记录，不断更新当前主体活动的会话向量；

（3）采用统计方法分析数据，判断当前活动是否符合主体的历史行为特征；

（4）学习主体的行为特征，更新历史记录。

统计方法是一种成熟的入侵检测方法，它使得入侵检测系统能够学习主体的日常行为，将那些与正常活动之间存在较大统计偏差的活动标识成为异常活动。

2. 预测模式生成

预测模式生成也是一种用于异常检测的方法，它基于如下假设：审计事件的序列不是随机的，而是符合可识别的模式的。与纯粹的统计方法相比，它增加了对事件顺序与相互关系的分析，从而能检测出统计方法所不能检测的异常事件。这一方法首先根据已有的事件集合按时间顺序归纳出一系列规则，在归纳过程中，随着新事件的加入，不断改变规则集合，最终得到的规则能够准确地预测下一步要发生的事件[95]。

3. 专家系统

用专家系统对入侵进行检测，经常是针对有特征的入侵行为。所谓的规则，即是知识，专家系统的建立依赖于知识库的完备性，知识库的完备性又取决于审计记录的完备性与实时性。

4. Keystroke Monitor

Keystroke Monitor 是一种简单的入侵检测方法，它通过对用户击键序列的模式分析检测入侵行为，它可用于主机入侵检测。这一方法的缺点非常明显，首先，批处理或 Shell 程序可以不通过击键而直接调用系统攻击命令序列；其次，操作系统通常不提供统一的击键检测接口，需通过额外的钩函数（Hook）来监测击键[96]。

5. 基于模型的入侵检测方法

入侵者在攻击一个系统时往往采用一定的行为序列，如猜测口令的行为序列，这种行为序列构成了具有一定行为特征的模型，根据这种模型所代表的攻击意图的行为特征，可以实时检测出恶意的攻击企图。与专家系统通常放弃处理那些不确定的中间结论的缺点相比，这一方法的优点在于它基于完善的不确定性推理数学理论。基于模型的入侵检测方法可以仅检测一些主要的审计事件，当这些事件发生后，再开始记录详细的审计。从而减少审计事件处理负荷。

6. 状态转移分析

在状态转移分析中，入侵被表示成为目标系统的状态转换图。当分析审计事件时，若根据对应的条件布尔表达式，系统从安全状态转移到不安全的状态（如图3.9所示），则该事件标记为入侵事件[97]。

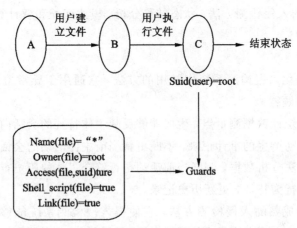

图 3.9　状态转移分析(一种 UNIX 系统入侵)

7. 模式匹配

基于模式匹配的入侵检测方法是将已知的入侵特征编码为与审计记录相符合的模式。当新的审计事件产生时,这一方法将寻找与它相匹配的已知入侵模式[98]。

8. 软计算方法

软计算方法包含神经网络、遗传算法与模糊技术[99]。

3.3.5　入侵检测系统特点

入侵检测系统具有以下一些特点:

(1)可靠性:必须在无人监控环境下可靠稳定运行。

(2)容错性:入侵检测必须是可容错的,即使系统崩溃,也必须能保留下来。

(3)可用性:运行时系统开销应该最小,不影响系统性能。

(4)可检验:必须能观察到违法行为。

(5)易开发性:易于进行二次开发。

(6)可适应性:检测系统必须能随时追踪系统环境的变化。

(7)准确性:检测系统不会随意发生误警报、漏警报。

(8)安全性:检测系统必须难以被欺骗和有效保护自身安全。

3.3.6　现有入侵检测的局限性

近年来,入侵检测在理论和实际应用上都取得了长足发展,完成了系统和产品的开发。虽然入侵检测系统有如此重大的作用,但在国内该应用还没有普及开来。一方面是由于市场和用户的认知程度较低,另一方面是因为入侵检测是一门比较新的技术,还存在许多不成熟的地方,有一些技术上的困难,而且并不是所有的厂商都有研发入侵检测产品的实力。这就直接导致了目前的入侵检测存在一些问题。

1. 漏报和误报问题

漏报和误报问题是入侵检测的一个重要问题,由于攻击手段的多样性和网络的复杂性,根本不可能准确无误地检测到所有的入侵行为,因此几乎所有的入侵检测产品都存在漏报和误报的问题。在当前的入侵检测系统中,由于特征库的更新不及时,导致检测规则的更新落后于攻击手段的更新，从而导致 IDS 产生错误。

2. 高速网络的检测能力问题

随着网络技术的发展，网络带宽的增长速度迅猛，大量的高速网络技术不断涌现，比如千兆以太网、高速光纤网等，这些网络的增长速度已经超过了计算机的处理能力。在入侵检测中，不断增大的网络流量对入侵检测的实时性和数据处理性能提出了挑战。传统 IDS 通常采用基于网卡混杂模式的数据采集方式，这种数据采集方式受到系统总线和中断发生速度的制约，在千兆网络上很难做到不丢失报文；在大量小数据包的时候非常容易丢包，抓取到的数据也需要通过总线送至内存和 CPU，受总线带宽限制，数据的分布和预处理难度非常大[100]。

3. IDS 体系结构的可扩展性问题

现有的 IDS 在时间和空间上的可扩展性差。时间上的可扩展性差主要是指对时间跨度较大的攻击行为检测能力较弱，空间上的可扩展性差主要是指分布式环境下的入侵检测能力，目前对于大型网络设施的安全监控问题并没有好的解决办法。传统的集中式体系结构已经不能适应大规模网络环境的需要，目前分布式体系结构已经成为 IDS 体系结构的发展方向。

4. 数据融合问题

为了提高 IDS 对复杂攻击的检测能力，进一步降低误报率，数据融合技术被用于入侵检测中。数据融合技术将收集到的各种数据信息综合为一个统一的进程来处理，从而对整个网络环境的安全性能进行评估。但是如何处理并集成分布在不同网络实体之间不同格式的信息，开发出通用的结构化"元语言"，是入侵检测进一步研究的重要课题。

5. 单一的产品与复杂网络应用的矛盾

入侵检测产品最初的研究目的是为了检测网络的攻击，但仅仅检测网络上的攻击还远远无法满足目前复杂的网络应用需求，有时候管理员会很难分清楚存在的网络问题是由攻击引起的，还是网络故障。如何使单一的 IDS 与目前网络中的其他安全产品进行配合，进一步提高入侵检测性能，是一个重要的研究内容。

3.3.7　入侵检测的发展方向

在入侵检测发展的同时，入侵技术也在更新，一些地下组织已经将如何绕过或攻击 IDS 作为研究重点。交换技术的发展以及通过加密信道的数据通信使通过共享网段侦听的网络数据采集方法显得不足，而大通信量对数据分析也提出了新的要求。下面介绍入侵检测发展的一些方向[101]。

1. 分布式 IDS 与通用 IDS 架构

传统的 IDS 局限于单一的主机或网络架构，对异构系统及大规模的网络检测明显不足，不同的 IDS 之间不能协同工作。为解决这一问题，需要发展分布式入侵检测与通用入侵检测架构。

2. 应用层入侵检测

许多入侵的语义只有在应用层才能理解，而目前的 IDS 仅能检测诸如 Web 之类的通用协议不能处理如 Lotus Notes、数据库系统等其他的应用系统。

3. 智能的入侵检测

入侵方法越来越多样化与综合化，尽管已经有智能体、神经网络与遗传算法在入侵检测领域应用的研究，但这只是一些尝试性的研究工作，仍需对智能化 IDS 加以进一步的研究以解决其自学习与自适应能力。

4. 入侵检测的评测方法

用户需对众多的 IDS 进行评价，评价指标包括 IDS 检测范围、系统资源占用和 IDS 自身的可靠性。设计通用的入侵检测测试与评估方法和平台，实现对多种 IDS 的检测已成为当前 IDS 的另一重要研究与发展领域。

5. 与其他网络安全技术相结合

入侵检测技术结合防火墙、PKIX、安全电子交易 SET 等新的网络安全与电子商务技术，提供完整的网络安全保障。

3.3.8 在电力信息网络中实现入侵检测

入侵检测在电力信息网络中的实现一般都是在电力信息网络系统的网络控制中心中放置一个控制台，以接收探测器发来的检测警报，从而对各个探测器进行远程控制。现在一般的电力信息网络系统中的入侵检测技术主要有 Web 服务器、数据服务器和代理服务器三种，通过这三个服务器的相互配合可以达到实时检测网络入侵的目的[102]。

入侵检测是一个积极并且主动保护电力信息网络安全的基础。该技术拥有内部和外部的攻击能力，以及对错误程序的关注保护系统。在电力信息网络安全系统受到破坏的时候，入侵检测技术就可以进行有效的拦截并对入侵做出相应的反应。虽然现在电力信息网络安全系统的入侵检测技术还不是很成熟，不能完全防止入侵的威胁，但是相信在不久的将来，随着科技的发达和时代的进步，入侵检测技术会有显著的提高。

3.4 蜜罐技术

互联网自从诞生以来，一直遭受着网络攻击与恶意代码的威胁。随着攻击技术的不断发展，新形态的安全威胁不断涌现并持续进化，而防御技术不能及时跟上安全威胁的变化步伐，这就使得互联网的安全状况一直得不到很好的保证。究其根源会发现，攻击方与防御方之间在进行一场不对称的技术博弈：攻击方只要在夜深人静时找到攻击目标的一个漏洞就能够攻破系统，而防御方必须确保系统不存在任何可被攻击者利用的漏洞，并拥有全天候的监控机制时才能确保系统的安全；攻击方可以利用扫描、查点等一系列技术手段全面获取攻击目标的信息，而防御方即使在被攻陷后仍然很难了解到攻击的来源、方法和动机；一旦博弈失败，由于安全响应技术与协调机制的欠缺，很多情况下攻击方不会遭受任何损失，而防御方却通常将面临系统与信息被破坏或窃取的风险。

蜜罐就是防御方为了扭转这种不对称局面而提出的一项主动防御技术。创始人 Lance Spitzner 把蜜罐定义为一类安全资源，它没有任何业务上的用途，其价值在于被探测、被攻击或被攻陷，即吸引攻击方对它进行非法使用[107]。其主要功能：一是通过构建蜜罐环境诱骗攻击者入侵，从而保护业务系统安全；二是诱骗成功之后对捕获的攻击数据进行分析，了解并掌握入侵者使用的技术手段和工具，调整安全策略以增强业务系统的安全防护。蜜罐技术本质上是一种欺骗攻击方的技术，借以推测攻击者的攻击意图和动机，能够让防御方清晰地了解自身所面临的安全威胁，并通过技术和管理手段来提高系统安全性能，调整网络安全策略。

3.4.1　蜜罐技术的发展演变

蜜罐技术的起源与发展时间线如图 3.10 所示。

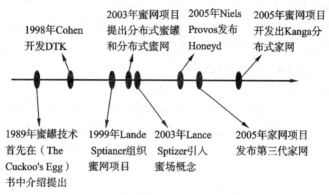

图 3.10　蜜罐技术概念的发展时间线

1. 蜜罐（Honeypot）

蜜罐技术概念最早出现在 1989 年出版的《The Cuckoo's Egg》著作[108]中，这本小说描述了作者作为一个公司的网络管理员，如何利用蜜罐技术来发现并追踪一起商业间谍案的故事。直到 20 世纪 90 年代末，蜜罐技术还仅限于一种主动性防御思路，有网络管理员们用其通过欺骗攻击者达到追踪的目的。从 1998 年开始，蜜罐技术逐渐吸引了一些安全研究人员的注意，他们开发出一些专门用于欺骗攻击者的蜜罐软件工具，最为知名的是由著名计算机安全专家 Cohen 所开发的 Deception Toolkit（DTK）[109]。Cohen 还深入总结了自然界存在的欺骗实例、人类战争中的欺骗技巧和案例，以及欺骗的认知学基础，分析了欺骗的本质，并在理论层次上给出了信息对抗领域中欺骗技术的框架和模型[110]，Cohen 的这一研究工作为蜜罐技术概念的发展奠定了理论基础。在此之后，蜜罐技术得到安全社区的广泛关注，出现了大量开源蜜罐工具，如 Honeyd[111]、Nepenthes 等，以及一些商业蜜罐产品，如 KFSensor、Symantec Decoy Server 等。

2. 蜜网（Honeynet）

早期的蜜罐一般伪装成存有漏洞的网络服务，对攻击连接做出响应，从而欺骗攻击方，增加攻击者的攻击代价并对其进行监控。由于这种虚拟蜜罐存在交互程度低、捕获攻击信息有限，以及类型单一、较容易被攻击者识别等问题，Spitzner 等安全研究人员提出并倡导蜜网技术，并在 1999 年成立了非赢利性研究组织 The Honeynet Project。

蜜网是由多个蜜罐系统加上防火墙、入侵防御、系统行为记录、自动报警与数据分析等辅助机制所组成的网络体系结构[112]。在蜜网体系结构中可以使用真实系统作为蜜罐，为攻击者提供更加充分的交互环境，因此也更难被攻击者所识别。安全研究人员可以通过使用蜜网技术在高度可控的蜜罐网络中监视所有诱捕到的攻击活动行为，从而实现了解攻击方的工具、方法和动机的目的，因而被广泛应用于商业领域。

3. 蜜场（Honeyfarm）

监测范围受限是传统蜜罐技术与生俱来的一大弱点，为了克服这一弱点，The Honeynet Project 于 2003 年开始引入分布式蜜罐（Distributed Honeypot）与分布式蜜网（Distributed Honeynet）的技术概念，并于 2005 年开发完成 Kanga 分布式蜜网系统，它能够将各个分支团队部署蜜网捕获的数据进行汇总分析。分布式蜜罐/蜜网能够支持在互联网不同位置上进行蜜罐系统的多点部署，有效地提升了安全威胁监测的覆盖面，克服了传统蜜罐监测范围窄的缺陷，因而成为目前安全业界采用蜜罐技术构建互联网安全威胁监测体系的普遍部署模式。具有较大影响力的分布式蜜罐/蜜网包括 The Honeynet Project 的 Kanga 及其后继 GDH 系统[113]、巴西分布式蜜罐系统[114]、欧洲电信的 Leurre. Com[115] 与 SGNET[116] 系统、中国 Matrix 分布式蜜罐系统[117] 等。

在互联网和业务网络中以分布式方式大量部署蜜罐系统，特别是在部署提供充分交互环境的高交互式蜜罐时，需要部署方投入大量的硬件设备与 IP 地址资源，并需要较多的人力维护成本。2003 年，Spitzner 提出了一种部署蜜罐系统的新型模式——蜜场（honeyfarm）。基于蜜场技术概念实现的网络威胁预警与分析系统有 Collapsar[118]、Potemkin[119] 和 Icarus[120] 等。

3.4.2 蜜罐技术的关键技术

1. 网络欺骗技术

由于蜜罐的价值是在其被探测、攻击或者攻陷的时候才能得到体现，没有欺骗功能的蜜罐是没有价值的，因此欺骗技术也成为蜜罐技术体系中最为关键的技术和难题。网络欺骗技术的关键在于欺骗信息设计技术，其种类多样，主要有模拟服务端口、模拟系统漏洞和应用服务、网络流量仿真、网络动态配置、组织信息欺骗、IP 地址空间欺骗等技术手段。

2. 数据捕获技术

为了捕获攻击者的行为，必须采用数据捕获。数据捕获使用的技术和工具按照获取数据信息位置的不同可以分为基于主机和基于网络的数据获取两类。

（1）基于主机的数据获取。蜜罐所在的主机几乎可以捕获攻击者所有攻击数据信息，如连接情况、远程命令、系统日志和系统调用序列等信息，但存在风险大、容易被攻击者发现等诸多缺点。典型的应用工具如 Sebek3.0。

（2）基于网络的数据获取。网络上捕获蜜罐数据信息的特点是风险小，且难以被发现。目前基于网络的数据获取主要包括三个方面：防火墙记录所有出入蜜罐主机的连接；入侵检测系统对蜜罐中的网络流量进行监控、分析和抓取；蜜罐主机除了使用操作系统自身提供的日志功能以外，还可以采用内核级捕获工具，隐蔽地将收集到的数据信息传输到指定的主机进行处理。

3. 数据控制技术

蜜罐系统作为网络攻击者的目标系统，其自身的安全尤为重要。如果蜜罐系统被攻破，不仅被入侵者得不到任何有价值的信息，同时还有可能被入侵者作为跳板攻击其他目标系统。数据控制技术就是用来控制攻击者进入蜜罐系统后的攻击行为，以达到保障蜜罐系统自身的安全。蜜罐通常有两层数据控制，分别是连接控制和路由控制。连接控制由防火墙系统来完成，功能是限制蜜罐系统发出的外出连接请求，以防止蜜罐系统被攻击者作为攻击源向其他友邻系统发起攻击。路由控制由路由器来完成，利用其访问控制功能对蜜罐系统发送的外出数据包进行控制，以防止蜜罐系统被攻击者作为攻击源向其他系统发起攻击。

4. 数据分析技术

蜜罐的价值只有在充分分析捕获的数据信息之后才能得到充分体现，数据分析技术就是将蜜罐捕获的各种数据信息分析处理后，转换成有意义、易于理解的数据信息。蜜罐最主要的特征是能够通过分析捕获到的数据信息来了解和学习攻击者所使用的新的攻击手段和攻击工具。目前出现了一些数据分析工具，典型的如 Swatch 工具，它提供了自动报警功能，能够监视 IPTables 模块及 snort 系统日志，在攻击者入侵主机并向外发起连接请求时，它在匹配到配置文件中指定的相关特征之后会自动向安全管理人员发出报警信息。此外，蜜网网关（Honeywall）上的 Walleye 工具提供了辅助分析功能，实现了基于 Web 图形界面的数据辅助分析接口，提供了许多网络连接视图和进程视图等功能模块，并能够在单一的视图中整合各种捕获数据，帮助安全分析人员尽快理解并还原蜜罐系统中所发生的攻击行为。

3.4.3　蜜罐技术的实际应用

1. 网络入侵与恶意代码检测

作为一种主动安全防御策略，蜜罐技术最初的应用场景是辅助入侵检测发现网络中的攻击者与恶意代码。Kuwatly[121]等人根据动态蜜罐技术概念，通过集成主动探测与被动辨识工具，对 Honeyd 虚拟蜜罐进行动态配置，在动态变化的网络环境中构建出自适应蜜罐系统，实现对网络中非法入侵进行检测的目的。Artail[122]等人进一步提出了混杂模式的蜜罐架构，使用低交互式虚拟蜜罐来模拟服务与操作系统，并将包含攻击的恶意流量引导至高交互式真实服务蜜罐，增强对网络入侵者行为的监视、分析与管控能力。Anagnostakis等人[123]提出了 Shadow（影子）蜜罐的创新思路，结合了蜜罐技术与异常入侵检测各自的优势，首先使用异常检测器监视所有受保护网络的流量，检测出的可疑流量通过 Shadow 蜜罐进行处理，Shadow 蜜罐与受保护业务系统共享所有内部状态，入侵攻击在影响受保护业务系统状态之前就会被 Shadow 蜜罐检测出来，而被异常检测器错误识别的合法流量通过 Shadow 蜜罐验证之后，由业务系统向用户提供透明的响应。

蜜罐技术对具有主动传播特性的网络蠕虫等恶意代码具有很好的检测效果。Dagon 等人[124]针对局域网中如何在爆发初期就检测出蠕虫的问题进行了研究，实现了脚本驱动并覆盖大量 IP 地址范围的 HoneyStat 蜜罐系统。HoneyStat 针对局域网蠕虫传播场景，生成内存操作、磁盘写、网络三种不同类型的报警事件，并通过自动化报警数据收集与关联分析，能够快速、准确地检测出零日蠕虫爆发。在欧盟 FP6 计划资助的 NoAH 项目中，SweetBait 系统[125]集成了 SweetPot 低交互式蜜罐与 Argos 高交互式蜜罐[126]对互联网上传播的蠕虫进行实时检测，能够进一步自动生成检测特征码，并通过分布式部署与特征码共享构建蠕虫响应机制，针对 2008 年底爆发的 Conficker 蠕虫进行了在线检测与分析[127]，验证了系统的有效性。除了网络蠕虫等传统类型的恶意代码之外，研究人员还应用蜜罐技术检测与分析针对浏览器等客户端软件的恶意网页攻击。HoneyMonkey 系统[128]通过引入高交互式的客户端蜜罐技术，使用安装了不同补丁级别的操作系统与浏览器软件来检测和发现针对浏览器安全漏洞实施渗透攻击的恶意页面。Google 的 Safe Browsing 项目[128]中结合机器学习方法与高交互式客户端蜜罐技术，从搜索引擎抓取的海量网页中检测出超过 300 万导致恶意程序植入的 URL 链接，并系统地对恶意网页现象进行了深入分析。

2. 恶意代码样本捕获

在检测恶意代码的基础上新近发展出的蜜罐技术还具备恶意代码样本自动捕获的能力。Nepenthes[130]是最早出现基于蜜罐技术自动化捕获与采集恶意代码样本基础上的开源工具，它具有灵活的可扩展性，使用单台物理服务器就可以覆盖一个/18 网段（即 18 位网络号）的监测，在 33 个小时中捕获了超过 550 万次渗透攻击，并成功捕获到 150 万个恶意代码样本，在依据不同 MD5 值的消重处理后，最终在这段时间内捕获了 408 个不同的恶意代码样本，实际捕获数据验证了 Nepenthes 蜜罐在自动捕获主动传播型恶意代码方面的有效性。HoneyBow 系统[131]实现了基于高交互式蜜罐的恶意代码样本自动捕获流程，在 Matrix 分布式蜜网系统 9 个月的实际部署与监测周期中，HoneyBow 平均每天捕获了 296 个不同恶意代码样本，较 Nepenthes（63.7 个）有着明显的优势，若集成两者优势，则可达到更好的恶意代码捕获效果。WebPatrol[132]针对攻击客户端的恶意网页木马场景，提出了结合低交互式蜜罐和"类 Proxy"Cache 与重放技术的自动化捕获方法，将分布式存储于多个 Web 站点、动态生成且包含多步骤多条路径的恶意网页木马场景，进行较为全面的采集与存储，并支持重放攻击场景进行离线分析。WebPatrol 系统在 5 个月的时间内，从 CERNET 网络中的 1248 个被挂马网站上采集捕获了 26 498 个恶意网页木马攻击场景。研究社区已经证实了蜜罐技术在恶意代码样本采集方面的能力，因此，反病毒工业界目前也已经普遍通过大规模部署蜜罐来采集未知恶意代码样本，如国际著名的反病毒厂商 Symantect[133]等。

3. 安全威胁追踪与分析

在检测并捕获安全威胁数据之后，蜜罐技术也为僵尸网络、垃圾邮件等特定类型安全威胁的追踪分析提供了很好的环境支持。僵尸网络监测与追踪是应用蜜罐技术进行安全威胁深入分析的一个热点方向，其基本流程是由蜜罐捕获通过互联网主动传播的僵尸程序，然后在受控的蜜网环境或沙箱中对僵尸程序进行监控分析，获得其连接僵尸网络命令与控制服务器的相关信息，然后以 Sybil 节点对僵尸网络进行追踪，在取得足够多的信息之后可进一步进行 sinkhole、关停、接管等主动遏制手段。Freiling 等人最早使用蜜罐技术进行僵尸网络追踪[134]，Rajab 等人进一步提出了一种多角度同时跟踪大量实际僵尸网络的方法[135]，包括旨在捕获僵尸程序的分布式恶意代码采集体系、对实际僵尸网络行为获取内部观察的 IRC 跟踪工具，以及评估僵尸网络全局传播足迹的 DNS 缓存探测技术，通过对多角度获取数据的关联分析，展示了僵尸网络的一些行为和结构特性。诸葛建伟等人[136]利用 Matrix 分布式蜜网系统对 IRC 僵尸网络行为进行了长期而全面的调查，揭示了现象特征。Stone-Gross 等人[110]在蜜罐技术监测僵尸网络行为的基础上，通过抢注动态域名的方法，对 Torpig 僵尸网络进行了接管，不仅追踪到了 18 万个僵尸主机 IP 地址，还收集到了 70GB 的敏感信息，验证了僵尸网络追踪与托管技术可以达到的主动遏制效果。

针对互联网上垃圾邮件泛滥的现象，Project HoneyPot 项目利用超过 5000 位网站管理员自愿安装的蜜罐软件监控超过 25 万个垃圾邮件诱骗地址，对收集邮件地址并发送垃圾邮件的行为进行了大规模的追踪分析，Steding、Jessen 等人使用低交互式蜜罐技术研究垃圾邮件发送者对开放代理的滥用行为，Levchenko 等人对蜜罐采集到的垃圾邮件的地下经济链进行追踪分析，揭示出支付环节是这一地下经济链的瓶颈，并建议采取相应的管理政策来遏制其发展。

4. 攻击特征提取

蜜罐系统捕获到的安全威胁数据具有纯度高、数据量小的优势，通常情况下也不会含有网络正常流量。此外，只要蜜罐系统能够覆盖网络中的一小部分 IP 地址范围，就可以在早期监测到网络探测与渗透攻击、蠕虫等普遍化的安全威胁。因此，蜜罐非常适合作为网络攻击特征提取的数据来源。安全研究人员提出了多种基于蜜罐数据进行网络攻击特征提取的方法。

Honeycomb 是最早公开的，它基于蜜罐技术进行自动化网络攻击特征提取的研究工作，作为 Honeyd 蜜罐的扩展模块而实现，对于蜜罐接收到的网络攻击连接，通过与相同目标端口的保存网络连接负载进行一对一的最长公共子串（LCS）匹配，如果匹配到超出最小长度阈值的公共子串，即生成一条候选特征，这些候选特征再与已有特征集进行聚合，生成更新后的攻击特征库。Honeycomb 提出了利用蜜罐捕获数据进行攻击特征的基础方法，但并未考虑在应用层协议语义信息，由于应用层协议头部中相同内容的影响而提取出与攻击无关的无效特征。

Nemean 系统针对 Honeycomb 的这一缺陷，提出了具有语义感知能力的攻击特征提取方法，该方法以虚拟蜜罐和 Windows 2000 Server 物理蜜罐捕获的原始数据包作为输入，首先通过数据抽象模块将原始数据包转换为 SST 半结构化网络会话树，然后由特征提取模块应用 MSG 多级特征泛化算法，将网络会话进行聚类，并对聚类进行泛化，生成基于有限状态机的语义敏感特征，最后转换为目标入侵检测系统的特征规则格式进行实际应用。

SweetBait/Argos 针对主动发布型蜜罐应用场景，首先采用动态污点分析技术检测出渗透攻击，并回溯造成 EIP 指令寄存器被恶意控制的污点数据在网络会话流中的具体位置，在特征自动提取环节，则支持 LCS 最长公共子串算法与 CREST 渗透攻击关键字符串检测算法。其中，CREST 算法能够依据动态污点分析的回溯结果，提取到简练但更加精确的攻击特征，也能够部分对抗网络攻击的多态化。

HoneyCyber 系统利用了 double honeynet 部署架构来捕获多态网络蠕虫的流入会话与流出会话，并采用 PCA 分析方法提取多态蠕虫不同实例中的显著数据，进行自动化的特征提取。在实验中，针对人工多态化处理的蠕虫实例，能够达到零误报率和较低的漏报率，但并未针对实际流量环境与多态蠕虫案例进行验证。

3.5　网络隔离技术

网络隔离技术是在需要数据交换及资源共享的情况下出现的网络安全技术，一般所探讨的网络隔离技术，是指在需要信息交换的情况下实现网络隔离的技术。所谓网络隔离技术是指两个或两个以上的计算机或可路由的网络（如 TCP/IP）在断开连接的基础上，实现信息交换和资源共享，即通过网络隔离技术既可以使两个网络实现物理上的隔离，又能在安全的网络环境下进行数据交换。网络隔离技术的主要目标是将有害的网络安全威胁隔离开，以保障数据信息在可信网络内进行安全互换，达到确保信息安全的目的。

目前，一般的网络隔离技术都以访问控制思想为策略，以物理隔离为基础，并定义相关约束和规则来保障网络的安全强度[137]。网络隔离技术消除了基于网络和基于协议的安全威胁，但其也存在局限性。如果用户确定交换的内容是完全可信和可控的，那么网络隔离是用户解决网络安全问题的最佳选择。物理隔离的技术架构重点在隔离，对于整个网络来说，外网是安全性不高的互联网，内网是安全性很高的内部专用网络。通常隔离设备和外网、隔离设备和内网、外网和内网间是完全断开的。

3.5.1　网络隔离技术发展历程及分类

1. 发展历程

目前，网络隔离技术主要经历了以下几个阶段。

（1）第一代隔离技术——完全隔离。此技术使得网络处于信息孤岛状态，对网络采用完全的物理隔离，需要至少两套网络和系统，但更重要的是网络数据交互、资源共享的不便和维护运营成本的提高，给维护和使用带来了极大的不便。

（2）第二代隔离技术——硬件卡隔离。此技术在客户端增加一块硬件卡，客户端硬盘或其他存储设备首先连接到该卡，然后再转接到主板上，通过该卡能控制客户端硬盘或其他存储设备。在选择不同的硬盘时，同时选择了该卡上不同的网络接口，从而连接到不同的网络。这种隔离产品有的仍然需要网络布线为双网线结构，产品存在较大的安全隐患。

（3）第三代隔离技术——数据转播隔离。此技术利用转播系统分时复制文件的途径来实现隔离，其切换时间非常之久，甚至需要手工完成，导致访问速度缓慢，并且不支持常见的网络应用，失去了网络存在的意义。

（4）第四代隔离技术——空气开关隔离。它通过使用单刀双掷开关，使得内外部网络分时访问临时缓存器来完成数据交换，但在安全和性能上存在许多问题。

（5）第五代隔离技术——安全通道隔离。此技术通过专用通信硬件设备、专有安全协议和加密验证机制及应用层数据提取和鉴别认证技术，进行不同安全级别网络之间的数据交换，彻底阻断了网络间的直接 TCP/IP 连接，同时对网间通信的双方、内容、过程施以严格的身份认证、内容过滤和安全审计等多种安全防护机制，从而保证了网间数据交换的安全和可控，杜绝了由于操作系统和网络协议自身漏洞带来的安全风险，又可以透明地支持多种网络应用，成为当前隔离技术的发展方向。

2. 分类

目前，已有的隔离技术主要有以下几种类型[138]。

（1）双机双网。双机双网隔离技术是指通过配置两台计算机分别连接内网和外网环境，再利用移动存储设备来完成数据交互操作。但是这种技术方案会给后期系统维护带来诸多不便，同时还存在成本上升、占用资源等缺点，而且通常效率也无法达到用户的要求。

（2）双硬盘隔离。双硬盘隔离技术的基本思想是通过在原有客户机上添加一块硬盘和隔离卡来实现内网和外网的物理隔离，并通过启动内网硬盘或外网硬盘来连接内网或外网。由于这种隔离技术方案需要多添加一块硬盘，所以对那些配置要求高的网络而言就造成了成本浪费，同时频繁的关闭、启动硬盘容易造成硬盘的损坏。

（3）单硬盘隔离。单硬盘隔离技术的实现原理是从物理层上将客户端的单个硬盘分割为公共和安全分区，并分别安装两套系统来实现内网和外网的隔离，这样就可具有较好的可扩展性，但是也存在数据是否安全界定困难、不能同时访问内外两个网络等缺陷。

（4）集线器级隔离。集线器级隔离技术的一个主要特征是客户端只需使用一条网线就可以部署内网和外网，然后通过远端切换器来选择连接内外双网，避免了客户端要用两条网线来连接内外网络的特点。

（5）服务器端隔离。服务器端隔离技术的关键内容是在物理上没有数据连通的内外网络下，如何快速分时地处理和传递数据信息。该方案主要通过采用复杂的软硬件技术在服务器端实现数据信息过滤和传输任务，以达到隔离内外网的目的。

3.5.2　隔离技术需具备的安全要点

要使网络具有高度的自身安全性，隔离产品就要保证自身具有高度的安全性，至少在理论和实践上要达到一个比较高的安全级别。从技术实现角度来看，除了和防火墙一样对操作系统进行加固优化或采用安全操作系统外，关键在于要把外网接口和内网接口从一套操作系统中分离出来。即至少要由两套主机系统组成，一套控制外网接口，另一套控制内网接口，然后在两套主机系统之间通过不可路由的协议进行数据交换，这样即便外网系统被攻破了，攻击者仍然无法控制内网系统，也就达到了更高的安全级别[140]。

要确保网络之间相互隔离，保证网间隔离的关键是网络包不可路由到对方网络，无论中间采用了什么转换方法，只要最终使得一方的网络包能够进入对方的网络中，都无法称为隔离，即达不到隔离的效果。显然，只对网间的包进行转发，并且允许建立端到端连接的防火墙，是没有任何隔离效果的。此外，再把文本转换为网络包的产品也是没有做到隔离的。

要保证网间交换的只是应用数据，既然要达到网络隔离，就必须做到彻底防范基于网络协议的攻击；要对网间的访问进行严格的控制和检查，必须施加一定的技术，保证每一次数据交换过程都是可信的，并且内容是可控制的，可采用基于回话的认证技术和内容分析与控制引擎等技术来实现。

3.5.3　网络隔离技术的关键点

网络隔离技术的关键在于系统对通信数据的控制，即通过不可路由的协议来完成网间的数据交换。网络隔离技术的核心是物理隔离，并通过专用硬件和安全协议来确保两个链路层断开的网络能够实现数据信息在可信网络环境中的交互、共享。一般情况下，网络隔离技术主要包括内网处理单元、外网处理单元和专用隔离交换单元三部分内容，其中，内网处理单元和外网处理单元都具备一个独立的网络接口和网络地址分别对应连接内网和外网，而专用隔离交换单元则是通过硬件电路控制高速切换连接内网或外网。网络隔离技术的基本原理是通过专用物理硬件和安全协议在内网和外网之间架构起安全隔离网墙，使两个系统在空间上物理隔离，同时又能过滤数据交换过程中的病毒、恶意代码等信息，以保证数据信息在可信的网络环境中进行交换、共享，同时还要通过严格的身份认证机制来确保用户获取所需数据信息。

网络隔离技术的关键点是尽量提高网间数据交换的速度，并且对引用能够透明支持，以适应复杂和高带宽需求的网间数据交换。如何有效控制网络通信中的数据信息，即通过专用硬件和安全协议来完成内外网间的数据交换，以及利用访问控制、身份认证、加密签名等安全机制来实现交换数据的机密性、完整性、可用性、可控性、抗抵赖等安全要素，所以如何尽量提高不同网络间数据交换速度，以及能够透明支持交互数据的安全性将是未来网络隔离技术发展的趋势。

电力系统网络要隔离的原因主要是依据国家电力监管委员会5号令第二章第四条的规定：电力企业内部基于计算机和网络技术的业务系统，原则上划分为生产控制大区和管理信息大区；生产控制大区可以分为控制区（安全区 I）和非控制区（安全区 II）；管理信息大区内部在不影响生产控制大区安全的前提下，可以根据各企业的不同安全要求来划分安全区。根据应用系统实际情况，在满足总体安全要求的前提下，可以简化安全区的设置，但是应当避免通过广域网形成不同安全区的纵向交叉连接[141]。因此，电力系统网络隔离就是先把生产控制大区和管理信息大区区域划开；最好的方式就是在生产控制大区的"城市"周围挖"护城河"，然后再建几个可以控制的"吊桥"，使其保持与"城外"的互通。数据交换技术的发展就是研究"桥"上的防护技术，主要的技术列举如下：

(1) 修"桥"策略：业务协议直接通过，数据不重组，对速度影响安全性弱；

(2) 防火墙：网络层的过滤；

(3) 多重安全网关：从网络层到应用层的过滤，多重关卡策略；

(4) "渡船"策略：业务协议不直接通过，数据要重组，安全性好；

(5) 网闸：协议落地，安全检测依赖于现有的安全技术；

(6) 交换网络：建立交换缓冲区，采用防护、监控与审计多方位的安全防护；

(7) 人工策略：不做物理连接，人工用移动介质交换数据，安全性最好。

3.6　网络安全态势感知

网络技术经过数十年的发展，已经渗透到人们生活的各个领域，为人们的生产和生活带来了各种便利，改善了人们的生活水平。网络技术的应用形式多种多样，如网络新闻、网络游戏、网络视频、即时通信等，在不同的领域影响着人们的生活。随着网络用户的增多，网络安全问题也越来越突出，网络安全问题的产生一方面是由于网络自身的缺陷，另一方面是由于恶性的网络攻击行为。网络安全问题的产生使得用户的信息安全受到了严重的威胁，信息丢失、隐私泄漏等情况的产生，给用户造成了巨大的损失。传统的网络安全技术处理速度慢，防护并不全面，不能从根本上阻止网络安全问题的产生，存在很大的局限。而网络安全态势感知技术可以对众多影响网络安全的因素进行分析和预测，对网络的安全性进行量化分析和评价，为大规模的网络安全提供技术保障。所以，对网络安全态势感知的研究可以对网络安全进行全面的监控，对提高网络的应急响应能力以及预测网络安全的发展趋势具有重要意义。

3.6.1　网络安全态势感知的基本概念、模型和体系框架

网络态势感知（Cyberspace Situational Awareness，CSA）的概念由 Bass 于 1999 年首先提出。所谓网络态势，是指由各种网络设备运行状况、网络行为以及用户行为等因素构成的整个信息的当前状态和变化趋势。态势不是指某一种网络状况或现象，而是反映由各类网络状况或现象交叉作用而形成的网络环境，以及网络可能发展的趋势。CSA 则是指在网络环境中对能够引起网络态势发生变化的要素进行获取、理解、评估、显示，以及对未

来发展趋势作出预测。Bass 同时指出，基于融合的 CSA 将是网络管理未来的发展方向。

　　网络安全态势感知（Network Security Situation Awareness，NSSA）是网络安全领域中一个新兴的概念，是指在大规模的网络环境之中，对能够引起网络态势发生变化的安全要素进行获取、理解、评估、显示以及预测未来的发展趋势，并不拘泥于单一的安全要素。即通过对其中的安全影响因素进行分析，评估和预测网络安全发展趋势的一种行为。开展这项研究旨在对网络态势状况进行实时监控，在潜在的、恶意的网络行为变得无法控制之前对其进行识别、防御、响应以及预警，给出相应的应对策略，将态势感知的成熟理论和技术应用于网络安全管理，在急剧动态变化的复杂网络环境中高效组织各种安全信息，将已有的表示网络局部特征的指标综合化，使其能够展现网络安全的宏观、整体状态，从而加强管理员对网络安全的理解能力，为高层指挥人员提供决策支持。

　　NSSA 的功能十分丰富，包含了很多感知内容，其中主要的内容有：对网络当前状态的感知、对攻击影响的评价、对态势发展进行追踪、对当前态势的原因结果进行分析、对网络态势进行预测等。总体来说，网络安全态势感知可以分为三个阶段：第一阶段是对态势进行识别，第二阶段是对态势进行理解，第三阶段是对态势进行预测。

　　NSSA 模型是开展网络安全态势感知研究的前提和基础。在深入分析国内外相关研究的基础上，结合对其他领域态势感知典型模型的分析——JDL 功能模型和 Endsely 的态势感知认知模型，给出网络安全态势感知概念模型。该模型主要分为三层，依次为网络安全态势提取、态势理解/评估以及态势预测，如图 3.11 所示。

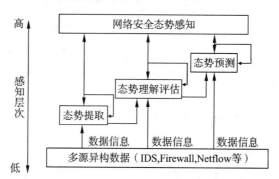

图 3.11　网络安全态势感知模型

　　第 1 层：网络安全态势提取。态势提取是网络安全态势感知的基础，没有合理准确的态势信息，就有可能生成错误的态势图。该层主要采用已有的成熟技术从海量数据信息中提取网络安全态势信息，并转化为统一并易理解的格式（如 XML 格式），为网络安全态势理解/评估做准备。

　　第 2 层：网络安全态势理解/评估。态势理解/评估是网络安全态势感知的核心，是对当前安全态势的一个动态理解过程。通过识别态势信息中的安全事件，确定它们之间的关联关系，并依据所受到的威胁程度生成相应的安全态势图，反映整个网络的安全态势状况。

　　第 3 层：网络安全态势预测。态势预测依据历史网络安全态势信息和当前网络安全态势信息预测未来网络安全趋势（即已知 $T+1$，$T+2$，…$T+n$ 时刻的网络安全态势，预测 $T+(n+1)$ 时刻的网络安全态势），使决策者能够据此掌握更高层的网络安全态势，为制定合理准确的决策提供依据。

　　在 NSSA 相关理论和实践工作基础上，依据国家相关标准规范，研究网络安全态势感知的定性与定量方法，构建网络安全态势感知体系框架。在图 3.11 所示的网络安全态势感知模型的基础上，结合数据融合和层次化分析的思想，给出如图 3.12 所示的网络安全态势感知体系框架。

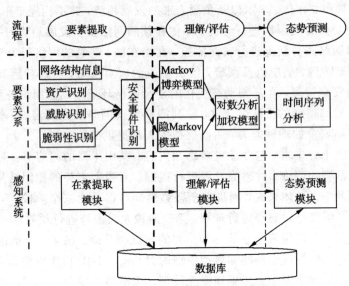

图 3.12　网络安全态势感知体系框架

　　网络安全态势感知体系框架的设计，以安全态势感知流程为主线，突出要素提取、理解/评估、预测三个关键节点，以安全事件的识别和威胁传播网络的建立为牵引，以基于隐 Markov 模型的态势评估技术、基于 Markov 博弈模型的态势评估技术、基于对数分析的态势评估技术、基于时间序列分析的态势预测技术为支撑，最终实现网络安全态势感知的评估和预测目标。

3.6.2　网络安全态势感知的主要技术

　　NSSA 是全面综合推理的过程，如图 3.13 所示，主要分为网络安全态势要素提取、网络安全态势理解/评估、网络安全态势预测三个子过程，所处理的对象是正在发生的和以前发生且正在进行的网络安全事件和活动，重点关注网络安全域的行为模式；所产生的理想结果应能反映当前真实的网络安全态势，并提供事件、活动的预测，为最优决策和网络安全管理的优化提供依据。下面从网络安全态势要素提取、网络安全态势理解/评估、网络安全态势预测三个方面对相关技术进行介绍。

图 3.13　网络安全态势感知过程

1. 网络安全态势要素提取技术

网络安全态势要素提取是指从大规模网络安全状态数据源中抽取影响网络安全态势的

基本元素的过程，它是网络安全态势评估和预测的基础，其提取结果对于整个态势评估和预测有着重要的影响，如果态势提取无法实现，那么整个网络安全态势评估和预测将成为无源之水，无本之木。整个网络安全态势感知系统中，安全事件的预处理与态势要素的提取处于网络安全态势感知底层。系统从安全设备中获取到日志数据后，采用一定的数据格式进行统一，并对数据进行约减、合并，即将日志数据中与网络安全态势感知无关的噪声数据去除，合并重复的记录。网络安全态势的要素提取不仅提高了数据的质量，也进一步加快了安全态势分析的速度。

目前针对该项技术的研究尚属起步阶段，相关研究文献比较少。但在特征提取、分类分析、聚类分析等方面，前期已经开展了一些工作。目前在网络安全态势要素提取方面的研究还很不成熟，相关解决方法和实现模型较少，因此亟需寻找出一种实时高效的网络安全态势要素提取技术，用于实现攻防环境中安全要素的提取。

2. 网络安全态势理解/评估技术

网络安全态势理解/评估主要是综合评估网络安全状态，即利用网络安全属性的历史记录和运行状况等，为用户提供一个准确的网络安全状态评判和网络安全的发展趋势，使网络管理者能够有目标地进行决策和防护准备。可以将神经网络、模糊推理等方法引入到网络安全态势评估中，进行合理的规则推理，得到合理的判断结果。

依据网络安全态势评估所处理的数据源不同，可分为基于脆弱信息和基于运行信息的态势评估技术。前者是指系统设计配置状况（包括服务设置系统中存在的漏洞）、资产价值等，侧重于对信息系统因固有漏洞等内在因素所带来的安全风险评估；后者是指系统所受攻击的状况，主要来自于 IDS 报警、Firewall 日志、系统日志、网络流量信息等，更加关注诸如入侵攻击行为等外界因素所造成的安全态势威胁评估。针对基于系统配置信息的安全风险评估，由原来的单机评估逐渐转向现在的以分域信息系统为重点的风险评估。Sabata 等人提出了一种基于多证据融合的网络安全态势评估方法，通过对高层语义的推理来检测和识别攻击，从而有效地减轻决策者的认知负担。Gorodetsky 等人提出了一种动态实时的态势评估方法，并实现了一个态势评估原型系统用于异常检测，但是未能解决多异步数据的"老化"问题。在网络安全态势理解/评估领域，国内外研究人员和机构借鉴军事战场态势评估的成功理论和实践经验，进行了一些探索性的研究，已经取得了一定的研究成果。基于脆弱信息的态势评估技术和基于运行信息的态势评估技术，这两种评估技术各有侧重，并且最终反馈给决策者的安全态势信息、角度也各不一样。

3. 网络安全态势预测技术

预测未来发展趋势是网络安全态势感知的一个重要组成部分。网络在不同时刻的安全态势彼此相关，安全态势的变化有一定的内部规律，这种规律可以预测网络在将来时刻的安全态势，从而可以有预见性地指导管理员进行安全策略的配置，从而实现动态的安全性管理，预防大规模网络安全事件的发生。常见的用于预测网络安全态势的技术主要有：人工神经元网络预测技术、时间序列预测技术、灰色预测技术等。目前开展网络安全态势预测研究主要有两条研究思路，一是先预测单个入侵攻击事件，再结合每种攻击的威胁程度，计算出相应的下一时刻或多个时刻的态势值，这种方法在确定每种攻击威胁程度时依赖主观经验；二是采用非线性时间序列预测方法，依据历史安全态势规律预测未来某一时刻或某一时间段内的安全态势。

针对单个入侵攻击事件或复合攻击的网络安全态势预测，采用的方法主要有模糊神经网络、统计学习、数据融合、知识发现、贝叶斯推理、因果网络等。Bao Xuhua 等人提出了一种基于入侵意图的攻击检测和预测算法，该算法采用扩展的有向图来表示攻击类别及其逻辑关系，按照后向匹配和缺项匹配的方式对报警进行关联，根据已关联攻击链的累计权值和攻击逻辑图中各分支的权值计算其可能性，可以在一定程度上预测即将发生的攻击。彭学娜等人提出了一种融合网络安全信息的安全事件分析与预测模型，该模型能够对来自以 IDS 为主的多种安全部件和关键主机日志系统的网络安全信息进行校验、聚集和关联，并结合目标网络安全策略，对目标网络的安全状况进行准确评估，对基于特定攻击场景的可能攻击作出预测。

3.6.3　网络安全态势感知存在的问题和未来研究方向

网络安全态势感知研究虽然已经受到了国防专项研究、国家 863、国家 973、国家自然科学基金、工业和信息化部 242 信息安全计划等国家计划的高度重视，国内学者也进行了一些研究，但目前尚属起步阶段，依然存在很多挑战性的问题：跨组织、跨机构的数据获取，还需要人们认识的提高和政策法规的支持；网络安全态势是一个综合概念，涉及的因素有很多，而目前的研究往往针对各自不同的应用给出不同的指标来刻画这些因素，缺乏统一的网络安全态势指标体系，所以需要建立一个实际可行的复杂网络行为模型用于网络安全态势感知。前期研究工作主要围绕定性评估和静态预测模型研究，已经无法适应动态多变的大规模网络环境需求，缺乏面向网络信息系统的网络安全态势量化评估和动态预测模型。进一步深入研究网络安全态势感知技术，可以从以下几个方面开展：

（1）建立一套有效完备的网络安全态势评价指标体系；

（2）构建一个实际可行的复杂网络行为模型；

（3）研究网络安全态势量化评估分析模型；

（4）研究基于复杂网络行为建模与模拟的网络安全态势预测技术；

（5）研究基于云计算、物联网等新技术的网络安全态势感知技术。

为保障电力信息系统的可靠稳定运行，在不同区域部署安全设备，加强网络设备和应用服务设备的防护，对电力信息系统的安全起到了一定的保护作用。但是，独立部署的安全设备给网络的安全管理造成了很大的局限性，信息之间没有关联，对于所保护的电力信息系统以及支撑的网络运行状态没有全局性的安全认知。为了尽可能快地对所监管网络以及所保护的电力信息系统的安全状况有一个全局把握，需要对电力信息系统的网络安全态势进行在线分析评估，以指导决策者调整安全策略，规避风险。

3.7　本 章 小 结

本章介绍了六种典型的信息安全防护技术：防火墙、身份认证、入侵检测、蜜罐技术、网络隔离技术、网络安全态势感知，详细阐述了每一种技术的概念、原理、应用等方面。这几种技术都在电力系统中得到了相应应用，一定程度上解决了电力系统中的安全隐患问题，保证了电力系统安全稳固运行，促进了电力产业的发展。

第四章 电力信息安全管理

信息技术在电力企业的生产运行中发挥着重要作用，特别是随着厂网分开、电力市场的构建，电力企业已建立起庞大复杂的调度数据网和综合信息网，计算机网络信息系统成为企业日益重要的技术支持系统。信息安全所面临的危险同时渗透到电力企业生产、经营的各个方面。因此，对电力企业信息安全的管理研究是个动态过程，并且要紧跟科技进步的步伐。采用一套安全可靠的电力企业信息安全管理办法，是我国电力企业目前必须要解决的重要问题。

电力系统的信息安全是对电力系统安全运行和社会可靠供电的重要保障。电力企业的特点决定了电力信息安全不但要具有一般计算机网络信息安全的特征，而且还应该有电力实时运行控制系统信息安全的特征。电力系统主要包括三个方面：监控与数据采集/能量管理系统(SCADA/EMS)、电力调度管理信息系统(DMIS)和电力系统计算机管理信息业务网(MIS)，其中，SCADA/EMS是安全防护的核心，虽然电力系统对信息安全比较重视，但是由于种种原因，电力系统目前还没有一套完整的、统一的、能够指导整个电力系统、计算机系统及信息安全的安全策略。因此，建立一套全面的电力系统信息安全管理的研究策略是十分重要的。

通过对网络安全隐患、安全威胁和安全漏洞的分析，可以看出，如今的计算机网络正面临着前所未有的安全挑战。安全威胁的 80% 来自于内部[139]，而一般单位管理制度的弹性非常大，漏洞也非常多，依靠管理制度和人员个人的素质很难解决这些问题，因此提出了安全审计系统。安全审计是采用数据挖掘和数据仓库技术，实现在不同网络环境中终端对终端的监控和管理，必要时通过多种途径向管理员发出警告或自动采取排错措施，能对历史数据进行分析、处理和追踪。

安全审计系统是指事前控制人员或设备的访问行为，并能事后获得直接电子证据、防止行为抵赖的系统，能把可疑数据、入侵信息、敏感信息等记录下来，作为取证和跟踪使用。它通过监控网络活动，分析用户和系统的行为，审计系统配置和漏洞，统计异常行为，记录违反安全法则的行为等，使管理员可以有效地监控、管理自己的系统和网络。网络安全审计技术是对传统安全防护技术的有益补充，它的提出对解决网络安全问题具有重要意义。

本章将介绍网络安全管理以及安全审计技术，并详细说明其在电力系统的应用及发展趋势。

4.1 电力信息网络安全管理

面对复杂的安全环境，现有的安全体系通常由众多异构且彼此独立的安全产品堆积而成，既难以管理，又难以获得准确的全局安全视图，不利于整体安全策略的制定和实施。

而且，在遭遇复杂的综合型攻击时，由于缺乏产品之间的协同联动，安全防护常常十分脆弱。这些问题迫切需要更为灵活、智能的方案来解决，在这样的背景下，一种新的技术——网络安全管理应运而生，并成为安全领域的研究热点。

4.1.1　网络安全管理基本概念

1. 概念的引入

在信息技术的推动下，计算机信息网络已经覆盖各个领域，深刻影响着人们的生产和生活。信息网络在发挥巨大作用的同时，信息网络的安全也变得越来越重要，就电力系统而言，一旦出现信息安全问题，就会影响到电网的安全运行。信息安全已扩展到了信息的可靠性、可用性、可控性、完整性及不可抵赖性等更新、更深层次的领域。这些领域内的相关技术和理论都是信息安全所要研究的。但长久以来，很多人都会陷入技术决定一切的误区当中。最早的时候，人们把信息安全的希望寄托在加密技术上，后来又常听到"防火墙决定一切"的论调。当更多的安全问题出现时，入侵检测系统(Intrusion Detection System，IDS)、公钥基础设施(Public Key Infrastructure，PKI)、虚拟专用网(Virtual Private Networks，VPN)等新的技术应用被接二连三地提了出来，但无论怎么变化，还是离不开技术统领信息安全的狭隘思路。这个思路可能解决信息安全的一部分问题，但是解决不了根本问题。实际上，对安全技术和产品的选择和应用，是信息安全实践活动中的一部分，但这只是实现安全需求的手段而已。信息安全更广泛的内容，还包括制定完备的安全策略，通过风险评估来确定需求，根据需求选择安全技术产品，并按照既定的安全策略和流程规范来实施、维护和审查安全控制措施。归根到底，信息安全并不是技术过程，而是管理过程[140]。

随着信息安全理论与技术的发展，信息保障概念得以提出，并得到一致认可。在信息保障的三大要素(人员、技术和管理)中，管理要素的地位和作用越来越得到重视。

随着近几年电力企业对信息安全的重视以及国家关于电力二次系统安全防护规定的出台[141]，诸如防火墙、IDS等网络安全设备的应用不断增加。这些针对安全问题中的某一点而开发的网络安全设备在各自领域中发挥着非常重要的作用，但是同时也产生了一些新的问题：

(1) 难以统一管理和配置众多异构的安全设备。

(2) 这些安全设备产生了海量的安全事件且夹杂了大量的不可靠信息，使得管理人员很难从中提取有意义的事件，而且无法获得当前网络的整体安全态势。

(3) 随着网络复杂程度的加深，单一的安全组件由于其功能局限性不能满足网络安全的需要，面对分布式、协同式攻击，任何单个的安全组件的能力都是有限的，需要把各个组件连通互动，进一步强化各自作用，进而提高系统安全防护能力。

因此，迫切需要一个电力系统网络安全管理系统来协同各安全管理单元以整体应对系统安全威胁与攻击。

网络安全管理技术作为一种新兴的安全技术，已经逐步发展成为保障网络系统安全的关键部件，具有非常重要的社会意义和经济意义。

2. 基本概念

安全管理是网络管理中极其重要的内容，它涉及法规、人事、设备、技术、环境等诸多因素，是一项难度很大的工作。单就技术性方面的管理而言，依据 OSI 安全体系结构，可分为系统安全管理、安全服务管理和特定的安全机制管理。其中，后两类管理分别是针对某种特定、具体的安全服务与安全机制的管理；而系统安全管理则包括总体安全策略的管理(维护与修改)、事件处理管理、安全审计管理、安全恢复管理以及与其他两类安全管理的交互和协调。

网络安全管理是一种综合型技术，需要来自信息安全、网络管理、分布式计算、人工智能等多个领域研究成果的支持。其目标是充分利用以上领域的技术和方法，解决网络环境造成的计算机应用体系中各种安全技术和产品的统一管理和协调问题，从整体上提高整个网络的防御入侵、抵抗攻击的能力，保持系统及服务的完整性、可靠性和可用性。

网络安全管理包括对安全服务、机制和安全相关信息的管理以及管理自身的安全性两大方面，其过程通常由管理、操作和评估三个阶段组成。管理阶段是由用户驱动的安全服务的初始配置和日常更新；操作阶段是由事件驱动的安全服务状态的实时检测和响应；评估阶段则是衡量安全目标是否达到，以及系统当前的改变会产生何种影响。

3. 电力系统中的网络安全管理

所谓电力系统网络安全管理，是指对电力系统网络应用体系中各个方面的安全技术和产品进行统一管理和协调，从整体上提高网络抵抗入侵和攻击的能力。

从管理的角度看，电力系统的信息网络可以分为内部网与外部网。网络的安全涉及内部网的安全保证以及两者之间连接的安全保证。

目前，电力企业信息网络系统一般以内联网(Intranet)为基础连接国家电力信息网和Internet，形成网间互联，内联网将 Internet 技术用于单位、部门和企业专用网，并在原有专用网的基础上增加了各种用途的服务器、服务器软件、Web 内容制作工具和浏览器。内联网为企业信息的传输和利用提供了极大的方便，它是一种半封闭的可控网[142]。图 4.1是一个典型的电力企业信息网络系统逻辑结构。

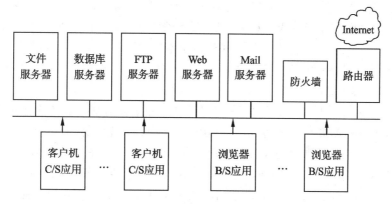

图 4.1　典型电力企业信息网络系统逻辑结构

从图 4.1 可以看出，系统前台有客户机和浏览器，分别用来满足客户机/服务器(Client/Server，C/S)和浏览器/服务器(Browser/Server，B/S)应用，后台为文件、数据库、FTP、Web、Mail 等各种服务器，用来完成相应的服务。电力企业信息网络作为内联网可通过防火墙、路由器与外界的 Internet 和国家电力信息网连接。系统既要保证网内用户和网外用户之间的连通，又要保证网中的敏感信息不被非法窃取和篡改。

通过以上分析可以看出电力信息系统中面临的主要威胁和存在的安全问题。据此就可以有针对性地、合理地来管理电力系统信息安全,就能够保证电力信息系统数据的保密性、完整性、真实性、可靠性、可用性和不可抵赖性等[143]。

(1) 保密性。保密性就是防止信息泄露给非授权个人或者实体单位,信息只能为授权用户所使用。

(2) 完整性。完整性是指,信息在网络间进行传输或者存储的过程中,不能对信息进行随意更改,如果要对其进行更改必须通过授权。

(3) 真实性。真实性是指防止系统内的信息感染病毒或者遭受恶意攻击,以确保信息的真实可靠。

(4) 可靠性。在规定条件下或者在规定时间内,网络信息系统能够完成规定的功能或者特性,就是可靠性。可靠性是网络信息系统对安全性能最基本的要求之一,实现网络信息系统的可靠性是所有网络信息系统建设和运行所要实现的目标。

(5) 可用性。可用性是网络信息系统可以被授权实体访问并且需要使用的特性,即网络信息服务在需要时,允许授权用户或者实体使用的特性。可用性也是保证用户或者实体权利的基本要求之一,是网络信息系统面向用户的一项安全性能。

(6) 不可抵赖性。不可抵赖性也称为不可否认性。在网络信息系统的信息进行传输、存储或者交互过程中,必须确保参与者的真实性和同一性,即对网络信息系统的传输、交互过程进行汇总,所有参与者都不可能否认或者抵赖曾经完成的操作或者曾经许下的承诺。

以上六个方面,是对电力企业信息安全管理最基本、也是最重要的要求。

4.1.2　网络安全管理体系结构

一个有效的体系结构首先要满足安全管理的功能,然后要具备稳定性、可扩展性和可复用性。对于网络安全管理而言,其体系结构需要支持的功能包括安全策略的制定、分发与实施,安全事件的监控与响应,安全机制/服务的管理,安全状态评估和决策支持等。因为被管理的安全机制通常来自不同厂商并且位于不同的网络结点,所以异构性和分布性是安全管理体系结构需要考虑的重要问题。目前流行的安全管理体系结构主要有以下几种。

1. 基于多代理的结构

多代理(Agent)结构的思想来源于分布式人工智能领域,基于多智能体系统(Multi Agent System,MAS)的方法[143]。它是一种分布式结构,系统中的 Agent 被分成不同类别,并以某种方式组织起来,协同完成安全管理任务。因为 Agent 具有自治能力,所以不用将所有信息都传递到管理中心去处理,这样就有效地减少了传输开销,减轻了管理中心的负荷。这类结构需要解决的关键问题是如何将任务分解给多个 Agent 以及单个 Agent 的设计。典型的结构包括 IA - NSM 和 SAMARA。

IA - NSM 是 Karima 等人提出的基于智能 Agent 的安全管理模型[144-146]。在该模型中 Agent 被分为 2 组,分别是管理组和本地监督组。管理组负责网络的整体安全管理,由安全策略管理 Agent、网络管理 Agent 和内网管理 Agent 组成,主要功能包括数据处理与控制,与管理员交互以便接收策略定义,向管理员告警等。本地监督组仅负责一个域(domain)内的安全管理,由若干个分布在本地网络内的本地监控 Agent 组成,其功能包括根据安全策略过滤安全相关事件，彼此交互进行分析与决策，根据自身的内在属性、知识和经验进行推理。

SAMARA 则是 Torrellas 等人提出的一种自治安全评估及网络安全管理系统[147, 148]。该系统包括离线的安全分解、在线的网络安全评估和网络安全执行三个阶段。其中，Agent 被划分为调度 Agent、安全评估 Agent、辅助 Agent、一般安全状态 Agent、容错 Agent、通信 Agent、监控 Agent、图形化模拟 Agent、安全评估计划 Agent 等 9 种类型，它们联合工作以满足本地或全局安全目标。值得一提的是，SAMARA 将非管理类任务，如通信、图形化模拟等也分配给专门的 Agent 完成。

这两种结构的主要区别在于：在 IA-NSM 中 Agent 被组织成树型结构，底层 Agent 负责本地子网的管理并接受高层 Agent 的控制。这种结构清晰、便于安全策略的统一制定和分发，但缺陷在于分层结构中为数较少的高层 Agent 容易成为系统的瓶颈。另外，对于底层无法处理的事务，逐层上报会导致响应时间的延长。而 SAMARA 则完全从功能的角度划分 Agent。整个系统是扁平的网状结构：每个 Agent 专门负责一种任务，通过所有 Agent 的协作才能构成完整的安全管理系统。这种方式避免了树型结构的缺陷，适用于缺少中央控制中心的多域安全管理。其主要缺点是 Agent 之间的通信开销增大，统一的安全策略制定需要复杂的协调计算。

多 Agent 技术在电力系统保护和安全稳定控制系统的应用主要有以下几个方面：

（1）电力系统继电保护的主要任务是切除系统中的故障设备，以保证系统的正常运行。但常规的继电保护存在故障判断和定位困难，设备保护整定时间过长且故障隔离区域过大等缺陷。而且从电力系统全局安全稳定的角度来说，解决电力系统保护和安全自动控制一体化问题，不仅使系统中各部分能够智能化地处理信息，提高信息的共享程度，而且处理结果能作为其他部分的输入信息，能对其决策提供有效帮助，最终保证电力系统稳定运行，避免恶性连锁事件的发生。而多 Agent 的相互协作可以弥补常规保护的不足之处。目前提出的方法中 Agent 大致分为四类[149]，具体结构如图 4.2 所示。第一类为设备 Agent，这类 Agent 的主要功能是采集和管理设备的数据，并可用设备 Agent 之间的联系数据表示网络的拓扑结构；第二类为移动 Agent，为了使用分布在不同设备 Agent 间的数据，它可在各个设备 Agent 之间运动；第三类为保护 Agent，负责检测并隔离故障；第四类为网络重组 Agent，当电力系统的拓扑结构发生变化时，负责对保护系统进行网络重组。

此外，多 Agent 在继电保护在线整定的应用在于其能根据系统实时运行方式，调整保护的整定值和动作特性，提高主保护的动作速度。比如利用暂态噪声或开关动作后出现的电流电压三序分量，实现新颖的全线速动或全线相继速动的无通道保护[149]。

（2）利用多 Agent 系统可实现多种主保护间信息的交流，及时发现并阻止某种保护的误判情况，有效提高保护可靠性。提高后备保护的动作速度：当保护装置出现故障时，该保护可以及时通知同级的后备保护快速动作，跳开开关；当由于开关出现故障造成拒动时，该保护可以将情况通知给上一级的保护，跳开上级开关。这样极大地减少了保护的配合时间间隔，对快速切除故障非常有效。利用多 Agent 可实现新的保护方式：当故障落在有延时的保护段时，保护可以根据对侧保护的动作情况信息快速动作，减少延时时间。

（3）利用多 Agent 系统可实现保护过负荷误动问题。当系统中有故障切除时，可及时通知控制系统，减去一定负荷，避免其他线路保护过负荷动作，阻止系统运行环境继续恶化。当故障发生后，可实时估计故障的严重程度，通知控制系统，对控制系统采取有效控制策略具有积极意义。

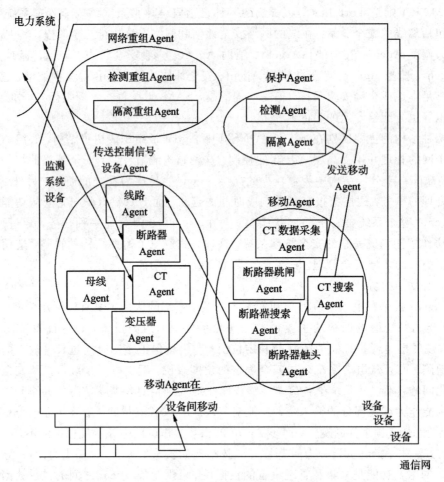

图 4.2　系统概念模型

（4）多 Agent 技术在电力系统保护和安全稳定控制系统具有创新之处。由于历史原因，目前电力系统中保护和控制是分开的，在管理上分属于不同的部门，前者是继电保护部门，后者是运行部门；在硬件上两者各自独立，互不相干，不仅在装置上造成重复，而且增加了复杂性，有时并不能达到独立可靠的效果，反而由于缺乏配合造成事故扩大恶化。可以预见，多 Agent 技术在保护和安全自动控制一体化的实现中，对于系统全局稳定将具有深刻意义。

2. 基于网络管理的结构

另一种实现网络安全管理的方式是利用现有网络管理体系结构来构建安全管理系统。安全管理与网络管理关系密切，安全管理系统常常需要网管系统的支持（如提供网络拓扑信息），所以在网管体系结构上扩展安全管理功能非常方便。目前这类系统大多建立在基于 Web 的网络管理之上。基于 Web 的网络管理结构主要包括基于 Web 的企业管理（Web-Based Enterprise Management，WBEM）、Java 管理扩展（Java Management Extensions，JMX）等。WBEM 结构如图 4.3 所示。

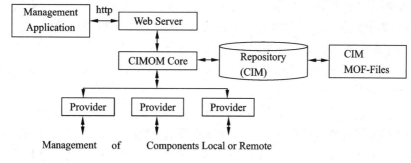

图 4.3　WBEM 结构

WBEM 是分布式管理任务组(Distributed Management Task Force，DMTF)定义的标准之一[151]。其核心是存储管理信息的数据库，其中管理信息根据公共信息模型(Common Information Model，CIM)[151]被存储为被管理对象文件(MOF)的形式。管理应用可通过 http 协议与数据库进行交互，该存取过程是标准化的，并在 CIM 与 XML 之间转换。Provider 负责将数据库中的管理信息翻译成适用于特定网络构件或平台的信息，而 CIM 对象管理者(CIMOM)负责控制 Web Server 和 Provider 对数据库的存取。

在基于 Web 的网络管理结构上构建安全管理体系的典型系统包括 Policy-Maker 和大型计算机网络安全管理系统[152]。

Policy-Maker[150]是 A. Pilz 提出的一种基于策略的安全管理框架。其中，CIM 形式的安全策略通过图形用户接口"Policy Editor"由管理员统一定义，然后在 WBEM 结构中处理执行。安全策略被分成"直接策略"和"非直接策略"两类。"直接策略"能被安全组件直接处理，而"非直接策略"由 Provider 翻译成"直接策略"后再交由安全组件执行。策略的集成和关联由系统通过模板自动处理。另外，框架还包含了用于显示当前网络拓扑和配置的"网络可视化"模块，以及用于测试配置的"网络模拟"模块。

大型计算机网络安全管理系统的目标是管理大规模网络中的多个异构防火墙，实现这些防火墙之间的管理基于统一策略的配置和协同。为了统一管理策略，系统定义了通用的防火墙管理信息基(MIB)以及通用的事件记录格式。此外，IDS 通过简单网络管理协议(Simple Network Management Protocol，SNMP)也被集成到系统之中，以便进一步处理防火墙发现的可疑事件。为解决 Web 存取带来的安全问题，系统还具备了认证和基于角色的存取控制功能。

从对网络安全管理功能的支持来看，这两种框架均有效实现了安全策略的统一管理，区别在于后一种采用自定义的格式描述策略，而且局限于防火墙规则描述。而 Policy-Maker 的策略用 CIM 模型表示，更具通用性。另外，后者通过与 IDS 的联合，实现了对安全事件的监控与联合响应，并且关注管理系统自身的安全性问题。而 Policy-Maker 则没有这些功能，但它的"网络可视化"模块实现了简单的安全状态评估，这是后者没有的。

从安全的角度出发，对电力系统安全组件的网络管理有如下要求：

(1) 电力系统网络管理系统管理的所有安全组件应该构成一个整体安全防御体系，建立各种安全组件相互通信并协同工作的安全机制，各安全组件之间通过安全策略管理平台来调度，实现高效联动，形成网络一体化多层次的防范系统。

（2）集中制定、更新和分发系统的安全策略。从安全的角度考虑，所有安全策略都应该在管理中心集中分发，否则会因为过于分散而无法管理，导致安全问题。

（3）运行日志、实时状态、突发事件等安全组件运行信息应该集中收集和分析。所有安全组件的当前运行状态和安全状态，都应该提交到网络安全管理中心，以便对系统的安全状况有一个整体的把握。

（4）强化安全防范措施。所有的管理环节都必须达到与安全组件相同的安全级别，否则，根据安全的木桶原则，任何一个环节没有安全防范措施，整体的安全性就会降低。

通过前面分析可知，电力系统基于安全事件的网络管理与传统的网络管理有很大的不同，包括安全策略的集中分发和管理、安全事件的集中监控和处理、安全组件之间的联动协同、防御体系的整体安全等，这些性质都是传统的网络管理系统无法满足的[153]。如果采用传统的网络管理系统，就会大大降低安全组件的效能，从而降低整个防御体系的安全性。考虑到电力系统的组件地域分布比较广，网络安全设备存在一定的异构性，并且随着技术的发展要求管理平台提供一个可以扩充的体系框架，在这个框架下被管理的节点的功能能够根据管理的需要增加或者删减，以达到管理的灵活性、可扩充性。而传统的网络管理显然不适应电力系统的基于安全事件的网络安全管理的要求。

考虑到电力安全组件管理系统的应用环境、开发环境、集成需求和企业应用要求等因素，提出了基于 Web 的分布式网络安全组件管理模型[153]。这种新的网络安全组件管理模式融合了 Web 功能和网络技术，允许网络管理人员以 Web 模式监测、管理网络安全设备，可以使用 Web 浏览器在网络任何节点上方便迅速地配置、控制及访问网络的各个部分，这种新的网络安全组件管理模式的魅力在于它是交叉平台，可以很好地解决很多由于多平台结构产生的互操作问题，它能提供比传统网管界面更直接、更易于使用的图形界面（浏览器和 Web 页面操作对 WWW 用户来说是非常熟悉的），从而降低了对网络管理操作和维护人员的特殊要求。

基于 Web 的分布式电力企业网络安全组件管理中，管理节点是网络中最基本的单元，在管理节点内设置一个管理服务器，所有的这些服务器直接管理这个代理池中的所有安全代理，它们在自己的职权范围内监视并控制安全代理，同时向高层服务器提供信息，并接受来自高层管理服务器的控制。在网络安全组件管理系统中真正控制网络安全设备的是管理节点里的安全代理。在每一个管理节点中，根据安全组件的地域和组件类型等因素把被管理实体划分为多个安全管理域。每个安全管理域中设置一个域管理中心将具有相关性的所有管理对象（Management Object，MO）放在一个管理域中，在这个管理域中实施统一的安全策略，在域管理中心实施统一的管理，使整个防御体系达到较高的安全性。当发生的异常事件涉及多个安全管理域时，多个安全管理域的域管理中心之间可以互相通信，以协调处理发生的事情。这种类型的体系结构分散了处理任务，且减少了网络总的通信量。如果设备没有直接被管理，我们可以在它们之间设置转换代理完成通信。

3. 基于模块的结构

用基于模块（Module）的体系结构来实现安全管理是当前另一种流行的方法。这里的模块是对组件、插件、构件等技术的统称。这种方法的基本思想是将各种安全服务，甚至统计、决策支持功能设计成可由第三方开发的、即插即用的自治功能组件（component）。通过将这些安全组件集成到一个可扩展的基础平台，就可以创建出一个安全管理体系。

4. 基于层次化模型的结构

前几种体系结构的主要思想是将安全管理体系视为一个可扩展的平台，而各种安全机制被视为"设备"，可以在平台上即插即用，同时又由统一的策略控制。此外，还有一种从纵向考虑问题的实现方式，即从网络协议栈的角度管理安全机制、提供安全服务。当前网络异构性的一个重要体现就是网络节点的安全机制可能被应用在不同的协议层，例如网络层的 IPSec、传输层的 SSL、应用层的数字签名等。需要有一种方法来管理不同协议层的安全机制，创建一个完全分布的基础设施用以协商和设置安全信道，并在网络面临压力时重新配置这些安全机制，以维持某一层次的安全服务[154]。

这类结构的典型是基于协议栈的安全管理系统——天体系统（Celestial System）[154]。它能够沿任意网络路径自动发现有效的安全策略和机制，实现跨协议层和网络的安全机制动态配置，其核心构件是安全管理 Agent（Security Management Agent，SMA）。SMA 是驻扎于有安全需求或提供安全服务的网络节点（如终端、路由器、交换机）上的软件模块，它与协议栈的每一层安全协议交互，管理它们的各种信息，并且有权动态配置这些协议的本地安全机制。它与应用程序也有接口，用于为应用提供不同的安全服务。通过沿数据路径的所有 SMA 之间的协作即可建立一个安全通道。

5. 网络安全管理体系结构比较

上述几种安全管理体系结构各有优劣。从应用领域上看，由于 Agent 的灵活性和高自治能力，基于多 Agent 的结构比其他结构更能适应动态环境和复杂用户行为。尤其在涉及多个动态安全域的大规模安全管理体系中，这种结构能较好地解决动态域管理、移动用户以及控制中心的瓶颈问题。这种结构的缺点是系统比较复杂，而且 Agent 技术本身还不够成熟，诸如 Agent 安全性等对于安全管理系统至关重要的问题目前仍处于研究阶段。

基于网络管理的体系结构是直接在现有网管平台上扩展安全管理功能，所以对已有的 IT 基础设施改变较小、性价比高，适用于安全环境相对简单的中小规模组织。这种结构在收集网络信息、控制网络设备以及响应安全事件方面较为方便，但是由于受到网管平台的限制，灵活性一般不高，常常难以实现安全管理的全部功能。

基于模块的体系结构采用当前流行的构件、插件等技术，适用范围广，基础技术成熟，对跨平台和扩展性的支持较好，并且可配置和重用。该方法与基于多 Agent 的结构有些类似，区别在于 Agent 的自治能力更强，所以需要较少的集中管理，而基于模块的结构通常需要一个强大的中央控制中心。另外，在多 Agent 结构中 Agent 可在网络节点间移动，Agent 之间可直接通信，而在基于模块的结构中模块一般都是静止的，模块之间通常不能直接通信。

基于层次化模型的结构主要针对的是不同协议层的安全机制管理，其目标是实现跨网合作或建立安全通信通道。它采用的是完全分布的结构，并且从纵向解决问题，所以更适用于无控制中心的多组织或多网络合作的情况。除应用领域不同之外，这几种框架在性能方面也不尽相同。在实际的安全管理产品中，根据不同的需求，常采用多种体系结构相结合的方式，以便扬长避短。

4.1.3　网络安全管理的相关技术

1. 网络管理的功能

ISO(International Organization for Standardization)在 ISO/IEC7497-4 文档中定义了网络管理的五大功能，即故障(Fault Management)、计费管理(Accounting Management)、配置管理(Configuration Management)、性能管理(Performance Management)和安全管理(Security Management)[15]。

（1）故障管理。网络故障管理包括故障检测、隔离和纠正三个方面，用于检测和潜在地解决网络中某些地方的故障。

（2）计费管理。计费管理是记录网络资源的使用，控制和监测网络操作的费用和代价，另外还可规定用户可使用的最大费用，从而控制用户过多地占用和使用资源。

（3）配置管理。初始化并配置网络，目的是为了实现某个特定功能或使网络性能达到最优，其功能包括设置开放系统中有关路由的操作参数，被管对象和被管对象组名字的管理，初始化或关闭被管对象，根据要求收集系统当前状态的有关信息，获取系统重要变化的信息，进而更改系统配置。

（4）性能管理。性能管理收集、分析有关被管网络当前状况的数据信息，评估系统资源的运行状态及通信效率等系统性能。其典型功能包括收集统计信息，维护并检查系统状态日志，确定自然和人工状态下系统的性能，改变系统操作模式以进行系统性能管理操作。

（5）安全管理。安全管理是指对授权机制、访问控制、加密和解密关键字等进行管理，维护安全日志。其功能包括创建、删除、控制安全服务和机制。发布安全相关信息，报告安全相关事件。

2. 技术支持

1) 信息集成技术

网络安全管理系统需要管理不同种类和厂商的安全产品，所以如何从这些异构产品中采集所需的信息并加以处理，以便进行关联分析，是安全管理需要解决的首要问题。它不仅关系到管理平台能够支持的安全产品的种类和数量，还关系到分析结果的准确性。信息集成技术研究的就是这一问题，其任务主要包括两个方面：数据采集和数据预处理。数据采集的目标是从各种安全产品的数据库、配置文件等相关数据源中收集关联分析所需的信息。该过程既要考虑信息收集的充分度，又要尽量减少数据总量。而数据预处理的工作是净化、去除数据中的冗余或错误信息，并将其统一成某种方便分析的格式。

关于信息集成技术的研究在数据仓库、数据挖掘等领域已有很多。目前网络安全管理主要是借鉴这些已有工作，而专门针对安全管理中信息集成的研究文献很少。在安全管理中，信息集成的难点在于许多安全产品没有提供信息采集的接口，导致许多重要信息难以获取。这一问题并非仅技术所能解决，而是需要各安全厂商达成共识并制定通用的开放接口标准。

2) 智能分析引擎

智能分析引擎是网络安全管理系统的核心部件，其作用是关联分析安全数据以识别威胁、自动响应部分安全事件，以及产生告警。其中关联分析是重点和难点，它的特点在于综合分析多种安全组件的安全数据，例如漏洞和攻击情况可以综合分析，同一时间不同地点的事件也可以综合分析。这种综合分析能产生单独分析没有的信息，从而提高分析的准确性。安全管理平台的优势在很大程度上正是由这种分析方式体现的。

目前，这一领域的研究仍处于起步阶段。许多现有系统依靠手工写成的关联规则实现安全事件综合分析及自动响应。如一种由管理员设置的陷阱事件[152]，防火墙检测到符合告警规则的数据会自动触发陷阱，向 IDS 转发包含可疑信息的 trap 包，供其进一步分析。这种手工方式不可能覆盖所有威胁，而且常滞后于攻击，缺陷很多。因此，如何实现自动关联分析，是当前智能分析引擎面临的最大难题。另外，由于网络安全管理综合了各种安全服务，因此获得的数据也是普通安全产品的几倍。如何有效分析和及时处理这些海量数据，也是智能分析引擎需要解决的重要问题。因为数据挖掘能有效地分析海量数据、自动挖掘关联规则，所以已有研究者提出将其应用于网络安全管理。又如将数据挖掘技术应用到基于策略的网络安全管理系统中，提出了一种采用数据挖掘机制的报警分析器（由关联规则挖掘器、频繁项集挖掘器和聚类挖掘器组成），最终实现的告警分析和高层分析的挖掘系统能有效地支持安全策略管理[155]。但该系统侧重入侵检测类应用，尚未实现对多种安全产品的告警事件的综合分析。

未来，这一领域的研究将主要关注自动关联分析，数据挖掘引擎将是一个重要的发展方向。由于安全管理系统需要实时响应安全事件，因此智能分析引擎的效率和性能非常重要。传统的数据挖掘算法一般用于处理非实时的离线分析，因此如何解决数据挖掘引擎的实时性和性能问题将是研究者需要关注的。

3）协同及通信规范

网络安全管理的另一个关键技术是实现安全部件间的无缝协同，它是安全事件综合分析与联合响应的前提。为了有效地协同，用户与安全部件之间、安全部件与宿主机之间、安全部件彼此之间需要有一个联系纽带。该联系可以是直接的，即通过消息、协议或接口的方式；也可以是间接的，即通过向公共安全管理信息基础（Safety Management Information Base，SMIB）读写数据的方式。目前这一领域的研究工作也正集中在这两方面。

SMIB 是一个存储机构，由物理上的一个或多个数据库组成，存储了网络安全管理一般功能所需的所有控制信息和参数。它常被设计成知识库形式以便关联分析。其组织方式可以是集中式，也可以是诸如 Manager/Agent 的分布式结构。在某些简单安全管理体系中，甚至可以不设置专门的 SMIB，而是借助已有的存储机制。

接口、消息和安全管理协议是更为直接的协同方式。它们均可用于安全部件之间的通信，区别在于安全管理协议的标准化程度更高。在接口和消息方面具有代表性的工作是Check Point 公司的网络安全开放式平台（Open Platform for Security，OPSEC）。它是一个得到多厂商认同的开放可扩展框架，包含一系列公开的 API，第三方可借助这些 API 开发各种安全管理应用并无缝集成到平台中。而在安全管理协议方面，业界目前尚无统一标准。简单网络管理协议（Simple Network Management Protocol，SNMP）是当前网络管理领域广为接受的一种标准，因为网络管理与安全管理的天然联系，所以有不少研究者直接采用它作为安全管理协议[152,156]。

未来协同及通讯规范领域的工作重点是确立统一的网络安全管理协议。正如 SNMP 之于网络管理，统一的协议标准必将极大地促进网络安全管理技术的发展。另外，随着安全管理系统规模的扩大、数据量的增加，如何提高 SMIB 的性能，使其适应网络规模的不断扩展也是急需解决的问题。在这方面，分布式 SMIB 将是值得关注的方向。

3. 通用网络管理的分类

通用的网络管理系统一般都采用两层或三层管理架构，其网管接口的通信协议主要基于 Q3 接口的公共管理信息服务（Common Management Information Protocol，CMIP）以及基于 Internet/SNMP 框架结构的 SNMP。

1）SNMP

SNMP 是由因特网工程任务组 IETF 制定的、基于 TCP/IP 参考模型的、用于计算机网络管理的标准。与 CMIP 相比，SNMP 的突出特点在于其简单、易于实现。现在此协议发展了 SNMPv1、SNMPv2、SNMPv3 三个版本[153]。

（1）组织模型。

SNMP 的基本体系结构是非对称的二级结构。在 OSI 系统管理体系结构中，开放系统之间存在对等的管理关系。例如：有两个系统 A、B，那么 A 可以是 B 的管理者，也可以作为 B 的被管理对象存在，反之亦然。SNMP 为了便于实现，采用了与 OSI 不同的管理体系，其管理者和被管理对象是不对称的，管理者和被管理对象的一般配置如图 4.4 所示。

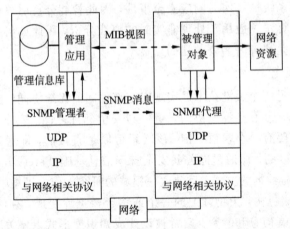

图 4.4　SNMP 的管理者和被管理对象的配置图

SNMP 体系结构由管理站、代理、管理信息库和通信协议构成，是一个集管理站、多个代理于一体的集中式体系结构。管理站采用轮询的方式访问各个代理中的管理信息。如果下面的代理太多的话，轮询将会消耗大量的资源；为了避免资源的消耗，SNMP 采用了一种陷阱引导轮询的模式。所谓陷阱引导轮询是指：在初始化时，管理站轮询所有掌握关键信息（如接口特性、作为基准的一些性能统计值，如发送和接收的分组的平均数）的代理者。一旦建立了基准，管理站将降低轮询频度。相反地，由每个代理者负责向管理站报告异常事件。例如，代理者崩溃和重启动、连接失败、过载等，这些事件用 SNMP 的 trap 消息报告。管理站一旦发现异常情况，可以直接轮询报告事件的代理者或它的相邻代理者，对事件进行诊断或获取关于异常情况的更多信息。

　　基本的 SNMP 体系结构是 Manager/Agent 两级结构,但为了获得更高的性能和灵活性,有时 SNMP 也被配置成三级结构,即提出了一个代管(Proxy)的概念,并将其置于管理站和没有配置 SNMP 协议的被管理设备之间,将这些设备接入 SNMP 管理系统。这样就使得一些小系统无需专门配置 SNMP 协议就可以用 SNMP 进行管理。

　　(2)信息模型。

　　SNMP 模型中的管理信息其实也是一种对象,只不过这种对象的抽象不同于 OSI 定义的被管理对象的模型。OSI 被管理对象完全是利用基于面向对象的分析方法将被管理资源进行的抽象,其中包括了对象的属性、操作、行为等要素;SNMP 管理信息定义的对象只是对被管理资源的一种简单抽象,SNMP 将这些被管理资源抽象为一些特定的数据结构,这些数据结构简单地反映了需要用来描述管理对象的参数的类型特征和一些数据变量。因为 SNMP 管理信息模型的简单性,SNMP 管理对象是不能被定义为严格意义上的对象的,但是它的简单性使其对象很易于管理和组织。SNMP 对象通过树状结构将这些数据结构组织起来,并且通过 MIB 将其管理起来。SNMP MIB 的定义主要包括一个对象的下列信息:对象名称、对象 ID、数据类型、访问控制方式和简要描述行为。

　　为了规范管理信息模型,SNMP 发布了管理信息结构(Structure of Management Information,SMI)。这个标准为定义 SNMP 管理信息结构和构造管理信息库 MIB 提供了一个通用的框架。SMI 的基本思想是追求管理信息库 MIB 的简单性和可扩充性,同时也达到了易于实现和高互操作性的目的。因此,MIB 只存储简单的数据类型:标量和标量的二维矩阵。

　　SNMP 的被管对象也被组织在对象标示符注册树中,图 4.5 为一个对象标示符注册树的结构图。在 Internet 节点之下的对象构成 SNMP 被管理对象的标识符子树,这个子树称为 Internet MIB。MIB 树上的每个节点对应一个被管理对象,节点的所属关系也就是被管理对象的包含关系。因此,一个高级被管理对象会包含多个层次、众多的被管理对象。这一点与 OSI 系统管理模型是一致的,但是与 OSI 系统管理模型不同的是,在 SNMP 模型中,只有处于叶子节点的对象是可以直接访问的,这些对象被称为基本被管理对象。

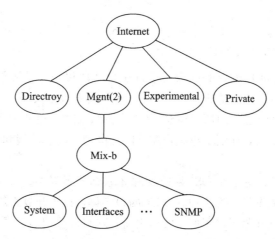

图 4.5　SNMP 被管理对象标识符注册树

　　(3)通信模型。

　　SNMP 通信模型对 SNMP 的服务功能、SNMP 的对象访问策略、SNMP 协议以及

SNMP MIB 进行了定义。SNMP 管理系统由配置了 Manager 的管理站和驻留了 Agent 的代理组成。SNMP 是管理站和代理之间交换管理信息的协议。为了简化代理所要实现的管理功能，SNMP 规定只能交换基本被管理对象。SNMP 通过 S 种消息对网络进行管理，其中包含三种基本消息：get、set 和 trap。管理站通过轮询的方式访问代理，获取管理信息；代理站也可以发出 trap 信息向管理站报告特殊事件。

在 SNMP 体系结构中，管理站和代理是 SNMP 协议的应用实体。在管理的过程中，管理站和代理可能是多对多的关系，即一个代理可以接受来自多个管理站的操作，因此要进行多个被管理对象的访问控制。为了实现访问控制，需要考虑三个问题：首先，要限制对 MIB 的访问权限在授权管理站的权限范围内，这需要认证服务的支持；其次，针对不同的访问站要有效地制定不同的访问策略；最后，在代理系统中也要实现托管站的认证服务和访问权限的问题。SNMP 是通过在代理端定义一个访问公用体来实现的，该公用体记录了所有的认证、访问控制和代理特性的信息，并且该公用体拥有代理内部唯一的公用体名称。管理站将公用体和代理联系起来对代理进行管理控制。SNMP 协议除了定义了上述的认证服务、访问控制策略和代理服务之外，还定义了 MIB 中的每一个被管理对象唯一的对象标识符；同时，SNMP 还定义了管理站和代理之间交换的消息和用户数据包的格式；另外，SNMP 还定义了一些操作，这些操作包括管理站向代理发出的 get-request、get-next-request 和 set-request 三种操作，代理使用的 get-response 对上述三种操作的应答操作，以及代理使用 trap 向管理站报告异常事件的操作等。

SNMP 需要利用传输层的服务来传递 SNMP 消息，但是 SNMP 对传输层服务的可靠性以及传输层服务是面向连接的还是无连接的都没有提出要求。实际中 SNMP 的实现几乎都是建立在无连接的 UDP 协议的基础上的。因为 UDP 协议不能保证传输报文的可靠性，所以 SNMP 消息就有可能丢失，另外，SNMP 本身并不能保证传输报文的可靠性，因此管理信息也可能会丢失。

（4）功能模型。

SNMP 的功能模型包括 ISO 规定网络管理的五大管理功能：故障、配置、计费、性能和安全管理。

2）公共管理信息服务/公共管理信息协议（Common Management Information Protocol and Service，CMIS/CMIP）

CMIP 是由国际标准化组织 ISO 为要运行在 OSI 协议集上的开放系统提供的网络管理框架。它的特点是精心设计、复杂全面、功能强大，然而很难实现。CMIP 是一个完全面向对象的设计，应用了面向对象的所有概念，包括继承、封装、管理对象间的关联等。其体系结构主要由四个部分组成，分别是组织模型、信息模型、通信模型和功能模型[15]。

（1）组织模型。

CMIP 的组织模型是建立在 OSI 系统管理体系结构的基础上的，如图 4.6 所示。左边开放系统的应用层上配置了一个管理者（Manager）实体，右边开放系统的应用层上配置了一个代理（Agent）实体，这样就形成了两个实体之间管理与被管理的关系。管理系统通过管理者向被管理系统中的管理信息发出访问操作（operation）请求来实现访问，同时将访问的结果发回给管理者。反过来，被管理者上的代理也可以通过给管理者发出通知（Notification），管理系统通过管理者接收请求来获得被管理者的信息，并做出必要的反应。

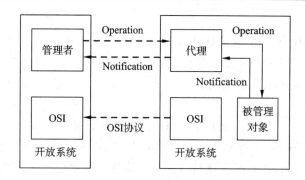

图 4.6　OSI 系统管理体系结构图

（2）信息模型。

如果采用图 4.7 所示的远程监控管理框架，则必须对不同厂商的网络设备以及异构网络的信息进行统一和规范描述。否则管理者就无法读取、设置和理解远程管理信息。为此 OSI 提出了基于 CMIP 的管理信息模型作为标准管理信息模型。该模型采用面向对象技术，提出使用被管理对象的概念对被管理资源进行描述，定义的各种标准被管理对象类被赋予全局唯一的对象标识符，对被管理对象的命名采用包含树的方法进行。

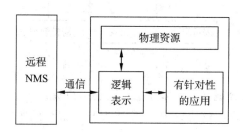

图 4.7　远程监控的管理框架图

OSI 的管理信息模型具有以下基本特征：管理信息的定义与 CMIS 兼容，能够通过 CMIP 进行访问；有一个公共的全局命名结构，对管理信息进行标识；用面向对象的方法建立信息模型，管理信息被定义在被管理对象中。

图 4.8 是一个一般的 CMIP 被管理对象的抽象。为了明确地描述管理信息模型中的被管理对象，管理模型采用了著名的 ASN.1（Abstract Syntax Notation One）来有效地描述对象。

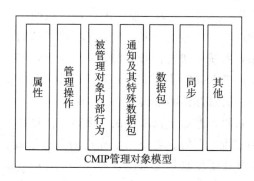

图 4.8　一般的 CMIP 被管理对象的抽象

（3）通信模型。

OSI 提出的 CMIP 协议是为了更好地支持管理者和代理之间的通信。CMIP 位于应用层，直接为管理者和代理提供服务。提供 CMIP 服务的实体被称为 CMIP 协议机，实体中包含三个服务元素：公共管理信息元素（CMISE）、联系控制元素（ACSE）和远程操作服务元素（ROSE）。

如图 4.9 所示，管理者和代理利用 CMISE 提供的服务建立联系，实现管理信息的交换。而 CMISE 利用 ACSE 实现建立、释放和撤销，利用 ROSE 实现远程操作和事件报告。ROSE 以异步的方式向远程系统发送请求和接收应答，即发出一个请求后，收到它的应答之前可以继续发送其他请求或接收其他请求的应答。

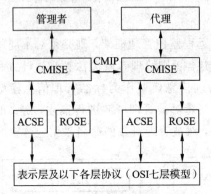

图 4.9　CMIP 通信模型

OSI 通信协议分两部分定义：一部分是对上层用户提供服务，另一部分是对等实体之间的信息传输协议。在管理通信协议中，CMIS 是向上提供的服务，CMIP 是 CMIS 实体之间的信息传输协议。

（4）功能模型。

CMIP 的功能模型包括 ISO 规定的网络管理的五大管理功能：故障、配置、计费、性能和安全管理。

4.1.4　电力信息网络安全管理制度

1. 信息安全管理风险分析

（1）信息安全管理措施不到位。电力企业因配置不当或使用过时的操作系统、邮件程序等，会造成企业内部网络存在入侵者可利用的缺陷。当厂商通过发布补丁或升级软件来解决安全问题时，许多用户系统不进行同步升级，原因是管理者未充分意识到网络不安全的风险所在，未引起重视。有些信息系统采用开放的操作系统，安全级别低，又没有附加安全措施，难以抵御黑客和信息炸弹的攻击。

（2）企业信息管理革新明显滞后于技术发展。相对于信息技术的发展与应用，电力企业信息管理革新处于落后状况。有的企业引入了先进的业务系统、管理系统，而管理模式未能实施有效革新，最终导致了信息系统未能发挥预期的、应有的作用。由于信息安全工作具有专业性强、知识面广的特点，目前电力企业从事信息安全管理工作的技术人才显得相对缺乏。

（3）用户身份认证和访问控制不够。在实际应用中，电力企业部分应用系统的用户权限管理功能过于简单，不能灵活实现更细的权限控制；部分应用系统没有一个统一的用户管理，无法保证账号的有效管理和安全；同时因缺乏严格的验证机制，导致非法用户使用关键业务系统；不同业务系统之间缺少较细粒度的访问控制。

（4）企业工作人员安全意识淡薄。企业人员忙于利用网络工作学习，对网络信息的安全性无暇顾及，安全意识淡薄。电力企业注重的是网络效应，若对安全领域的投入和管理不能满足安全防范的要求，网络信息安全就会处于被动的封堵漏洞状态。工作人员安全意识不强，如共用口令、随意复制及传播企业内部信息等，增加了黑客进攻的机会和信息泄露的风险，这都将给企业网络信息安全埋下隐患。

（5）企业信息资产管理风险较高。信息资产的高风险性源于信息资产传播的低成本性。在激烈竞争的市场环境中，信息资产的安全风险较高。一般来说，信息资产经常处于公共的介质中或流动状态，这就使信息资产的复制成本较低，从而导致企业拥有和控制的信息资产的安全性很差。没有安全保障的信息资产，谈不上资产价值。信息资产具有工程性和社会性的软硬属性，短期无法量化，价值的确认存在风险，管理的过程中也存在类似风险[157]。

2. 信息网络安全管理制度建设

（1）建立信息安全管理组织架构。

电力企业信息安全管理可按照"谁主管谁负责，谁运营谁负责"原则，实行统一领导、分级管理。信息安全领导小组由企业的决策层组成。信息安全工作小组由企业各部门管理成员组成，是企业信息安全工作的管理层。信息安全执行层包含信息安全规划管理、信息安全监督审计、信息安全运行保障等职能小组和企业各业务支撑部门。企业信息安全实行专业化管理，进行归口监督[157]。图 4.10 是一个典型的电力企业信息安全管理组织架构。

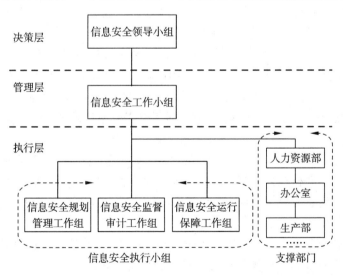

图 4.10　典型的电力企业信息安全管理组织架构

（2）构建信息安全管理体系框架。

电力企业信息安全管理体系建立在信息安全模型与电力信息化的基础上，分为信息安全策略、信息安全管理、信息安全运行、信息安全技术四个模块。其中，信息安全管理通过安全运行实现，信息安全技术作为信息安全策略的基础支撑，可辅助实现安全管理和运行安全[157]。典型电力企业信息安全管理体系框架如图 4.11 所示。

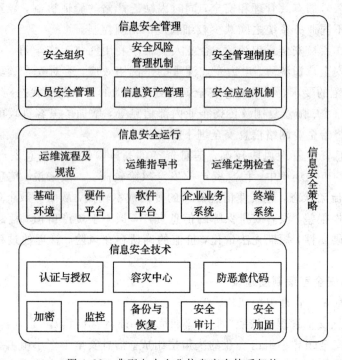

图 4.11　典型电力企业信息安全体系架构

（3）加强信息安全管理制度建设。

① 信息安全管理基本制度。建立计算机系统使用管理制度，对应用系统重要数据的修改需要经过授权，并由专人负责并登记日志。建立资产管理制度，根据资产重要程度对资产进行标识和管理。建立健全变更管理制度，保证所有与外部系统的连接均得到授权和批准。建立和执行密码使用管理制度，使用符合国家密码管理规定的密码技术和产品。

② 分等级信息安全保护措施。严格按照国家有关部门要求，开展企业网络信息系统定级、审批、备案工作。针对确定的网络信息系统安全等级，根据等级保护有关要求，落实必要的管理和技术措施，严格执行等级保护制度。对于核心程序和数据严格保密，实行专人保管。

③ 信息安全运行保障管理。对信息系统软硬件设备的选型、采购、使用等实行规范化管理，强化存储介质存放、使用、维护和销毁等各项措施。及时升级防病毒软件，加强全员防病毒木马的意识。严格执行系统变更、系统重要操作、物理访问和系统接入的申报和审批程序。及时报告信息系统事故情况，认真开展信息系统事故原因分析，坚持"四不放过"原则，有效落实整改。

（4）加强信息安全技术保障措施。依据"分区、分级、分域"总体防护策略，切实执行信息安全等级保护制度要求，有效落实信息安全防护方案，做好各区之间的安全隔离，落实管理信息内、外网之间实施强逻辑隔离的措施。根据信息系统定级水平，科学合理地做好安全域划分和安全域之间的隔离工作。

（5）加强企业工作人员的规范管理。加强企业高管的管理，实施更加严格的信息安全管理制度。一方面，高管是公司的核心力量，也是信息安全管理推行的主要支持者，只有以身作则，方可让全体员工有遵循信息安全要求的动力。另一方面，高管掌握的信息资产多，密级也高，无论是故意或者过失导致这些资产的流失，都会给企业造成重大的影响。

加强对离职人员的信息安全审查，在其提出离职意向之后，必须立即着手对其信息资源访问权限进行变更，对其已经持有的信息资产进行清点，并在其在公司剩余的时间内对其实施更加严格的监控，避免异常事件的发生。

加强关键岗位员工信息的安全管理。对于直接接触开发源代码的人员、直接接触企业核心商业机密的人员，以及直接从事信息安全管理的人员等，需要实施特殊的信息安全管理制度，检查频率也应该更加频繁，以减少"堡垒从内部突破"的机会。

加强供应商和合作伙伴信息安全管理。有必要对供应商和合作伙伴制定一定的信息安全管理规定，避免对方有意地收集我方的商业情报以作他用。在日常的交流中要严格遵守相关规定，除了必须公开的内容，一律不得随意公开和透露其他信息。

（6）加强企业信息资产的分析和管理。按照信息资产的载体性质、价值实现形式、来源等的不同，对信息资产进行识别。强化信息资产观念，树立信息资产的资产观、商品观、素质观，提高企业劳动生产率、管理效率和经营利润，树立企业良好形象。健全信息资产的管理组织体系，建立健全信息资产管理制度，完善信息资产管理手段，对信息资产进行全面、系统、科学的管理，提高有效运用信息资产创造效益和参与市场竞争的能力。加强信息资产运营管理，利用信息资产资源与其他生产力要素的组合，使生产力要素保值、增值并获取最佳经济效益。推动信息资产共享共建，创造条件使信息资源实现在管理权限内的有效共享，实现信息资产的再创新，产生企业的内源信息资产，实现外源信息资产的再增值。

（7）建立信息安全应急保障机制。对于电力企业来说，在不断完善应急预案，加强培训和演练，确保人力、设备、技术和财务等应急保障资源可用的同时，还需要建立备份与恢复管理相关安全管理制度，严格控制数据备份和恢复过程，妥善保存备份记录，执行定期恢复程序。认真做好容灾方案可行性研究，切实根据需要开展容灾系统建设。

4.1.5　电力信息网络安全管理的发展趋势

电力行业中的网络管理与一般的网络管理相比有其特殊性，例如其中的发电报价系统等电力市场信息系统要求必须做加密和隔离处理。电力系统信息安全的防护对网络设备、数据备份及容错、病毒防范比较重视，但对应用层的防护重视不够，主要的信息安全隐患有：

（1）身份认证，"用户名＋口令"的传统认证方式安全性较弱，用户口令易被窃取而导致损失；

（2）信息机密性，在内、外部网络上传输的敏感信息和数据有可能在传输过程中被非法用户截取；

（3）信息的完整性，敏感、机密信息和数据在传输过程中有可能被恶意篡改；

（4）信息的不可抵赖性，财务报表、采购清单、生产计划等电子文件一旦被一方所否认，另一方没有已鉴名的记录作为仲裁的依据[158]。

针对新的安全形势，网络安全管理作为一种更全面、更智能的综合技术已得到越来越多的关注，不少相关产品已经出现在市场上。然而，现有的网络安全管理技术仍存在着许多不足，例如：业界对网络安全管理系统的功能缺乏统一的认识，缺少统一的安全管理协议，安全协作常局限于少数几项安全技术，网络安全管理系统的灵活性、扩展性、异构性较差等。值得庆幸的是，研究者和安全厂商已经注意到了这些情况，也做了一些好的努力。未来安全管理系统的发展趋势是从小范围扩展到全网范围，从集中式安全管理发展为分布式安全管理，同时进一步扩展安全管理平台的集成能力（例如引入资源配置、资产配置等网络管理技术），逐步将不同的安全域和异构的网络也纳入管理范围。这些改变必将使协同变得更为复杂，对处理海量事件的能力要求更高。因此，还有许多问题亟待研究者解决。

4.2   电力信息网络安全策略

4.2.1   信息网络安全管理策略

网络安全管理的一个重要特征是综合性，即在整体安全策略的指导下，实现不同厂商、不同类别安全产品的协同、联动。因此，无论采用何种实现结构，安全策略都将在其中扮演重要角色。在网络安全管理中，安全策略的内容主要涵盖以下三个方面[159]：一是反映特定组织或安全域成员安全需求的规则集；二是被管理安全服务的策略集；三是指导组织管理和保护敏感信息的法律、规则、策略集。安全策略一般采用层次式结构，包括用自然语言描述的高层策略、用统一策略语言表示以便分析推理的中层策略，以及可由安全部件直接执行的底层策略。近年来，随着策略研究的发展，一种特殊的安全管理类别——基于策略的安全管理逐渐成为安全管理的主流。本节首先介绍策略研究的现状，然后介绍基于策略的网络安全管理。

1. 网络安全管理中的策略研究

网络安全管理中对于策略的研究主要集中在策略模型、策略语言、策略细化和策略分析四个方面。

1）策略模型

策略模型的功能是用通用语法抽象描述各安全组件的相关信息，为策略结构的标准化提供指导。用它表示的安全策略能方便地映射成多种数据格式，便于策略解析和传输，但它并未提供策略的具体描述[160]。CIM 和策略核心信息模型（Policy Core Information Mode，PCIM）是应用较广的两种建模方式。

CIM[151]是 DMTF 定义的一种面向对象信息模型，它由内核模型与通用模型组成。内核模型提供了所有管理领域通用的类、关系和属性；通用模型则用继承的方法定义了系统、设备、网络、应用和物理这 5 个与实现无关的管理模型，构成了许多管理应用的基础。通用模型还能进一步拓展细化为具体的扩展模型。

PCIM[161]是 DMTF 与国际互联网工程任务组（Internet Engineering Task Force，IETF）的策略框架工作组合作开发的一种专用于策略表示的 CIM 模型，它定义了两种对象类：结构类和关联类。其中，结构类描述策略信息和控制信息；关联类描述各结构类实例间的关系。PCIM 还能够统一表示策略优先级和策略组合。

2）策略语言

与策略模型相比，策略语言给出了策略的具体描述，表达能力更强。但是往往局限于特定领域，目前尚无能统一描述各种安全服务/机制的语言。

现有的策略语言很多，较有代表性的有基于逻辑策略、基于事件策略和面向对象的策略语言等几种[22]。基于逻辑的语言分析推理能力较强，但难以理解和使用，而且未必都能转化为可实现的底层策略，这类语言的典型是角色定义语言（Role Definition Language，RDL）[162]。基于事件的语言由事件驱动，常采用 event-condition-action 格式来描述策略，其代表为安全策略语言（Security Policy Language，SPL）[163]。面向对象的策略语言将面向对象的继承等概念引入到策略表示中，描述的策略种类更多，表达能力也更强。Ponder[164] 是一种著名的陈述式面向对象策略语言，它能够说明安全和管理类策略，还能通过策略继承、分组实现组合策略。

3）策略细化

策略细化的主要工作是完成安全策略在各抽象层次的映射，还可用于确定满足策略需配置何种资源，以及辅助分析底层策略是否与高层策略匹配。策略细化的过程应保证完备性，即正确性、一致性和结果集的最小化[160]。

目前，中层策略到底层策略的自动转换机制已经有很多，例如已有不少根据 Ponder 语言生成防火墙规则、Windows 存取控制模版和 Java 安全策略的工具[165]。高层策略到中层策略的映射多数仍由手工实现，但也有了自动化的尝试，例如利用自然语言表达的安全策略到一种基于逻辑的策略语言的自动映射[166]。此外，从各类需求文档中抽取安全策略，可以借鉴机器学习在文本知识抽取方面的研究工作。而需求工程领域的目标细化（goal refinement）技术也可为策略细化研究所借鉴。

4）策略分析

策略分析的主要工作是策略的一致性校验和冲突消解。策略冲突的分类方式很多，例如可以分成[160]形式冲突和应用相关冲突，或分成静态冲突和动态冲突。

现有的策略分析方法主要包括：

（1）基于手工的冲突消解。当冲突发生时直接报错，人工干预。

（2）静态校验和冲突消解。在策略运行前通过语法分析等一致性分析，检查出策略冲突，再通过局部调整避免冲突。

（3）基于优先级的冲突消解。根据某种原则为策略分配优先级，当冲突发生时，选择优先级高的策略执行。

（4）基于元策略的冲突消解。元策略是关于策略描述的顶层策略，可用于描述多个策略间的关系。这种协调机制比较复杂，但更为灵活。

（5）对于 event-condition-action 格式的策略，还能通过忽略某些 event 或取消某些 action 来避免冲突。

2. 基于策略的网络安全管理

基于策略的网络安全管理是当前流行的一种安全管理技术。它是基于策略的管理在网络安全管理领域的应用，其特征及优势在于将策略管理与策略实施相分离，灵活性高。它的结构一般与 IETF 定义的通用策略体系结构相符，即由策略管理工具、策略存储库、策略决策点和策略执行点组成。其基本工作流程是：首先由安全目标生成安全策略，然后将安全策略分发到指定位置并进行策略校验，最后由安全实体执行安全策略。安全策略在这类安全管理中占主导地位。根据中层策略表示和处理方式的不同，基于策略的网络安全管理又可以分为以规则为中心安全策略和以安全本体为中心。

1）以规则为中心的安全策略

以规则为中心的安全策略被表示成形式化规则的集合。其中大部分规则采用了 if ＜condition＞ then＜action＞模式，即每条规则包含一个条件集和相应的行为集。条件定义了策略规则何时激活，当规则被激活时，会执行一个或多个行为来改变系统状态。上述的PCIM 及大部分策略语言都属于这种类型，现有的基于策略的安全管理系统也大多采用这种模式[152,167]。

2）以安全本体为中心的安全策略

以安全本体为中心的安全策略用本体代替形式化规则建模安全知识。本体（Ontology）的概念来自自然语言处理领域，它是现实的结构化模型，由词汇、语义关联和简单的逻辑规则组成。而安全本体（Security Ontology）则是"基于一个信息系统的安全方面创建的本体，可以作为从信息源中抽取的信息系统安全需求的容器"[30]。与传统的形式化语言相比，本体更接近于人们描述世界的方式，其语义和推理机制更适用于决策支持，还能方便地查询和扩展。因此，用它代替形式化规则表示安全策略，将能有效地提高分析、决策的准确性及效率。

目前，这方面的研究仍处在起步阶段。例如用本体来表示安全需求，提出了一种基于知识的、以本体为中心、可用于任意信息系统安全管理的框架，用基于本体的方法实现了高层策略与底层安全控制规则的自动转换[168,169]。其本体表示采用 CIM 加网络本体语言（Web Ontology Language，OWL）的方式，即在 CIM 模型中扩展本体语义，使其既能建模安全管理信息，又兼具本体特征。但该框架仍需借助基于策略的管理系统 Ponder 来实现安全行为的实施和监控。

4.2.2　电力信息网络安全管理策略

安全策略是一个单位对信息安全目标和工作原则的规定，其表现形式是一系列安全策略体系文件。安全策略是信息安全保障体系的核心，是信息安全管理工作、技术工作和运行维护工作的目标和依据。电力系统安全策略是电力企业信息安全工作的依据和所有安全行为的准则。

1. 信息安全策略

电力系统的信息安全具有访问方式多样、用户群庞大、网络行为突发性较高等特点。信息安全问题需从网络规划设计阶段就仔细考虑，并在实际运行中严格管理。为了保障信息安全，采取的策略如下[170,171]。

1）总体安全策略

总体安全策略为其他安全策略的制定提供总的依据，电力企业的总体安全策略是分区防护、强化隔离。根据各地电力系统的特点和现状，可以将电力系统分为实时控制区、非控制生产区、生产管理区和管理信息区四个安全域。

2) 设备安全策略

设备安全策略是在企业网规划设计阶段就应充分考虑安全问题。将一些重要的设备，如各种服务器、主干交换机、路由器等尽量实行集中管理。各种通信线路尽量深埋、穿线或架空，并有明显标记，防止意外损坏。对于终端设备，如工作站、小型交换机、集线器和其他转接设备要落实到人，进行严格管理。

3) 技术安全策略

为了达到保障信息安全的目的，要采取各种安全技术，其中有一些不可缺少的技术层措施。

（1）防火墙技术。防火墙技术是用于将信任网络与非信任网络隔离的一种技术，它通过单一集中的安全检查点，强制实施相应的安全策略进行检查，防止对重要信息资源进行非法存取和访问。电力系统的生产、计量、营销、调度管理等系统之间，信息的共享、整合与调用都需要在不同网段之间对这些访问行为进行过滤和控制，阻断攻击破坏行为，拦截攻击破坏尝试，分权限合理享用信息资源。根据防火墙所采用的技术不同，可以将它分为四种基本类型：包过滤型、网络地址转换-NAT、代理型和检测型。

（2）入侵检测技术。入侵检测技术即通过从网络系统中的若干关键节点收集并分析信息，监控网络中是否有违反安全策略的行为或者入侵行为。在电力系统网络内部部署入侵检测设备，实时截获网络数据流。当发现网络违规模式和未授权网络访问时，自动根据制定的安全策略做出相应反应，如自动完成实时报警、事件登录、自动截断数据通信等动作，实现实时网络违规、入侵的识别和响应。

（3）病毒防护技术。电力企业信息系统已经覆盖了企业各个生产、经营和管理岗位，上网用户在进行多种数据交换，或通过电子邮件联系业务、交换数据等都有可能感染病毒，并在企业内部网络上不断扩散。为免受病毒造成的损失，要采用多层防病毒体系，即在每台 PC 上安装防病毒软件客户端，在服务器上安装基于服务器的防病毒软件，在网关上安装基于网关的防病毒软件。企业必须在信息系统的各个环节采取全面的防病毒策略，在计算机病毒预防、检测和病毒库的升级分发等环节统一管理，建立较完善的管理制度，才能有效防止和控制病毒的侵害。

（4）系统扫描技术。系统扫描技术是一类重要的网络安全技术，它把快速分析的系统漏洞、脆弱性与可靠的修补建议结合起来，从而降低信息系统上应用程序、数据被盗用、破坏或误操作的风险。系统扫描技术与防火墙技术、入侵检测技术互相配合，能够有效提高网络的安全性。网络管理员可以根据扫描的结果更正网络安全漏洞和系统中的错误配置，在黑客攻击前进行防范。如果说防火墙和网络监控系统是被动的防御手段，那么系统扫描就是一种主动的防范措施，可以有效避免黑客攻击行为，做到防患于未然。

（5）虚拟局域网（VLAN）技术。VLAN 技术允许网络管理者将一个物理的 LAN 逻辑地划分成不同的广播域，每一个 VLAN 都包含一组有着相同需求的计算机工作站，与物理上形成的 LAN 有相同的属性。但由于它是逻辑划分而不是物理划分，所以同一个 VLAN 内的各工作站无须放置在同一物理空间里，即这些工作站不一定属于同一个物理 LAN 网段。一个 VLAN 内部的广播和单播流量都不会转发到其他 VLAN 中，有助于控制流量、控制广播风暴、减少设备投资、简化网络管理、提高网络的安全性。

（6）远程访问控制（VPN）技术。电力系统有点多、面广的特点，电力企业总部和分部之间需要进行数据信息的交换。对于这种远程访问行为，可使用通过双因素动态身份认证实现 VPN 虚拟专用网络连接系统，封装虚拟专用链路上的数据信息，以达到通信线路上数据信息传递过程的安全性。VPN 可建立安全通信隧道，完成在 Internet 上搭建虚拟专网访问企业内部资源的目的，同时可以严格识别和区分授权用户的权限，完全可以控制企业内部信息读取的安全性。

（7）安全隔离技术。安全隔离设备的工作原理有别于防火墙，它部署在重要网络之间，在设备内部加载系统内部协议，排除 TCP/IP 协议干扰，分析检测数据信息安全性，然后再加载 TCP/IP 协议。使用安全隔离设备可实现重要网段之间、内外网之间正向和反向的访问隔离控制，完成信息的单向读取或单向写入，达到对不同重要信息扩散范围合理控制的目的。

（8）数据与系统备份技术。电力企业的数据库必须定期进行备份，按其重要程度确定数据备份等级，配置数据备份策略，建立企业数据备份中心，采用先进灾难恢复技术，对关键业务的数据与应用系统进行备份，制定详尽的应用数据备份和数据库故障恢复预案，并定期进行预演。确保在数据损坏或系统崩溃的情况下能快速恢复数据与系统，从而保证信息系统的可用性和可靠性。

（9）数据加密技术。为了保证数据的保密性、完整性和有效性，对于重要主机上数据的传输要采用加密手段。数据加密技术要求只有在指定的用户或网络下，才能解除密码而获得原来的数据。为防止电力系统运行数据被截获而造成泄密，安全有效的数据加密技术策略显得尤为重要。

（10）身份认证技术。电力系统也是一种电子商务系统，它必须保证交易数据的安全性。在电力市场技术支持系统中，作为市场成员交易各方的身份确认、物流控制、财务结算、实时数据交换系统中，均需要权威且安全的身份认证系统。因此需要对企业员工上网用户统一身份认证和数字签名等安全认证，实现与银行之间、上下级身份认证机构之间的认证。

4）组织安全策略

组织安全策略主要是人员、组织的管理，是实现信息安全的落实手段。充分考虑人的因素、要坚持以人为本的安全思想是电力系统信息安全策略的基本原则之一，因此，切实有效的安全组织策略对整个电力系统的信息安全至关重要。组织安全策略中对如何提高工作人员的计算机信息网络安全意识要有比较明确的规定，而且负责信息安全的人员需要接受更深入的安全培训。

5）管理安全策略

标准化、规范化是信息系统安全的基础。一个统一的电力系统信息安全管理规范对信息安全十分重要，电力企业应该从电力系统特点出发，制定一套标准的、统一的安全管理规范。一套完善的电力企业安全管理规范可以弥补技术条件的不足，增强企业的风险承受力。在制定电力系统安全管理规范过程中，电力系统管理部门应该在保证电力系统正常运行需要的前提下，参考主要的国际安全标准、国家安全标准和安全法规政策，逐步建立电力信息系统安全的各项管理规范和相关技术标准，规范基础设施建设、系统和网络平台建立、应用系统开发、运行管理等重要环节，创建电力系统信息安全的基础。

任何领域的信息都不是绝对安全的。信息安全策略的制定是为了更好地应对电力系统信息安全的潜在威胁，使电力系统信息的安全性不断提高。

2. 总体防护策略

我国在电力企业信息安全管理方面坚持"分区、分级、分域"总体防护策略（如图 4.12 所示），切实执行信息安全等级保护制度要求，有效落实信息安全防护方案；做好各区之间的安全隔离，落实管理信息内、外网之间强逻辑隔离的措施；根据信息系统定级水平，科学合理地做好安全域划分和安全域之间的隔离工作。

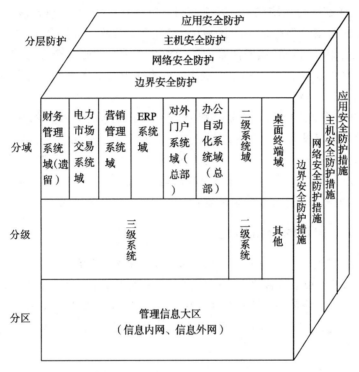

图 4.12 国家电网安全防护架构示意图

管理信息系统安全防护策略主要包括双网双机、分区分域、等级防护、多层防御[5]。

（1）双网双机，将管理信息网划分为信息内网和信息外网，内外网间采用逻辑强隔离装置进行隔离，内外网分别采用独立的服务器及桌面终端。

（2）分区分域，对于不同定级情况的业务类型，采取不同安全域的独立化、差别化防御，它在将公司信息系统划分为生产控制大区和管理信息大区的基础上，对目标信息系统进行安全域划分。

（3）等级防护，体系建设的基本特点是能够实现安全防护体系的等级保护。

（4）多层防御，在分域防护的基础上，将各安全域的信息系统划分为边界、网络、主机、应用四个层次进行纵深防御的安全防护措施设计。

4.3 电力信息网络安全审计技术

安全审计是几年前出现的概念，但它的发展非常迅速。对于安全审计这个概念，众多客户和厂商的理解都不同，那么到底什么是安全审计呢？

4.3.1　网络安全审计的基本概念

首先，我们要把范围界定一下，安全审计是指在一个网络环境下以维护网络安全为目的的审计，因而叫网络安全审计。

通俗地说，网络安全审计就是在一个特定的企事业单位的网络环境下，为了保障网络和数据不受来自外网和内网用户的入侵和破坏，而运用各种技术手段实时收集和监控网络环境中每一个组成部分的系统状态、安全事件，以便集中报警、分析、处理的一种技术手段。一个完整的信息安全保障体系应该由预警、防护、监控、应急响应、灾难恢复等系统组成，而审计系统是整个监控和预警体系的关键组成部分。做好安全审计工作，能够增强电力企业对故障、风险的预警能力和监控能力，也能够为防护体系和企业的内部管理体系提供客观、有效的改进依据。

其他行业的安全审计概念，如金融和财务中的安全审计，其目的是检查资金不被乱用、挪用，或者检查有没有偷税事件的发生；道路安全审计是为了保障道路安全而进行的道路、桥梁的安全检查；民航安全审计是为了保障飞机飞行安全而对飞机、地面设施、法规执行等进行的安全和应急措施检查等。特别地，金融和财务审计也有网络安全审计的说法，但仅仅是指利用网络进行远程财务审计，和网络安全没有关系。

4.3.2　实施安全审计的价值体现

一个典型的网络环境有网络设备、服务器、用户电脑、数据库、应用系统和网络安全设备等组成部分，这些组成部分称为审计对象。要对该网络进行网络安全审计就必须对这些审计对象的安全性采取相应的技术和措施进行审计，对于不同的审计对象有不同的审计重点。

（1）对网络设备的安全审计：从网络设备中收集日志，以便对网络流量和运行状态进行实时监控和事后查询。

（2）对服务器的安全审计：为了安全目的，审计服务器的安全漏洞，监控对服务器的任何合法和非法操作，以便发现问题后查找原因。

（3）对用户电脑的安全审计：为了安全，审计用户电脑的安全漏洞和入侵事件；为了防泄密和信息安全，监控上网行为和内容，以及向外拷贝文件行为；为了提高工作效率，监控用户非工作行为。

（4）对数据库的安全审计：对合法和非法访问进行审计，以便事后检查。

（5）对应用系统的安全审计：应用系统的范围较广，可以是业务系统，也可以是各类型的服务软件。这些软件基本都会形成运行日志，对日志进行收集，就可以知道各种合法和非法访问。

（6）对网络安全设备的安全审计：网络安全设备包括防火墙、网闸、入侵检测系统/入侵防御系统、灾难备份、虚拟专用网络、加密设备、网络安全审计系统等，这些产品都会形成运行日志，对日志进行收集，就能统一分析网络的安全状况。

4.3.3　安全审计系统的组成要素

信息系统的运行由一系列的人员行为和系统行为组成，信息系统安全审计就是采集、监控、分析信息系统各组成部分的系统行为（日志）和操作行为的过程[172]。

1. 全面采集

审计信息的采集过程是整个审计体系的基础。采集过程应侧重于采集方式的灵活性及采集对象的全面性。审计系统应提供多种信息采集方式对审计信息源进行数据采集，对电力系统而言，审计系统应尽量避免在主机中安装软件，或串接设备方式进行采集，而应尽量通过系统自身的日志协议（如 syslog 协议）、旁路（如端口镜像）等更安全的方式进行。电力企业信息系统中包含有各种各样的设备，如服务器、路由器、交换机、工作站、终端等硬件设备，各类数据库、电力应用系统、中间件、Web 等软件应用系统，以及管理员的维护系统、普通用户的业务操作行为、上网行为等人员的访问行为，审计系统应该通过不同方式灵活实现对上述相关系统日志和行为的采集。

采集过程还应保障信息源的客观性，不应篡改信息的原有属性。

2. 实时监控

利用审计系统对采集到的日志信息、行为信息进行实时分析。通过审计系统的实时监控、告警功能，制定符合电力信息系统安全需求的规则库，规则库内容应涵盖各类操作系统、网络设备、人员操作规范等。实时监控还应该对每台设备的日志量进行监控，对日志量剧增、剧减等情况进行提醒。

3. 审计分析

安全审计分析是整个信息安全体系的核心组成部分之一，电力系统应该利用审计系统对网络、应用的运行情况以及企业内部信息安全制度的执行情况进行周期性审计。周期性的审计是整个审计系统发挥作用的关键，没有周期性的审计，就无法及时发现信息系统中存在的安全隐患。

4.3.4　安全审计的技术分类

1. 日志审计

日志审计的目的是收集日志，通过 SNMP、SYSLOG、OPSEC 或者其他的日志接口从各种网络设备、服务器、用户电脑、数据库、应用系统和网络安全设备中收集日志，以便进行统一管理、分析和报警。

2. 主机审计

主机审计通过在服务器、用户电脑或其他审计对象中安装客户端的方式来进行审计，可达到审计安全漏洞，审计合法或非法或入侵操作，监控上网行为、内容以及向外拷贝文件行为，监控用户非工作行为等目的。根据该定义，主机审计实际已经包括了主机日志审计、主机漏洞扫描产品、主机防火墙和主机 IDS/IPS 的安全审计功能、主机上网和上机行为监控等类型的产品。

3. 网络审计

网络审计通过旁路和串接的方式实现对网络数据包的捕获，从而进行协议分析和还原，可达到审计服务器、用户电脑、数据库、应用系统的审计安全漏洞、合法或非法入侵操作、监控上网行为和内容、监控用户非工作行为等目的。根据该定义，网络审计事实上已经包括了网络漏洞扫描产品、防火墙和 IDS/IPS 中的安全审计功能、互联网行为监控等类型的产品。

针对典型网络环境下各个审计对象的安全审计需求，结合以上的安全审计解决方案，可以得出如表 4.1 所示的审计对象和解决方案表。

表 4.1　审计对象和解决方案表

审计对象	日志审计	主机审计	网络审计
网络设备	√		
服务器	√	√	√
用户电脑	√	√	√
数据库	√	√	√
应用系统	√	√	√
网络安全设备	√		

可以看到这三种审计方案之间的关系：日志审计的目的是日志收集和分析，它以其他审计对象生成的日志为基础。而主机审计和网络审计这两种解决方案是生成日志最重要的技术方法。主机审计和网络审计的方案各有优缺点，进行比较后得出表 4.2。

表 4.2　主机审计和网络审计方案对比表

比 较 项			主机审计	网络审计
	网络设备	日志收集	—	—
	服务器	安全漏洞审计	√程度较深	√
		监控网络操作	√	√
		监控上机行为	√	×
		监控入侵行为	√	√
	用户电脑	安全漏洞审计	√程度较深	√
审计		监控网络行为	√	√
需求		监控上机行为	√	×
满足		监控入侵行为	√	√
程度	数据库	安全漏洞审计	√程度较深	√
		监控网络操作	√	√
		监控入侵行为	√	√
	应用系统	安全漏洞审计	√程度较深	√
		监控网络操作	√	√
		监控入侵行为	√	√
	安全设备	日志收集	—	—
	网络设备		—	—
	服务器		√	√
用户	用户电脑		×（在用户电脑上安装客户端，用户很难接受）	√（相对于主机审计接受程度要强）
接受	数据库		√	√
程度	应用系统		√	√
	网络安全设备		—	—
	目前应用范围		集中在政府、军队等	所有行业

注："—"表示不用比较。

从表4.2可知，主机审计在服务器和用户电脑上安装了客户端，因而在安全漏洞审计、服务器和用户电脑上的上机行为，以及防泄密功能上比网络审计强，网络审计是在网络上进行监控，无法管理到服务器和用户电脑的本机行为。

主机审计的客户端是其具有这些技术优势的原因，也恰恰是对它在实际应用中不利的一点，用户对安装客户端的接受程度不高，就像在用户上方安装一个摄像头一样，谁都不喜欢被监控的感觉。而网络审计是安装在网络出口，安装时可以事先通知用户，也可以让用户毫无知觉，相对于主机审计，用户对远远在外的监控系统的接受程度比安装在自己电脑上的客户端要高得多。

用户的接受程度不同使得主机审计和网络审计在应用行业范围也有所区别。主机审计目前集中在政府和军队中，其他行业应用较少；而网络审计的应用范围却很广泛，只要能使用网络的单位都可以使用。

4.3.5 安全审计的体系

根据以上审计对象和审计技术的分析，可以归纳出一个企事业单位内的网络安全审计体系，该体系分为以下几个组件。

（1）日志收集代理，用于所有网络设备的日志收集。

（2）主机审计客户端，安装在服务器和用户电脑上，进行安全漏洞检测和收集、本机上机行为和防泄密行为监控、入侵检测等。对于主机的日志收集、数据库和应用系统的安全审计也通过该客户端实现。

（3）主机审计服务器端，安装在任一台电脑上，收集主机审计客户端上传的所有信息，并且把日志集中到网络安全审计中心。

（4）网络审计客户端，安装在单位内物理子网的出口或者分支机构的出口，收集该物理子网内的上网行为和内容，并且把这些日志上传到网络审计服务器。对于主数据库和应用系统的安全审计也可以通过该网络审计客户端实现。

（5）网络审计服务器，安装在单位总部内，接收网络审计客户端的上网行为和内容，并且把日志集中到网络安全审计中心。如果是小型网络，网络审计客户端和服务器可以合成为一个。

（6）网络安全审计中心，安装在单位总部内，接收网络审计服务器、主机审计服务器端和日志收集代理传输过来的日志信息，进行集中管理、报警、分析，并且可以对各系统进行配置和策略制定，方便统一管理。

这样，几个组件形成一个完整的审计体系，可以满足所有审计对象的安全审计需求。就目前而言，实现的产品类型有日志审计系统、数据库审计系统、桌面管理系统、网络审计系统、漏洞扫描系统、入侵检测和防护系统等，这些产品都实现了网络安全审计的一部分功能，而只有实现全面的网络安全审计体系，安全审计才是完整的。

4.3.6 电力系统中网络安全审计应用方案实例

在安全计算机系统中，审计通常设计成一个相对独立的子系统，根据审计开关和审计阈值，对系统中的事件（即用户操作）进行收集和审计。审计开关用来确定事件收集的范围，或确定审计事件的类型，而审计阈值则用来进一步确定需审计的事件。高安全级的用户可对低安全级的用户设置审计开关和审计阈值。审计对企图违反访问权限管理的恶意用户，进行报警和惩罚。系统中所有的报警阈值和惩罚阈值由系统审计员根据系统当时的安全要求进行设置和管理，其他任何用户不能获得这一权力。用户对审计内容的查询必须事先经过多级安全检查。审计要形成留痕文件——审计日志作为审计记录。

审计日志不包含实际口令，但应包括会晤事件和运行事件。会晤事件包括成功的注册，不成功注册尝试，注册的日期、时刻、地点，口令更改规程的使用，以及当其口令达到它的寿命终点时用户标识的锁定。运行事件包括有效注册后用户的活动、被访问的文件、被执行的程序、对用户账号所作的变更等。审计日志加密保存于管理员目录，用户不可访问，任何人不可写，仅管理员可读、可擦除。系统提供对安全审计记录的查询工具，方便审计管理。

本节在结合实际网络管理和监控需求的基础上提出了一个网络安全审计的应用方案[158]，该方案具体框架如图 4.13 所示。

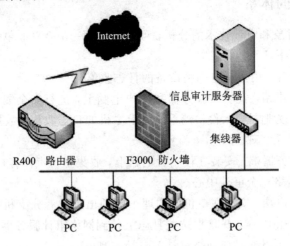

图 4.13 安全审计方案应用框架

该方案基于 Unix 系统平台，以 B/S(Brower/Server)为开发模式，利用 SNMP 进行网络监控，运用 Unix 平台下 C 语言的开发监控代理程序，利用 Oracle OCI 调用接口进行数据库操纵，结合 PHP 语言进行数据的网络发布。方案的主要功能如下：

（1）对局域网进行管理，能自动收集网络设备的运行情况，并对盗用情况进行报警。

（2）监视网络线路中关键设备的运行情况，正确报告失效事件，并能自动报警。

（3）监视、收集网络设备和连接的当前利用率数据，分析这些数据，对网络中的性能指标设置域值。

（4）收集 Unix 的日志信息，包括用户名、登录时间，同时详细记录了用户在这段时间内所涉及的操作。

（5）监控 Mail 服务器，能够监控用户的邮件使用情况，并能对邮件收发情况进行统计。

（6）对代理服务器进行监控，对用户进入 Internet 情况进行统计。

系统安装在网络的出口处，对所有的流量信息进行审计。根据服务类别（WWW、BBS、E-mail)对网络信息内容进行审计，捕获和识别敏感信息，使系统管理员时刻了解网络系统信息流量和信息内容；对邮件存取事件进行审计和监督，对信息包的存取进行监视，尽可能地追查非法信息存取者的信息；根据管理员的审计条件，监控特定用户的上网内容，实时转发和记录捕获内容。

该方案的具体实现流程如图 4.14 所示，其安全审计功能主要是基于系统的各种日志信息，如系统日志、用户操作记账日志、代理服务器日志等。通过编制数据采集程序采集相关的日志信息，同时利用数据分析程序对审计跟踪文件信息进行分析处理，经过审计得到计算机系统或网络是否受到攻击或非法访问，并对采集的审计数据进行入库操作，保留安全审计结果，同时利用保存的统计数据绘出各种统计分析图表，最终通过构建 Web 服务器将审计结果进行网络发布，为用户提供直观的浏览界面，方便管理员进行综合分析和审计，提高网络管理水平。

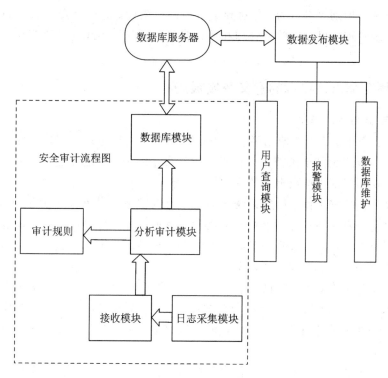

图 4.14 安全审计方案实现流程图

（1）环境配置。

① 硬件。

信息敏感服务器：最低配置 Pentium233，内存 64M，硬盘 4G；

中心控制服务器：最低配置 Pentium233，内存 64M，硬盘 6G；

网络连接设备：10M/100M 以太网卡，10M/100M 集线器。

② 软件。

操作系统软件：MS Window9X/Windows NT/Windows2000；

信息敏感器软件：安装在信息敏感服务器（包括网络底层协议件）；

中心控制台软件：安装在中心控制服务器。

（2）系统工作方式。

系统根据使用情况需要可以设定两种工作方式：本地监控和分布式远程监控。

① 本地监控：考虑到审计信息的安全性和完整性需要，以及发送审计信息报文对网络可能产生的负担，系统可以运行在本地监控方式下，不安装中心控制服务器，直接由信息敏感服务器进行信息的审计与分析。此时仅对敏感器所连接的子网中的数据进行审计，网络代价小。

② 分布式远程监控：由信息敏感器采集数据并进行初步分析，然后传送给中心控制器，由中心控制器对数据进行进一步分析，从而提高了识别的精确性。在这种方式下，只要在相应的网络节点设置敏感器，便可以对网络中多个子网信息访问情况进行审计。

该方案的安全审计技术通过监视网络活动、审计系统的配置和安全漏洞、分析网络用户和系统的行为，并定期进行统计和分析来评估网络的安全性和敏感数据的完整性，发现潜在的安全威胁，识别攻击行为，并对异常行为进行统计，对违反安全法规的行为进行报警，从而使系统管理员可以有效地管理和评估自己的系统。实践证明该安全策略安全、可靠而实用。

4.3.7　网络安全审计技术的意义及发展趋势

1. 实施审计系统的意义

（1）保障数据的客观性。使用第三方审计产品对各类信息系统组成要素、人员行为进行安全审计，可以避免完全由技术人员手工审计带来的因数据恶意篡改、人为疏忽而造成的数据变化，从而保证审计数据源的客观性。

（2）保障数据的安全性。信息系统的日志、行为记录默认状态下分散存储在各主机、应用系统当中。一旦主机操作黑客破坏，或者磁盘损坏等意外事件都有可能导致数据丢失或破坏。第三方专业审计系统在设计、开发时对安全性、可靠性均做了充分设计，可以有效地保障数据的安全性，避免上述情况的发生。

（3）提高审计工作效率。信息安全审计工作在没有专业审计系统的情况下是一项繁重的工作，技术人员要面对数个甚至数十个主机、数据库、设备的海量日志，依靠人力根本无法完成周期性的日志审计工作，工作量的巨大直接导致目前日志分析工作都是在出现安全事件之后，有针对性地进行事后分析。

依赖于专业化的审计系统，电力信息系统可以将所有系统的运行日志均集中到审计系统中，利用审计系统高效的检索功能及自动化的审计功能帮助审计人员进行日常审计工作，从而大大减轻审计人员的工作负担，而且能够增加审计的准确性，避免人为失误。

（4）落实安全管理规范。在未部署审计系统之前，由于缺乏对维护人员操作的监控能力，大量的操作规范无法真正落到实处，如无法实现对 Telnet、SSH、RDP 等维护协议的指令还原就无法知道维护人员每次维护时在操作系统内部输入了何种指令。在部署审计系统之后，通过对维护人员操作指令的定期审计，指出维护人员操作的不当或违规之处，经过一段时间的运行，就能逐步树立维护人员良好的操作习惯，避免由于人员疏忽造成的安全事故。

另外，通过审计系统也能检测维护人员是否按照信息安全管理规范对信息系统进行维护，如定期修改密码、定期备份关键数据等。

作为信息安全体系建设的一个重要环节，日志综合审计系统在电力系统中必不可少；

通过日志安全审计系统的运用，不仅能提高员工工作效率，规范维护人员良好的工作习惯，也能及时发现信息系统中潜在的安全隐患，在满足合规要求的同时，真正提高了信息系统的安全性。

2. 网络安全审计技术的发展趋势

（1）体系化。前面说过，目前的产品实现未能涵盖网络安全审计体系。今后的产品应该向这个方向发展，给客户以统一的安全审计解决方案。

（2）控制化。审计不应当只是记录，还应有控制的功能。事实上目前许多产品都已经有了控制的功能，如网络审计的上网行为控制、主机审计的泄密行为控制、数据库审计中对某些 SQL 语句的控制等。

（3）智能化。一个大型网络中每天产生的审计数据以百万计，如何从浩如烟海的日志中给网络管理员、人力资源经理、老板、上级主管部门和每一个关心该审计结果的用户呈现出最想要、最关键的信息，是今后的发展趋势。这其中包含了数据挖掘、智能报表等技术。

伴随着我国社会主义市场经济的不断发展和完善，电力企业实力不断增强，如何提高企业科学、规范、严谨的管理和内控手段是企业迈向更高层次的关键。作为企业信息安全保障体系的重要组成部分之一，网络安全审计作为一个新兴的概念和发展方向，已经表现出强大的生命力，围绕着该概念产生了许多新产品和解决方案，如桌面安全、员工上网行为监控、内容过滤等，谁能在这些产品中独领风骚，谁就能跟上这一轮网络安全的发展潮流。

4.4　本 章 小 结

本章第一节在分析了一般网络安全管理的概念、体系结构、相关技术、制度建设后，重点描述了其在电力系统方面的应用。

电力信息安全管理最基本、最重要的要求是保密性、完整性、真实性、可靠性、可用性以及不可抵赖性。本节提出了三种网络安全管理的体系结构：基于 Agent 的结构、基于模块的结构和基于层次化模型的结构，并根据在电力系统中的应用进行比较分析。为了实现安全管理，除了需要完善的体系结构外，还需要信息集成、智能分析和有效的协同通信规范等技术的支持。本节介绍了网络安全管理的相关技术：管理功能、技术支持，并介绍了CMIP 和 SNMP 两种协议。接着在介绍相关的信息安全管理风险后，提出了电力信息网络安全管理的几种制度建设。

未来安全管理系统的发展趋势是从小范围扩展到全网范围，从集中式安全管理发展为分布式安全管理，并进一步扩展安全管理平台的集成能力，逐步将不同的安全域和异构的网络也纳入管理范围。这些改变必将使协同变得更为复杂，对处理海量事件的能力要求更高。因此，还有许多问题亟待研究者解决。

安全策略是信息安全保障体系的核心，是信息安全管理工作、技术工作和运行维护工作的目标和依据。本章第二节介绍了网络安全管理中策略模型、策略语言、策略细化和策略分析等策略研究，提出了以规则为中心和以安全本体为中心的策略研究方法。并给出了电力信息网络中的五大安全策略。根据以上技术以及电力系统的实际应用，提出了电力信息安全管理的主要防护策略，包括双网双机、分区分域、等级防护、多层防御。

本章第三节描述了网络安全审计的基本概念、分类、体系及在电力系统中的应用。审计系统是电力系统中监控和预警体系的关键组成部分，做好安全审计工作，能够增强电力企业对故障、风险的预警能力和监控能力，也能够为防护体系和企业的内部管理体系提供客观、有效的改进依据。

信息系统安全审计就是采集、监控、分析信息系统各组成部分的系统行为（日志）和操作行为的过程。不同的审计对象有不同的审计重点。目前主要有日志审计、主机审计和网络审计三种解决方案。

在电力系统安全审计中，日志集中分析管理系统可以有效辅助对信息安全故障和安全事件的全面记录和事后追溯定位，其必要性是显而易见的，可以预见，随着企业信息化不断深入和企业管理水平要求的提高，日志综合审计系统在电力信息系统安全体系中必然成为不可或缺的重要一环。本节的最后在结合电力系统中实际网络管理和监控需求基础上提出了一个网络安全审计的实例。

在电力系统中实施审计技术可以保障数据的客观性、安全性，提高审计工作的效率并能切实落实安全管理规范，真正提高了信息系统的安全性。网络安全审计作为一个新兴的概念和发展方向，未来将更加体系化、控制化和智能化。

第五章　前沿信息安全技术

电力是国民经济建设的基础行业，是国家健康发展与社会繁荣稳定的重要保证。随着国家电力信息系统的发展，电网呈现出数据量大、数据接入用户不可控、电网外部信息接入多样化和用户隐私安全风险更严重等信息安全特点。目前，基于云计算、物联网、移动互联网以及大数据等前沿信息技术的电力信息系统的安全存在很大隐患，本章就这些安全问题提出相应的防御措施。

5.1　基于互联网的电力信息系统

在知识经济社会，互联网作为信息产业的一个载体，正成为社会经济的重要组成部分。电力工业的发展同样也要利用互联网的优势拓展市场，利用科技进步成果进行电力技术改造，更快、更好地发展电力工业。但是在网络业务大量应用的同时，网络信息安全风险问题也越来越突显。本节主要分析在开放互联网电力信息系统中存在的一些安全隐患和解决措施，重点研究互联网技术在电力系统中的应用。

5.1.1　移动互联网的概念及其特点

1. 移动互联网的概念

目前，关于"移动互联网"还没有一个明晰统一的定义。一种观点认为，WAP（无线应用协议）就是移动互联网；另一种观点认为，在移动终端上使用数据服务的都是移动互联网；还有一种观点认为，"移动"只是一种接入方式，移动互联网就是互联网。我国工业和信息化部电信研究院发布的《移动互联网白皮书》给出的定义是："移动互联网是以移动网络作为接入网络的互联网及服务，包括 3 个要素：移动终端、移动网络和应用服务。"这个定义具有两层内涵：一是指移动互联网是传统的互联网与移动通信网络的有效融合，终端用户是通过移动通信网络（如 2G、3G 或 4G 网络、WLAN 等）而接入传统互联网的；二是指移动互联网具有数量众多的新型应用服务和应用业务，并结合终端的移动性、可定位性及便携性等特点，为移动用户提供个性化、多样化的服务。"小巧轻便"和"通讯便捷"两个特点，决定了移动互联网与 PC 互联网的根本不同之处、发展趋势及相关联之处。

2. 移动互联网的特点

（1）高便携性。除了睡眠时间，移动设备一般都以远高于 PC 的使用时间伴随在其主人身边。这个特点决定了使用移动设备上网可以带来比使用 PC 上网无可比拟的优越性，即沟通与资讯的获取远比 PC 设备方便。

（2）隐私性。移动设备用户的隐私性远高于 PC 端用户的要求。不需要考虑通讯运营商与设备商在技术上如何实现它，高隐私性决定了移动互联网终端应用的特点——数据共享时既要保障认证客户的有效性，也要保证信息的安全性。这就不同于互联网公开透明开放的特点。互联网下，PC端系统的用户信息是可以被搜集的，而移动通信用户上网显然是不需要自己设备上的信息让他人知道甚至共享。

（3）应用轻便。移动设备通信的基本功能代表了移动设备方便、快捷的特点。

从以上的特点继续推断，就可得出移动互联网的基本面貌：

（1）用户选择无线上网不等于PC互联网。不能说移动互联网是PC互联网的延伸，同样是网络建设与应用，两者之间虽然有联系，但有着根本的区别。便携设备可以使用无线上网服务，但设备终端须是手机、PDA等移动设备。设备包括了PC端便携设备，也包括了移动设备，无线环境下包括的设备体系是两者的集合。

（2）移动上网的终端体系决定了终端之间的访问既可以是移动设备对移动设备，也可以是移动设备对PC设备。不同体系之间设备间的交互访问比PC互联网更能决定应用的丰富性。中高端的设备可以访问PC端的互联网，但并不影响移动设备与移动设备之间的交互访问。

（3）纯移动设备用户上网访问应用时，要避免一切会给用户带来疑问的应用。移动设备用户情愿缺少一个非必须的应用，也不愿意冒着设备被软件破坏的危险去安装一个系统或者软件。移动办公代替不了PC办公，移动办公只适宜解决信息量不是很大的问题，如远程会议、发送现场数据等，要进行大数据的采集编辑还是需要PC设备——在小小的屏幕下工程师不会使用CAD进行图形编辑，而记者也不愿意进行长达千字的Office软件操作：只读不写或者加以简单的批注更为适合。

（4）更广泛地利用触控技术进行操作，移动设备用户可以通过设备的上下左右摇摆，手指对屏幕的触动进行功能项的操作。

（5）移动通信设备在网络上与视频、音频的完美融合，如远程监控、远程即时会议、商务导航等是PC端无法比拟的。

（6）移动通信设备对其他数码设备的支持，如车载系统，可担当家电数码组合的客户端操作设备，基于隐私保护下可担当移动银行支付卡等[173]。

5.1.2　互联网技术在电力系统中的应用研究现状

国内外大量学者对互联网技术在电力系统中的应用进行了广泛的研究，涉及的研究内容主要集中在电力通信系统体系结构、电力系统网络应用分类及其通信需求分析、电力系统监测与控制系统通信网络设计与应用、基于Internet/Intranet的通信技术、电力系统信息综合传输和服务质量保证技术领域。

1. 电力通信系统体系结构

目前，为了解决各种通信问题，实现更多功能需求，越来越多的电力系统体系结构被提出，主要有以下几种。

（1）电力系统信息网络（Power System Information Network，PSIN）体系结构是提出较早的一种体系结构。该体系结构将电力系统信息网络分为物理层、逻辑层、信息控制和信息管理四个功能模块。物理层按电网结构构建，根据电网的层次化结构可再分为不同的子层；逻辑层根据信息功能划分，信息控制和信息管理则负责层次间或层次内的数据交换。

（2）分布式实时计算机网络体系结构（Distributed Real-time Computer Network

Architecture，DRNA)由 Serizawa 等人提出。该体系结构由面向对象的信息模型。高级功能、传输功能和管理与安全功能四部分功能模块构成，以电力系统运行和设备管理实时通信网络为载体，为电力系统中分布的各种智能电子设备提供无缝、实时、自适应和安全的通信连接。

（3）电力战略防御系统(Strategic Power Infrastructure Defense，SPID)通信框架是专门为解决 SPID 系统的通信问题而提出的。该框架侧重于底层通信网络体系结构的构造，并按广域通信网络体系结构和变电站局域网体系结构分别考虑。

（4）服务元电力信息网体系结构是一种针对层次型体系结构存在的层间功能重复、扩展困难和实现复杂等问题而提出的电力信息网新型体系结构，具有逻辑简明、实现便捷、效率高、不需要冗余、扩展性强等特点，为现有网络问题提供了行之有效的解决方案。

2. 电力系统网络应用分类及其通信需求分析

随着电力通信技术的不断进步，特别是光纤通信系统在电力系统中的广泛应用，传统窄带通信技术已基本被高速宽带通信技术所取代。为了能够做到有效利用和合理规划已有的网络带宽资源，优化电力通信系统设计，为电力信息网络系统的流量管理提供依据，进而选择适当的网络通信技术保证各种网络应用的正常执行，必须对电力系统网络应用进行分类，并明确其通信需求。

3. 电力系统监测与控制系统通信网络设计与应用

利用先进的网络通信技术构建满足电力系统监测与控制系统需要的通信网络是目前电力通信科研工作者关注的问题。ATM 技术利用异步分时复用实现了网络带宽共享，能够同时满足数据、语音及视频等应用的信息传输需求，成为早期电力系统数据通信骨干网络的最佳选择。各种文献中均提出利用 ATM 技术来实现电力系统保护和监控系统的通信。但 ATM 上路由的实现仍没有得到很好的解决，因此 ATM 需要与 IP 交换和 MPLS (Multi-Protocol Label Switching)等技术结合来提高 IP 在 ATM 上的运行效率。MPLS 技术实现了在多种数据链路层协议之上按标签转发数据分组的能力，简化了数据分组转发过程，兼容主流网络技术，支持多种服务质量保证方案，针对调度电话、远程信号、保护信号和安全自动装置信号等电力系统关键业务对传送性能的要求，提出利用 MPLS 技术构建电力宽带通信网传送关键业务信息，并建立了基于 MPLS 技术的 RTU 与 EMS 之间通信的连接模型。实际工程应用中将以太网技术与 ATM 技术结合来实现电力系统动态安全监控，系统中相角测量装置数据传输也取得了比较好的效果。IP over SDH 是目前我国电网中广泛采用的组网技术。ffoverWDM 技术由于在上述组网方式中具有较高的传输效率也成为组网方式的备选方案，但是从网络的协议层次开销、传输效率、可靠性、容错性、可管理性、安全性和建设成本等多个因素综合考虑，IP over SDH 仍是目前电力通信系统组网方式较好的选择，更适应电力系统监测与控制系统的通信需求。

4. 基于 Intemet/Intranet 的通信技术

Internet 技术在电力系统远程信息接入、地理信息系统、SCADA/EMS、状态检测和预测维护、消费者服务、电力市场、电能质量和远程培训等方面得到了广泛的应用，出现较早的电力系统信息网络(PSIN)体系结构就是基于 Internet 技术的。配电自动化系统(DAS)的通信系统具有路由复杂易变、接入点数量庞大、分布地域广、通信媒介类型多样等特点，以 Internet 技术实现 DAS 的通信系统则可以方便地适应 DAS 的各种特性，透明地支持所有配电自动化(DA)功能。省调分布式能量管理系统(EMS，Energy Management System)利用 Internet 与 RTU 通信的试验结果证明，其总体的实时性指标、可靠性指标、精度指标、容量指标等均优于或等同于利用 DNP3.0 通信协议与主站经 RS－232 串口和调制解调器通信的指标，而且实际运行结果表明，采用因特网通信方式后，系统的实时性、运行可靠性和系统容量三项指标均比原系统大幅提高。

5. 电力系统信息综合传输

依靠 ATM、SDH、MPLS 等成熟的组网技术和基于 IP 的通信技术，许多电力公司都建设了宽带数据通信网络，网络带宽资源迅速增加，而如何更好地利用信息综合传输技术实现已有带宽资源的高效利用成为急需解决的问题。采用 IP 技术实现变电站信息综合数字化传输的关键技术问题是如何分配各类信息的传输带宽和如何控制信息的传输流量。

6. 服务质量保证技术

宽带化、综合化和数字化趋势使得电力通信系统由原来根据特定业务组建的多个专用网络逐渐发展为宽带综合业务数字网。不同的电力系统通信业务具有不同的流量特征，对网络环境的需求也不相同。如何在宽带综合业务数字网中保证各种电力系统通信业务的服务质量一直是电力通信科研工作者关注的问题[174]。

5.1.3　移动互联网的主要信息安全风险

移动互联网的特性决定了在其之上的威胁要远甚于传统的互联网[175, 176]，其主要信息安全风险包括移动终端、网络通道及边界、移动业务等的安全隐患。

1. 移动终端的安全风险

目前，电力系统采用的移动终端主要有 PC 类终端、PDA /手机类安全终端和信息采集类终端等类型，存在的安全风险包括：

(1) 移动终端的失窃，会增加数据泄露的可能性，如果终端丢失是否可以寻找到终端，是否可以远程控制并销毁敏感数据来确保终端丢失后的数据安全；

(2) 移动终端接入时存在非法设备截取终端的敏感数据、非法设备欺骗移动终端、非法设备控制终端获取服务器信息等安全问题；

(3) 移动终端业务敏感数据的交互过程及存储在移动终端内的业务数据保护都是至关重要的，如数据传输过程中被截取、删除，移动终端被自身应用软件的漏洞所利用，导致内部关键敏感数据被破坏等，这些问题都会造成对敏感数据的破坏；

(4) 移动终端可以利用软件将网络做成路由器，发送 WiFi 信号，提供移动设备上网环境，但这就存在终端被攻破或被黑客利用入侵业务网的可能。

总之，移动终端在进行业务通信与数据交换时将面临多种安全威胁，如病毒入侵、远程控制、机密信息的泄露、代码的非法篡改、SIM 卡等关键器件的恶意替换等[177]。

2. 移动互联网网络通道及边界的安全风险

移动互联网通常由接入网以及 IP 承载网组成。接入网主要涉及基站、无线网络控制器、移动交换中心、无线业务支持节点、接入(AP) 设备等；IP 承载网主要涉及路由器、交换机、接入服务器等设备以及相关链路。移动互联网通道安全主要包括网络设备的安全以及通道传输的安全。设备的安全风险是指路由器、交换机等网络设备未进行安全配置、所处物理环境不符合安全标准要求等；通道传输的安全风险主要包括信息空口明文传输、

IP 承载网传输时网络没有提供必要的隔离和保密，以及接入网络未进行用户身份认证、健康检查等。虽然移动通信网中定义了空口加密算法，但目前我国无论是 2G 网络还是 3G 网络都没有采取足够的安全实施，大多数 WiFi 的接入网也没有进行加密，或者加密强度不够，很容易被破解。移动互联网边界安全风险主要是移动终端以及移动业务系统接入时未采取身份认证、访问控制等措施造成的被攻击的风险。

3. 移动互联网业务应用的安全风险

移动互联网中承载的各种业务系统具有不同的特点，为移动互联网带来了多样的安全威胁。同时，移动互联网业务的安全威胁不同于传统互联网，其在传统互联网威胁基础之上，具有针对移动特性的安全威胁。按照移动互联网中针对业务的攻击手段和攻击对象，可以将安全威胁分为以下几类：未授权业务数据访问、未授权业务数据操作、业务破坏、否认。每类安全威胁拥有各自的实现手段，一种威胁实现手段可能导致多种结果。

5.1.4　电力移动互联网的安全防护措施

针对移动互联网的安全风险，根据国家信息安全等级保护制度要求，《关于开展电力行业信息系统安全等级保护定级工作的通知》（电监信息〔2007〕34 号），以及《信息系统安全等级保护基本要求》技术标准，电力企业可以从物理安全、网络安全、主机安全、应用安全以及管理安全等方面对移动互联网进行安全防护。本节重点从移动终端、网络通道及边界和业务应用三方面进行考虑。

1. 移动终端安全防护

应根据配电网子站终端、移动作业类终端、信息采集类终端等具体类型、应用环境以及通信方式等选择适宜的防护措施。

（1）配电网子站终端安全防护：在子站终端设备上配置安全模块，对来源于主站系统的控制命令和参数设置指令采取安全鉴别和数据完整性验证措施，以防范冒充主站对子站终端进行攻击，恶意操作电气设备。可以在子站终端设备上配置启动和停止远程命令执行的硬压板和软压板。硬压板是物理开关，打开后仅允许当地手动控制，闭合后可以接受远方控制；软压板是终端系统内的逻辑控制开关，在硬压板闭合状态下，主站通过一对一下发报文启动和停止远程控制命令的处理和执行。子站终端设备应具有防窃、防火、防破坏等物理安全防护措施。

（2）移动作业类终端安全防护：对于 PC 类移动终端，须安装终端安全专控软件进行安全加固，并通过安全加密卡进行认证，确保其不能连接互联网；同时通过安全接入系统进行注册、安全监测和审计后，才可接入电力信息网。对于与生产作业相关的移动 PDA/手机类终端，可采用工业级 PDA/手机配备安全 TF 加密卡，通过加载终端安全专控软件与绑定专用 APN 的 SIM 卡的方式进行安全接入；对于移动 PDA/手机类终端，样机必须经由专门安全机构进行安全检测，出具该型号 PDA/手机的加固与使用方案，并监督实施。

（3）信息采集类终端安全防护：对于输电线路状态在线监测终端，采集终端应采用状态监测代理（CMA）方式进行集中安全接入，要部署安全加密芯片、安全专控软件和对 CMA 操作系统加固等多种措施开展防护；对于用电信息采集终端，在终端上应安装数字证书，对终端进行认证和信息加密传输；对于采用无线专网与监控中心进行通信的充电桩和集中器，应集成安全芯片或外接安全模块，对于重要数据通信（如计费、参数设置等信息）进行加密传输，同时需采用数字证书与监控中心进行认证。

2. 移动互联网网络通道及边界安全防护

移动互联网网络安全防护的目标是防范恶意人员通过网络对业务系统进行攻击，同时阻止恶意人员对网络设备发动的攻击。

对于路由器、交换机、EPON/GPON、无线设备以及防火墙、安全网关等网络设备，应按国家信息安全等级保护要求进行安全防护，进行安全配置加固，关闭不必要的服务；同时采用访问控制、监控审计、身份鉴别、备份恢复、资源控制等措施，在设备安全接入、设备安全管理、设备漏洞扫描、安全事件审计、配置文件备份、处理能力保证、设备链路冗余等方面进行安全防护。

网络传输时应采取适当的加解密措施，以保证敏感信息经由网络传输时不被非法侦听；采用数字签名手段保证信息不被非法篡改或删除内容。

对采用 WiFi 技术的无线专网，应从审计、认证和保密保证网络安全等方面采取如下安全防护措施：

（1）禁止将路由器的品牌名或型号、姓名、住址、公司名称或项目团队等作为其名字，名字完全由随机字母和数字或者不会透露路由器型号或身份的其他任何字符串组成；

（2）禁用配置软件提供的远程管理选项，禁用 SNMP 服务，确保没有人能够通过互联网控制路由器设置；

（3）限制路由器的广播区，确保在非可控区域不能收到路由器的信号；

（4）禁止 SSID（服务装置标识）广播；

（5）进行 MAC 地址过滤，使用访问控制列表；

（6）禁用 DHCP ；实施封闭网络访问控制，只有知道网络名称或 SSID 的 WiFi 设备或用户才可连接；

（7）应对 WiFi 终端进行审计、确定并从网络上剥离非法 WiFi 终端，应该形成规范化的 WiFi 终端审计和管理制度，限制具有欺骗访问行为的 WiFi 设备随机接入 WiFi 无线接入；

（8）应使用 802.1x 认证和密钥管理方式；

（9）使用 WPA1 或 WPA2 协议加密机制，对 WiFi 无线接入的数据流进行加密。

对于 GPRS/CDMA/3G 无线专网的安全防护：使用 APN/VPDN 专用加密通道，通过安全接入平台对终端、业务系统进行身份认证、访问控制以及数据交换，进行统一安全管理，包括安全通道、安全接入、集中监督等。移动终端首先与移动运营商建立无线接入通道，再通过此通道与信息网连接。连接通道建成后，移动终端与信息网的安全设备相互进行身份认证，通过证书的认证，确认双方都是可信任的。然后双方利用密钥协商机制，采用国家密码管理局批准的专用加密算法建立安全的数据加密传输通道，保障业务数据的传输安全，确保业务数据无法被窃取。

移动互联网网络边界安全防护关注如何对进出该边界的数据流进行有效的检测和控制。有效的检测机制包括基于网络的入侵检测（IDS）、边界的内容访问过滤；有效的控制措施包括网络访问控制、入侵防护、虚拟专用网（VPN）、对于远程用户的标识与认证/访问权限控制，以及智能终端设备的远程安全接入。

3. 移动互联网业务应用安全防护

根据移动互联网业务应用的安全保护等级，应综合采用身份鉴别及访问控制、应用安全加固、应用安全审计、剩余信息保护、抗抵赖、资源控制、应用数据备份与恢复等应用层安全防护措施，并采用加密技术保证业务信息在存储和传输过程中的保密性和完整性。保密强度取决于所采用的加密方式、密码算法以及密钥长度。加密方式分为软加密以及硬加密两种。硬加密利用内嵌或者外置的加密芯片、安全模块、加密机等硬件设备实现加解密，其安全性以及性能较高，但需要集成硬件加密设备；软加密不依靠特别的硬件设备，通过在程序中嵌入特定的软件加解密包实现加解密，其实现较为简单，无需对硬件本身进行改造，但安全性以及性能较低。加密算法的选择应符合国家密码管理方面的有关规定，同时需结合业务应用场景以及安全性要求等多种因素综合考虑：在对称密钥算法中，硬件实现推荐选用SM1算法或电力专用加密算法，软件实现可采用自定义加密算法；在非对称密钥算法中，推荐选用SM2(256bit以上)或RSA(2048bit以上)算法。

在移动互联网应用中，电力业务主站系统建议采用硬加密方式，终端则可选择硬加密和软加密两种方式。对于已经大量部署的终端或者通过电力光纤专线方式接入主站，同时对安全性要求不高并且终端改造难度较大等情形，可考虑采用纯软件的方式，但需要注意的是密钥的存储和更新。对于远期将安装的终端或者通过公网方式接入主站，同时对安全性要求较高，建议采用硬加密方式；如果需要在主站与终端之间建立加密隧道，以保证数据传输的完整性和机密性，建议采用硬加密实现；对于通信数据量很大和频度很高的业务应用，可采用对称加密方式；对于通信数据量很小和频度很低的业务应用，可采用非对称加密方式，建议对称密钥算法与非对称密钥算法结合使用。

5.1.5　互联网技术在电力信息系统中的应用

电力信息资源主要由政务信息、业务信息、综合服务信息和辅助决策信息等构成。建立网上电力综合信息查询系统，建成包括文字、图像、图形在内的多媒体分布式和集中式综合信息数据库。对现有的各种电力制度、政策、图纸、档案、文件、情报等信息资源应分轻重缓急，按由近及远的原则，分专题组织有经验的同志认真进行鉴别整理，去粗取精，去伪存真，确定需要存入计算机的对象和内容，这是比录入更重要也更费力气的工作。信息资源的利用主要是网络查询和磁介质的传递。网络查询需要建设计算机网络，花费通信费用和信息服务费，而磁介质的信息传递手段相对来说其花费要少得多，例如，设计文件目录清册、设备材料清册、概(预)算书等，当前就立即可用磁介质传递。这些信息大多数设计院都已用计算机处理，遗憾的是这种处理仅仅被作为出版手段，没有产生更大的社会效益。如果在出版这些设计文件(含设计变更)的同时，将这些计算机内已存在的文件按统一的格式形成标准文本，以磁(光)介质的形式提交给建设、施工单位，这将在签定设备材料供货合同、控制建设进度、控制投资直至最终移交生产等各项活动中都发挥重要作用。这样做的好处至少有三点：一是保证了数据的一致性和完整性；二是避免了与该工程项目有关的各单位在后续工作中重新花费时间和人力将纸上的信息录(扫)入计算机；三是文本文件可以方便地转为数据库文件，极大地方便了对设计文件目录、设备材料、投资金额等的查询和统计。电力企业应当积极开发信息系统，充分利用信息系统，加速电力工业的建设，创造辉煌的未来。

随着互联网时代的到来,网上的信息也开始变得多元化。这些丰富的信息形式需要高新技术的支持,所以在电力档案管理中这些高新技术还需加强管理,进行合理的利用和组织。另外,由于现代企业组织的复杂性、分散性,管理好组织内部的资料和档案也非易事。因此,进行文档管理必须借助许多先进的技术和手段,如利用互联网技术对电力资料和档案知识进行分类管理、评估和升级以及利用。

例如,电力工程项目建设过程中会涉及浩如烟海的法律、条例、规程、规范、定额等法规性文件;一个具体单位很难将这些资料收集齐全;有时候即使有资料,查询起来也相当费事、费时。企业可以在充分利用国家现有电子出版物的基础上,将现行的有关资料用全文检索或超文本技术在互联网上进行检索和查询。

在互联网上可以进行电力常识的普及、电力及相关企业信息交流、产品推广,特别是电力科技文献(科技成果、报刊索引、综合信息、科技动态)等的发布和检索。在设立的互联网站中开设电力科技网络,可以设立电力科技动态交流园地、科技新品和电力展会预告等。中国电力信息中心的网站中已经开发了《电力法规信息检索系统》,在各个区域都可以查询电力法规的内容[179]。

5.2　基于云计算的电力信息系统安全技术

由于近年来云计算技术在不断地完善,电力信息管理方面的研究过程也在不断地推进,这就为构造智能电网创建了良好平台。云计算具备维护简便、稳定性高、计算速度快等优点,为用户管理及掌握电力信息建立了一个全新的管理概念及技术支撑。本节通过云计算的特点来讨论电力信息的保护作用[180]。

5.2.1　云计算的概念及关键技术

云计算技术是并行计算、分布式计算、网格计算、效用计算等计算模式与资源池、虚拟化、分布式存储、负载均衡等信息技术的融合与发展。其核心思想是根据用户需求,将大量网络连接的计算资源集中进行统一管理和调度,构成一个计算资源池,该网络向用户提供 IT 基础设施、数据和应用的服务,这个提供资源的网络就称为"云"。

云计算有四个关键技术。

1. 资源池化技术

资源池化技术是构建云计算基础设施服务的基础,通过一定的技术手段将 IT 基础设施(物理服务器、存储、网络设备)抽象成虚拟资源,实现系统资源共享、按需分配、统一管理、动态调度。

2. 虚拟化技术

虚拟化技术是将物理硬件与操作系统分开,使得具有不同操作系统的多个虚拟服务器在同一个物理服务器上独立运行,最大化地利用硬件资源,即物理服务器的硬件资源被多个虚拟服务器共享,并可通过虚拟服务器管理平台进行统一调配,极大地提高了服务器硬件的利用率,并可有效地减少服务器购置及基础设施的投入。

3. 分布式存储

分布式存储是通过集群应用、网格技术或分布式文件系统等功能,将网络中大量各种不同类型的存储设备通过应用软件集合起来协同工作，共同对外提供数据存储和业务访问功能的一个系统，实现分布式环境下的存储资源整合和存储服务管理。分布式存储技术架构如图 5.1 所示。

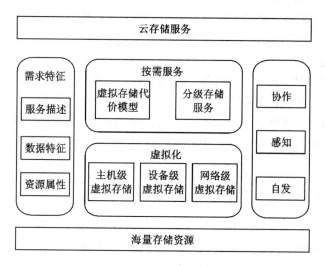

图 5.1　分布式存储技术架构

4．并行计算技术

并行计算技术是在串行计算的基础上演变而来，是指同时使用多种计算资源解决计算问题的过程，它是实现高性能、高可用计算机系统的主要途径。并行计算模拟自然世界中一个序列中含有众多同时发生的、复杂且相关事件的事务状态，简单而言，并行计算就是在并行计算机上所做的计算，其技术架构如图 5.2 所示。

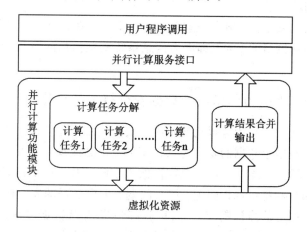

图 5.2　并行计算技术架构

5.2.2　云计算在电力信息化建设中的应用现状

由于云计算技术是近些年来出现的一种计算方式，其实践性和应用性比较强，但是由于多种因素的影响，导致云计算在电力信息化建设中的应用不容乐观。下面将对云计算在电力信息化建设中的应用现状进行分析。

1. 信息化程度低

由于电力企业信息化技术的不断改革，云计算模式在实践中有着重要的作用，从一定程度上提升了企业的管理效率，但是部分企业对信息化建设的重视度较低，尤其是在云计算方面，管理机制应用不合理的情况时有发生。信息化程度低是限制云计算模式广泛应用的主要因素。

2. 系统不健全

电力企业要想在信息化建设中取得突出的成就，必须立足于当前发展形势，建立完善的应用系统。但是在当前信息系统建设中，存在系统不健全的现象，电力企业内部信息出现编码不统一的情况，导致电力企业系统内部出现信息失真或者资源共享等方面的问题，这些问题都在一定程度上影响云计算在电力信息化建设中的作用，很大程度上影响了电力企业的信息化水平[181]。

5.2.3　电力信息系统面临的数据安全需求

随着国家发展需要与政策利好的支持，传统电力信息系统正逐步向具有信息化、自动化和互动化的智能电网过渡，而智能电网时代的到来将对电力信息系统数据安全提出更高的要求。电力信息系统数据安全需求主要有：

（1）数据访问权限控制，即每次对数据进行访问时电力信息系统需要对访问者进行身份认证与授权，对访问情况进行审计，并保存备查。

（2）数据完整性保护，该需求要求电力企业在任何情况下都要保证数据不被篡改或删除。

（3）数据存储安全，电力信息系统要保证在发生各种突发事故和灾难时，能够对数据进行自动备份、分布式存储。

（4）数据运行时的安全性，电力信息系统要保证数据在运行时不被其他人查看。

（5）电力信息系统网络的安全，即电力信息系统基础信息网络和企业重要业务系统的安全[182]。

5.2.4　云计算环境下电力信息系统数据安全技术的讨论

目前，云计算平台大多采用虚拟化技术配置资源，云环境中存在着身份各异的海量用户，并且云用户对自身敏感数据的安全需求也不同。根据此现状，为使企业和个人用户放心地使用云计算技术及其平台，云服务供应商致力于解决基于虚拟机架构的云计算应用的安全部署问题、云用户的身份标识问题、授权问题、用户数据的安全隐私保障问题和云计算的数据容错备份、服务故障诊断及恢复机制等问题，并从数据加密、数据传输安全、数据存储安全和数据审计安全等方面出发，研究了许多有价值的云计算数据安全技术，为电力信息系统数据飞上云端奠定了技术基础[182]。

1. 私有云技术在电力信息系统数据安全中的应用探讨

随着电力信息系统不断在各领域中的广泛应用，电力信息系统的效率和安全性越来越受到重视。云计算服务商采用私有云来解决这一问题，同时也给电力信息系统带来了新的活力。

私有云是为企业或机构独立使用而构建的平台，在私有云平台上，企业掌控着一切，包括基础设施和应用程序。所以利用这种方式来保护数据安全能提高工作效率。一般来说，私有云部署在防火墙内部或主机托管场所，以保证它的绝对安全。

（1）数据存储安全。数据存储对系统来说是非常重要的内容，它包含有存储位置、数据隔离、备份和修复等。私有云可以将电力企业的存储空间按照不同的功能进行分类，从而将数据存放在不同的位置，这样不仅能有效将数据隔离，还能防止数据泄露。

（2）数据传输安全。电力信息系统中很多数据都是隐私数据，而在私有云模式中，这些数据在传输过程中经过了严格加密，即使被别人截取也无法打开，从而保证数据在传输过程的绝对安全，另外，本地用户可以安全访问数据库。

（3）身份验证与授权。私有云模式下，外部人员不能非法访问，而内部人员也不是都有权限访问所有数据。所以，管理人员可以根据访问者权利和身份的不同对访问权限进行设置，以确保数据得到合法的访问，防止底层人员泄露重要数据，保证了企业运营信息和个人信息的安全。

（4）私有云平台可以在任意时刻监控整个系统的运行状态和数据的安全性，一旦发现异常，会自动修复，而且私有云完善的应急响应机制能快速有效地处理突发事件。然而，私有云技术并不十分成熟，再加上电力信息系统复杂多变，私有云模式也可能存在不少风险。

（5）网络边界安全风险。在云计算模式下，物理安全边界能够得到有效保护，但是计算机终端到云端通道的安全性、计算机数据中心、用户系统网络等网络边界的风险会上升。另外，云计算采用的是虚拟化模式，让网络安全边界的界定变得更加模糊，给安全保障带来更大的困难。

2. 全同态加密数据安全技术的应用

在将数据存储到云服务器之前，需要将数据加密以保证数据的安全。然而，电力企业处理数据是十分频繁的，所以要不停地加密和解密数据，这不仅十分浪费通讯和计算资源，还降低了数据在处理过程中的安全性。全同态加密算法可以解决这些问题，它可以找到使原数据任意加乘后得到的数据就是所期望的密文，因此具有很好的应用性。

在云计算中，所存储的数据都是需要经过加密后的密文，用户在读取、处理这些数据时必须要对这些数据不断解密和加密，而全同态加密计算法可以直接处理加密后的数据而不会引起数据处理过程中的安全问题，同时，使用此算法还可以对数据修改和查询，并返回用户所需要的密文，用户就可以对其解密得到预期数据。此算法不仅能同样得到用户想要的结果，还能有效保护用户数据安全不被泄露，增强企业的数据管理能力。

由于云计算过于复杂，而且云计算中数据库十分庞大，全同态加密算法还没有真正运用到云计算中。但是，计算机密码学的飞速发展将会使得全同态加密算法的运用变得更加简单。

3. 基于云计算的电力信息系统数据安全非技术手段

云计算下的电力信息系统，数据安全处理的技术虽然占着十分重要的地位，但是非技术手段也应当齐头并进，如公有云服务下供应商的信誉和技术水平的提高、数据访问权限的规范性与安全应急措施，以及私有云服务下管理制度的规范、数据安全紧急方法的制定和数据安全风险评估等[183]。

5.2.5　云计算在电力信息系统中应用实践领域

1. 云计算在电力系统中的应用实践

基于云计算技术在电力信息化建设中的应用现状，为了对计算模式进行详细的分析，要掌握其影响因素，进而提升应用效果。下面将对云计算在电力信息化建设中的应用实践进行详细的分析。

（1）建立完善的基础设施。

所谓基础设施，指提供给公司的对所有设施及相关技术的利用，涉及到支撑网络、硬件基础设施及虚拟化部署等类型，其中要特别重视云服务器虚拟化部署。硬件基础设施包括备份服务器、应用服务器等。由于服务器是一个管理资源的硬件系统，其中结构化查询系统属于服务器和终端系统，在实际操作过程中可以将操作系统直接应用在独立的服务器中。由于此类服务器是通过虚拟化处理后在虚拟机上部署的，相对于数据库或者其他服务系统来说占用的总体内存比较小。

（2）建立虚拟化的网络沟通平台。

随着虚拟技术和云计算技术的不断发展，虚拟化应用范围逐渐扩大，能够自主实现的功能也越来越多。所谓 ERP 是虚拟的平台备份中心，主要由虚拟化平台和内部缓冲区组成，所有的服务资源都在核心部分，不同的应用结构由某一个子公司的信息中心进行管理和维护。为了实现信息间的沟通和交流，要及时对资料进行备份，由于备份企业和部署企业的地理位置存在一定的差距，如果信息保存不当，会出现资源损失的情况。其次 DMZ（Demilitarized Zone，隔离区/非军事化区）的外网系统处于不断变化的过程中，其内在服务器也是虚拟的，在操作过程中要对部分新闻内容、招聘内容进行审核，由中心主导单位完成虚拟化操作，进而完善多种应用服务[184]。

（3）提供一体化管理形式。

由于近些年来人们的生活水平和生活方式出现一定程度的改变，原有的信息化建设管理模式和当前人们的需求呈现出一定的差异性，因此要根据实际情况提供一体化管理形式。云计算方式的出现改变了电力营销方式，其中存在的海量分布存储技术都可以通过云计算的形式对其进行分析，因此可以建立一个集数据存储和业务咨询的系统，由于电力营销系统提供了必要的技术系统使得电力企业可以通过对数据分析进而发现客户的需求，并在规定时间内提升电力营销效果[185]。由于电力营销系统提供了统一的管理模式，因此首先可以对镜像资料进行高效存储，了解不同版本的基本管理功能，对影像资料进行详细的分析，以及必要时对资料进行简化。其次可以利用云计算模式快速对信息资料进行部署，利用负载力的变化，为其提供集群的动态管理形式，进而保证应用模式的先进性[186]。

2. 云计算在电力系统中的应用领域

由于云计算具有计算和存储能力强大、系统可动态扩展、便于计算资源共享和优化配置、便于软件开发和升级、便于用户使用等诸多优点，因此其在电力系统中有广阔的应用前景。下面讨论电力系统分析中可以应用云计算的几个重要领域。

1）安全分析

时域仿真是电力系统暂态稳定分析的重要途径之一。然而，对于大规模电力系统而言，时域仿真的计算量很大，因此，目前尚只能应用于离线分析。到目前为止，已经提出了多种基于并行和分布式技术的暂态稳定时域仿真算法。未来可望利用云计算进一步提高对大系统进行暂态稳定时域仿真的速度，最终实现在线分析。

另一个适于应用云计算的是概率小干扰稳定分析。传统的小干扰稳定分析一般是确定性的，这与电力系统运行所固有的随机性是矛盾的。利用 Monte Carlo 仿真可以方便地处理小干扰稳定分析中的随机因素，但这种方法对计算平台的计算和存储能力要求很高。在 Monte Carlo 仿真中，每一轮仿真是相互独立的，这使得问题可以分解为大量子问题，从而可以充分利用云计算平台的并行计算能力。

2）潮流与最优潮流计算

云计算也可用于提高潮流和最优潮流计算的速度。概率潮流是考虑电力系统运行不确定性的重要工具。与概率稳定问题相似，Monte Carlo 仿真也可以应用于概率潮流中。考虑到应用于大系统时 Monte Carlo 仿真的计算量很大，概率潮流也是云计算可以应用的问题之一。

3）系统恢复

大停电后的电力系统恢复是一个很复杂的非线性优化问题。电力工业的市场化运营、远距离互联电力系统的发展、大量分布式电源接入电力系统等，这些都在某种意义上给电力系统恢复问题带来了新的挑战。云计算作为电力系统所有成员共享的计算平台，可以更好地促进信息共享和协作，其计算能力也有助于找到复杂互联系统的最优恢复方案。

4）监控和调度

随着电力工业市场化改革的深化和分布式电源不断地引入电力系统，未来电力系统可能从集中式控制逐渐向分布式控制转变。通过统一的电力系统云计算平台可以促进各分布式控制中心的信息共享和协作。对大量的小容量分布式电源的监视和控制将成为未来电力系统面临的一个难题。由于未来电力系统中分布式电源的数量可能很大，系统调度和运行控制的计算量将会明显增加，利用云计算则可以较好地解决计算能力不足的问题。云计算很强的可扩展性也有利于随时根据电力系统的规模动态增强计算能力。此外，目前已经提出了基于网格计算的大规模电力监控系统。利用云计算的信息处理能力有助于实现包括配电系统在内的大范围实时监控和信息采集。

5）可靠性评估

传统的电力系统可靠性评估一般采用确定性方法，且通常考虑系统最坏的情况，这就导致较为保守的评估结果和偏高的运行成本。为了计算电力系统运行中的不确定性，到目前为止已经提出了多种概率可靠性分析方法。然而，与概率稳定性分析类似，计算效率也是制约概率可靠性分析的瓶颈。利用云计算可望进一步提高概率可靠性分析的计算速度，以适应系统规模不断扩大所带来的挑战。

上面讨论了云计算技术可望在电力系统中获得应用的几个领域。事实上，由于云计算是一个通用的计算工具，很多电力系统分析软件都可以发布到云计算平台上，这将给软件的开发、升级、维护和使用带来很大的便利。此外，云计算也有利于电力系统的各类成员共享信息和协作。总之，构建统一的计算平台将是未来电力系统计算的一个重要发展方向[187]。

5.3　基于大数据的电力信息技术

电力行业大数据是综合电力企业生产、运营及销售等数据的信息系统，也是近年来电力发展的重要方向之一，如何提高大数据的分析利用能力也成为了电力企业发展中亟待解决的问题。本节主要阐述了大数据的定义及其对电网发展的影响，分析了电力企业业务信息中的大数据，重点研究大数据的电力信息技术发展，以期为电力信息技术的发展提供理论指导。

5.3.1　大数据的定义及其关键技术

大数据是指当前的常用软件工具无法在有限的时间内进行收集、管理、分析并整理的大容量信息数据，这类数据往往对企业经营决策的制定有着积极的指导作用。大量、高速、多样、价值是大数据的主要特点。对于大数据的处理需要基于全新的数据模式，并从大容量、高增长量和多样化的数据中提取有价值的信息资源，从而极大地提高数据的应用效率及价值。

对于电力企业而言，建设基于大数据的电力信息技术有着长远意义。当前，我国电力企业处于大力发展智能电网、建立"三集五大"管理决策的关键时期，对于电网运行过程中大容量数据的收集、管理、分析能力也提出了更高的要求，电力行业也进入了大数据环境。在这样的发展背景下，加快研究大数据环境中电力企业对数据处理能力的潜在要求，寻求创新型数据处理手段，既为保证电力信息技术的发展，提升电力企业在大容量、多样化、时效性的数据环境中的应变能力，也为企业的长远发展提供技术支撑。

基于大数据产业链的定义，电力大数据的关键技术既包括数据分析技术等核心技术，也包括数据管理、数据处理、数据展现等重要技术。

（1）数据分析技术：包括数据挖掘、机器学习等人工智能技术，具体是指电网安全在线分析、间歇性电源发电预测、设施线路运行状态分析等技术[188]。由于电力系统安全稳定运行的重要性以及电力发输变配用的瞬时性，相比其他行业，电力大数据对分析结果的精度要求更高。

（2）数据管理技术：包括关系型和非关系型数据库技术、数据融合和集成技术、数据抽取技术、数据清洗和过滤技术，具体是指电力数据 ETL(Extract、Transfer 和 Load)、电力数据统一公共模型等技术。电力数据质量本身不高，准确性、及时性均有所欠缺，也对数据管理技术提出了更高的要求。

（3）数据处理技术：包括分布式计算技术、内存计算技术、流处理技术，具体是指电力云、电力数据中心软硬件资源虚拟化等技术。近几年电力数据的海量增长使得电力企业需要通过新型数据处理技术来更有效地利用软硬件资源，在降低 IT 投入、维护成本和物理能耗的同时，为电力大数据的发展提供更为稳定、强大的数据处理能力。

（4）数据展现技术：包括可视化技术、历史流展示技术、空间信息流展示技术等。具体是指电网状态实时监视、互动屏幕与互动地图、变电站三维展示与虚拟现实等技术。电力数据种类繁杂，电力相关指标复杂，加上未来的电力用户双向互动需求，需要大力发展数据展现技术，提高电力数据的直观性和可视性，从而提升电力数据的可利用价值[189]。

5.3.2　电力企业业务信息中的"大数据"

所谓"大数据"中的"大"，不仅仅指数据容量的巨大，也是指数据自身的多类型及高价值。大数据的"量类时"特性（大数据的三个特征，可总结归纳为"3V"，即量（Volume）、类（Variety）、时（Velocity）已经在电网运行中得到显著体现，提高了电力企业对于海量、实时业务数据的处理能力，也成为电力企业大数据分析研究中的重中之重。

从电力企业的数据来源来看，电网业务中的生产数据、运营管理数据是其最为重要的两个方面。其中，电网运行的生产数据主要包括发电量、电压稳定性等实时数据，另外，物流网、云计算、新能源并网、车联网、移动互联等扩展数据也逐渐并入生产数据中。电网运营管理数据则主要包括售电量、电价水平、客户信息、企业 ERP、电网运行管理办公系统等诸多类型的数据。

包括生产数据与运营管理数据在内的电网运行数据都是电力企业的重要数据信息，同时具有极大的使用潜力，也是电力企业提供高附加值服务的信息基础。而这些增值服务的实现对于电网运行的安全性、电网管理与控制、电力营销、电网客户细分、电力企业的科学管理都有着重要意义。另外，基于大数据的电力信息技术也为电力企业提供了数据、信息和知识的综合应用办法，从而也成为企业决策的重要辅助系统[190]。

5.3.3　电力大数据面临的挑战

电力大数据应用前景广阔，也面临着巨大的挑战，主要包括以下几个方面。

1. 数据质量方面的挑战

数据体量大并不代表数据中所带有的信息量和数据价值高，电力大数据的数据来源涉及发、输、变、配、用电和调度的各环节，数据量大且杂，准确性和完整性不高将会影响电力大数据的应用。

2. 数据集成方面的挑战

在进行电力数据集成的过程中，电力企业内部系统众多，电力数据被分别存储于很多不同的数据库内，形成了信息孤岛；有部分数据由于系统业务功能重复，在多个系统中进行了重复录入；多种测量、采集方式记录的同一组数据可能存在着偏差；数据具有广泛的异构性，从原来的以结构化为主的数据类型转变为结构化、半结构化、非结构化三者结合的数据类型。

3. 数据分析方面的挑战

传统的数据分析方法主要用来处理结构化的数据，随着大数据时代的到来，研究半结构化、非结构化数据的处理、分析与提取技术变得十分迫切；那些力求通过复杂算法从有限的数据集中获取信息的传统方法已经不能适应大数据分析。大数据分析模式下，更注重数据处理的实时性，通过高效的算法对全体数据进行实时分析。

4. 数据可视化方面的挑战

电力大数据的数据量大、数据结构复杂使得其在数据可视化方面面临着新的挑战。有效的可视界面使得人们能够更容易地研究、浏览、观察、操纵、探索、发现、过滤、理解大规模数据，同时这也有助于发现隐藏在信息内部的特征和规律，更方便与之进行交互。

5. 数据存储方面的挑战

数据存储面临的挑战主要有：如何提高数据的查询、统计、更新效率是结构化数据存储的关键点；对于图片、视频等非结构化数据会出现存储、检索困难；对于半结构化数据而言，数据的转化存储，或者按照非结构化数据进行存储，都存在较大难度[191]。

5.3.4　大数据对电力信息化发展的应用和价值

电力信息化是大数据理念、技术和方法在电力行业的实践。电力大数据涉及发电、输电、变电、配电、用电、调度各个环节，是跨单位、跨专业、跨业务的数据分析与挖掘，以及数据可视化。电力大数据的应用一方面是与宏观经济、人民生活、社会保障信息融合，促进经济社会发展；另一方面，是电力行业或企业内部，跨专业、跨单位、跨部门的数据融合，提升行业、企业管理水平和经济效益。

为打造"美丽中国"，电力企业投产清洁能源的项目越来越多，光伏发电、风力发电等都对地形地貌、环境特征有很高的要求和条件。针对清洁能源项目建设的要求可借助电力生产 MIS 系统与地理信息 GIS 系统中大量的数据，结合环境采集数据等，综合考量不同地域电力生产水平、地形优势与资源分布。利用大数据的数据挖掘技术提供给规划人员以支撑电站建设布局的决策数据，实现项目建设的科学调配，也可通过综合分析影响风力发电、光伏发电机组运行的诸多环境因素，例如温度、光照、湿度、风力等数据，预测气候模式，从而规划出最佳的机组运行方案，通过这种方式，可有效降低生产成本和提高产出效益。

电力信息化建设利用大数据技术，在企业数据共享的平台下从电力企业生产数据、管理数据、地形地貌数据、煤炭资源检测数据、水资源数据等有效数据中提炼准确的、有价值的数据都将成为管理效益、决策能力提升的有效臂膀，甚至可通过大数据的积累将数据打包销售或共享给金融机构、科研院所、政府机构等，成为新的经济效益与社会效益增长点。

5.3.5　重视大数据时代的信息安全体系建设

信息安全在任何信息发展阶段都占有不可忽视的重要地位，在对大数据发展规划的同时，应加大对大数据安全形势的宣传力度，明确其为重点保障对象，加强对敏感和要害数据的监管，制定设备特别是移动设备安全使用规程，规范大数据的使用方法和流程。加快面向大数据的信息安全技术的研究，推动基于大数据的安全技术研发，研究基于大数据的网络攻击追踪方法，抢占发展基于大数据的安全技术的先机，培养大数据安全的专业人才，建立完善大数据信息安全体系[192]。

5.4　基于物联网的电力系统

电力设备是电力系统的重要组成元素，它的可靠性是电网安全运行的保证。其中电力设备状态监测和其全寿命周期管理是智能电网建设的重要组成部分，而物联网和智能电网的融合将有助于提升电力设备的状态监测和诊断，提高电网的运行管理水平，促进智能电网建设。为了提高设备管理效率，根据电力设备信息管理需求开发了基于物联网的电力设备信息管理系统，进而实现电力设备信息管理的标准化、信息化和形象化，对电力设备信息管理研究具有重要意义。

物联网(The Internet of Things)顾名思义,就是指"物物相连的互联网"[193]。它作为新一代信息技术的重要组成部分,主要包含两个层面的意思:第一,物联网是基于互联网的一种更高级的网络形态,它的核心和基础仍然是互联网技术;第二,其用户端得到了从人向"物"的延伸和扩展,并且相互之间进行信息交换和通信。因此,物联网的概念简单地说就是把所有的物体通过射频识别(RFID)、传感器技术、激光扫描器等信息传感设备,通过某种约定的协议,以有线或者无线的方式与互联网相连接,进行信息交换和通信以及对信息的计算和存储,构成一个信息知识网络,此网络包含我们所关心事物的静态与动态信息,通过此网络可以实现对所关心物体的智能化识别、定位、跟踪、监控和管理[194]。

物联网的四大支撑技术为射频识别、传感网、M2M 以及两化(信息化和工业化)融合,其中两化融合在工业信息化特别是自动化与制造行业中的应用比较多。在智能电网中起到了关键作用的新型信息技术有射频识别技术、M2M、无线传感网等[195]。

5.4.1　电力物联网的定义及其结构

电力物联网(IOTIPS)的定义是指:电力系统各种电气设备之间,以及设备与人员之间通过各种信息传感设备或分布式识读器,如 RFID 装置、红外感应器、全球定位系统、激光扫描等种种装置,结合已有的网络技术、数据库技术、中间件技术等,形成的一个巨大的智能网络。该网络可能具备以下内容与功能:

(1)电力系统各电气设备的运行状态,例如温度、湿度、气压等;

(2)电力系统各网络节点的电气量监测;

(3)电力系统主设备的"健康"状态;

(4)运行或检修人员的实时跟踪;

(5)技术人员管理信息;

(6)环保指标及环保设备的使用情况等。

电力物联网与智能电网都是利用传感器将各种设备与资产连接到一起,并对关键设备的运行状况进行实时监控,使用户之间以及用户与电网之间能够进行网络互动和即时连接,对数据信息进行整合分析,实现数据的实时、高速、双向传输的总体效果,用于提高整个电网的可靠性、可用性,使运行和管理达到最优化[196]。

电力物联网与智能电网又是相辅相成的。电力物联网的建设将促进传感器终端智能化水平的进一步提高,为分布式数据的采集创造了必要的条件。除此之外,电力物联网在智能电网基础上进一步强调了人员与电网之间的互动,不仅仅是设备之间的关联,还包括人员的管理、人员与设备的双向交流,从真正意义上实现电网的可观测、可控制、可自愈。

电力物联网的实现以网络技术、数据库技术、信息通信技术与电力控制技术的发展为基础。随着智能电网成为下一代电网的制定规范,电力物联网的技术研究也显得迫在眉睫。本文提出的国家电网公司电力物联网系统可分为四个层次,其架构如图 5.3 所示。

国家电网总部物联网管理中心作为第一层次,负责整个电力物联网的结构、功能的制定与发布,并提供最高层次的存储和查询;各区域网管中心为第二层,负责管理所辖范围内各省之间电力物联网信息的统计存储,并提供较高层次的存储和查询;各级省网管中心为第三层,负责全省范围的信息汇总与存储,提供数据存储、统计和查询等功能;本地网管中心为最底层,负责本企业或本系统设备或人员的追踪和信息存储。

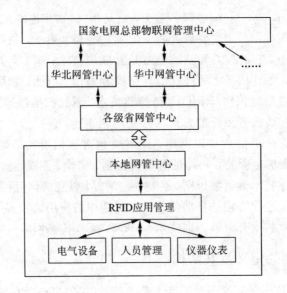

图 5.3　我国电力物联网信息服务系统架构

　　各级管理中心负责本级中各节点的信息传输、存储和发布；管理各节点接口的用户权限与数据安全；监控各节点的运作，报告并排除故障，保障电力物联网信息系统的安全、稳定与高效[197]。按照电网整个信息的流向，作为最底层的本地网管中心，其 RFID 应用系统的稳定运行直接关系到整个 IOTIPS 运行的可靠性与安全性。因此，整个 IOTIPS 架构应注重从最底层的传感终端一级一级往上构建，本地网管中心网络建设应作为重中之重。

　　在 RFID 应用管理中，传感器装置应安装在电网的固有设备（如断路器、变压器、线路等）、数字信号采集设备、智能仪表、电力电子设备、安全稳定装置、保护装置以及其他智能终端配套设施上。通过智能传感器设备获取电网开关、重合器、线路监测、气象、人员状况等与生产调度相关的数据，为调度中心提供丰富有价值的信息支持，显著提高整个电网的监控水平[198]，该信息采集框架图如图 5.4 所示[199]。

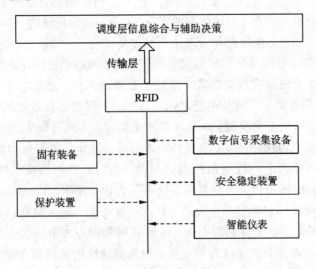

图 5.4　信息采集框架图

5.4.2　智能信息处理技术

在整个物联网应用系统中，射频识别、传感器等感知设备提供了对物理变量、状态及其变化感知所必需的工具和手段，而通过信息处理技术才能最终实现的物理世界由"感"而"知"，信息处理技术贯穿对物理世界由"感"而"知"的整个过程中，在实现物联网应用系统进行世界万物互联的过程中起到了核心作用。

在电力物联网的应用服务层，首先对智能电网的需求进行分析，然后根据需求将其应用到智能电网中从而实现电网智能化。智能信息处理技术与智能电网技术的彻底融合最终是在应用层实现的，因此智能信息处理技术的发展对智能电网的发展也会产生一定的影响。

从信息处理技术的概念上来说，它涵盖了数据挖掘、数据整合、数据处理、数据融合等诸多领域技术，信息处理技术可以泛指上述任何一个技术领域。

数据挖掘是指从海量的、不完整的、模糊的、有噪声的、随机的数据中提取隐含在其中的信息和知识的过程，这些信息和知识人们事先不知道但又是潜在有用的。物联网应用系统将各种感知设备部署在应用现场，这些设备包括：温度传感器、气敏传感器、湿度传感器、光敏传感器等，通过这些终端感知设备进行海量数据信息的采集和传输，终端设备将信息传输到物联网应用系统的存储系统中，然后通过物联网应用系统的数据处理引擎对这些海量信息进行挖掘和建模，最终得到物联网应用系统前台所需要的逻辑操作。根据上面的分析我们可知物联网应用层中最重要的智能信息处理技术之一则是海量数据的数据挖掘技术[200]。

5.4.3　物联网在电力系统通信中的应用

基于物联网的技术特点，并结合电力系统通信的特点，物联网主要的应用将集中在电力系统应急通信、配网通信、智能电网等方面，为电网智能化管理提供较好的技术手段。

1. 应急通信

应急通信发生的时间和地点具有不确定性，导致无法确定指挥中心和事故地点，各类需要接入点的随机性非常大。这时往往需要抢修人员到达现场后，检查现场情况，通过电话、视频回传等手段及时向调度中心及应急指挥中心报告现场情况。而物联网能使调度中心或应急指挥中心通过对电网状态信息、各种设备运行状态的智能监测，为调度中心的日常管理和应急指挥提供实时准确的数据信息。当应急情况发生时，通过物联网能够准确定位事故现场，清楚了解现场设备及部件、杆塔的损坏情况，以便及时调拨合适型号的设备到现场进行更换。同时，结合光纤及无线通信技术提供电话及视频通信，现场人员能够提前做好抢修准备，接受在应急指挥中心的调度及指挥，更快地对事故进行抢修，提高事故处理能力。

2. 配网通信

配网相对于高压输变电网，特别是10kV及以下电压等级网络具有结构复杂、电压等级多、配电设备数量多、支线多、分布广、变动频繁等特点。根据配网自动化层次要求，整个配网通信可分为通信子站、配网主站、区调分站层三层。

（1）通信子站层：指配网FTU、TTU、DTU等终端到通信子站层的通信，通信子站通常设置在 110kV 或 220kV 变电站。

（2）配网主站层：指上述通信子站与配电主站之间的通信层，根据电监会二次安全防护及相关要求，该层数据承载在调度数据网中。

（3）区调分站层：该层主要是区调分站与配电主站的通信层面。该层数据量相对较大，承载在调度数据网中。

根据配网通信的特点，目前配电网通信无法用单一的通信方式实现，而主要采用光纤通信、载波通信、租用无线公众网通信及无线宽带技术来实现。无线公网（GPRS/CDMA）与载波通信的安全性稍差，光纤专网作为主干网覆盖到 110 kV 变电站，由于配电网改动频繁，在市区内光纤的施工难度较大，很难做到灵活的改动，而郊外光纤的施工成本太高，无线宽带技术 WiMax、McWill 可以作为配电网最后一段的补充，但是 WiMax 技术也会受到天气及多路径反射影响，而支持 McWill 的企业和系统丰富程度并不高，不利于推广使用。

物联网能较好地解决配电终端、配电主站之间的通信，可以通过把配电网的所有设备及部件连上物联网，轻松地完成配网通信任务，同时能实现配网自动化"三遥"（遥信、遥测、遥控）信息，目前采用的 GPRS、载波等通信技术由于带宽不足仅能实现"两遥"（遥信、遥测）信息。而且物联网能较好地解决配电终端数量多、变动频繁等问题。

3. 智能电网

智能电网是一个具有先进技术水平的安全、可靠、高效、灵活的现代化电网。在智能电网中，各电压等级的电网协调发展，先进的传感测量技术、通信技术、信息技术、控制技术和决策支持技术与电网有机融合，使电网安全、可靠、高效运行，能有效满足现代"低碳社会"发展的新需要。物联网技术能够为智能电网提供较好的测量技术、通信技术、控制技术，实现远程抄表、电网负荷节能控制、电网设备状态在线监测、事故准确定位跟踪、输电线路杆塔线路监测（覆冰监测、温度检测）等。例如电网底层的数据包括配电房的开关、电缆沟的信息，这些信息目前无法用有效的通信方式采集，而如果通过物联网有效的联合，就可以实时地把各种各样的底层信息采集上来，使电网管理从事后处理变成事前预防，大大提高电网管理和应急的效率[201]。

4. 社会服务及社会管理

物联网还可以应用到智能交通、工业监控、市政设施管理、远程医疗、环境治理、数字家庭等社会服务及管理的众多领域。

5.4.4 应用实例：基于 CDMA 的电力远程抄表物联网

电力抄表是现代电力系统中的一个重要环节，传统的电力抄表多是通过人工定时到现场抄取数据，不仅耗费大量的人力资源，而且在数据的实时性、准确性上都存在着许多不足之处。将现代的电力传感测量技术与信息通信技术、计算机技术等结合在一起的远程电力抄表物联网系统，能够为电力管理部门提供及时、准确、直观的电量使用数据和统计状况，加强了电力管理部门对电量使用的监控和管理能力。CDMA 技术的出现和物联网技术应用的深入，为远程的数据传输提供了新的有效途径。

目前在电力抄表领域也出现了一些基于 GPRS 等无线技术的电力远程抄表应用，解决了部分地区的电力用户抄表需求[202]。但随着我国经济的飞速发展和电力企业信息化加速，电力远程抄表系统的覆盖用户规模需求呈现出快速增长的趋势；同时，随着电力企业对用户的"分时计费"策略的深入推进，电力企业对抄表信息的数据量要求更大，对系统的管理功能也有了更高的要求。另外，由于抄表数据信息具有一定的隐私性和安全性要求，电力企业和用户对抄表系统在数据的保密和安全方面的要求也进一步提高。传统的 GPRS 电力远程抄表等方案已经逐渐不适应远程抄表应用发展的需要，电力企业对更高效的电力远程抄表物联网解决方案的需求十分迫切。

CDMA 无线通信网络具备系统容量大、传输速率高、保密性好、功耗低等优势，非常适合电力等行业的物联网应用[203]。目前，中国电信股份有限公司（以下简称中国电信）构建了覆盖广泛的 CDMA 制式 3G 网络，已成为成熟、稳定、可靠的通信网络，特别是 Ev - Do 的高速无线数据业务具备很强的行业竞争优势。基于 CDMA 3G 网络构建电力远程抄表物联网解决方案，可为电力系统提供简单、高效、安全的通信传输手段，非常适合电力部门用来将民用和工业电表采集的电力数据实时传递到地、市、省级的集中监控中心，以实现对用电信息的统一监控和分布式管理[204]。

5.4.5　应用展望

电力系统中的物联网，既可以作为输电通信基础网络的补充，加强输电通信网的可靠性，也可以作为配电网络的主要通信方式，弥补目前公网及无线通信网络无法实现的功能，同时能作为抵御极端天气的电力应急通讯方案和通信抗灾体系的有效手段。物联网就其本身而言，代表了下一代信息技术的发展，而目前其发展正处于起步阶段，仍然面临技术完备性不足、产品成熟度低、成本偏高、规划管理、无线电频率资源合理安排及分配等诸多因素的制约，但随着各方面的共同努力，物联网将迎来美好的未来，对经济起到积极的推动作用。

5.5　本章小结

本章围绕电力信息系统安全，通过四个新型技术从不同的角度分别分析了它们的安全问题，并讨论了很多相关的应用和技术。从中可以发现，良好的数据管理、科学的数据挖掘可以有效提高电力生产、维护、营销等方面的综合管理水平，加快智能电网建设，为电力企业的长远发展提供重要的信息技术保障。

第六章　工业控制系统信息安全

安全问题是中国乃至全世界的大事，而随着近年来"震网"、"蜻蜓"等侵害工业控制系统病毒的相继出现，工业控制系统的信息安全问题逐渐走进公众视野。工业控制系统的信息安全问题造成的危害，并不像生产安全那样直接给人类健康和安全带来风险，对环境造成严重破坏，而是通过对生产过程中关键信息和指标的篡改、误发等造成生产安全风险，进而导致生产安全所能带来的危害。本章首先介绍工业控制系统，包括其基本概念、分类以及国内外的研究应用情况等；然后分析工业控制系统的安全性，研究工业控制系统的安全防护体系、安全防护的关键技术；最后，提出了工业控制系统安全的挑战以及展望。

6.1　工业控制系统

6.1.1　工业控制系统介绍

工业控制系统（Industry Control System，ICS）是运用控制理论、计算机科学、仪器仪表等技术，对生产过程的各种信息进行采集、分析、处理，并进行优化控制和合理的调度、管理，以达到提高生产效率的一种先进的现代工业系统[205]。工业控制系统的体系结构如图 6.1 所示。

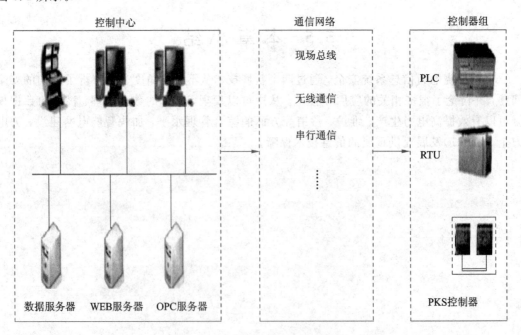

图 6.1　工业控制系统的体系结构

　　随着我国大力推进信息化建设,工业控制系统在我国各行业的应用范围和部署规模快速增长,工业控制系统已成为国家关键基础设施的"中枢神经"。其中,公用事业行业,大中型城市的燃气输配、供电、供水、供暖、排水、污水处理等均采用了智能工业控制系统;以石油、石化、天然气为代表的能源行业,从大型油气田到数万公里的原油、天然气和成品油输送管线,大规模采用工业控制系统;电力行业,发电、调度、变电、配电和用电等各个环节都离不开工业控制系统;以铁路为代表的公共交通行业,远程监控系统已具规模,若干铁路局采用了先进的工控系统实现调车作业自动化;水利行业,国家防汛指挥系统采用工控系统进行区域和全国联网。我国千万吨级炼油、百万吨级乙烯、百万千瓦核电与火电、高铁等重大工程的大规模建设,使得工业控制系统信息安全在国家安全战略中的地位变得举足轻重。

1. 工业控制系统的种类

　　常用的工业控制系统分为以下三种[206]。

　　(1) 数据采集与监控系统。

　　数据采集与监控系统(Supervisory Control And Data Acquisition,SCADA)由一个总调度中心(含备用调度中心)、多个区域调度中心、光纤与通信网络(含公共通信网和光纤专网)、通信装置(如调制解调器和光纤环网交换机)以及多个广域分布的远程子站组成。由于远程子站一般无人值班,所以部分远程子站没有设置人机界面功能,其 HMI 功能由区域调度中心和总调度中心的操作员站、报表/报警服务器完成。部分重要的远程子站具备就地监控功能时,可以设置人机界面 HMI 功能。区域调度中心和总调度中心的工程师完成对所连接远程子站的诊断、维护、配置和组态功能。区域调度中心和总调度中心的历史数据库服务器存储所有历史数据,安装大型工业实时历史数据库系统软件,对各类信息进行实时记录、查询,建立设备管理历史数据库,自动生成各类统计报表,定期输出数据报表,并将档案资料存盘保留。广域通信网络完成远程子站、区域调度中心和总调度中心之间的连接。有条件的专网大部分采用光纤介质,可实现双环自愈功能以提高通信通道的可靠性。不具备建设专网条件的可采用公共通信网络,如电话线、GPRS、3G 或者卫星通信。通信装置完成远程子站、区域调度中心和总调度中心局域网之间物理层、链路层和网络层之间的转换。电网中的调度主站对各个直调变电站的监控是典型的 SCADA 系统。

　　(2) 数据传输系统系统。

　　数据传输系统(Data Communication System,DCS)基本功能区的系统、设备是基于工业控制系统基本架构进行组织和构建的,用于实现具体的 DCS 控制功能。具体来说,现场控制站完成控制器的功能,数据采集控制模块完成传感器/变送器和执行器的部分功能,操作员站和报表/报警服务器完成人机界面功能,工程师站完成诊断、维护、配置和组态功能。DCS 系统扩展功能区则用于实现 DCS 系统与其他 ICS 系统(或其他信息系统)的连接管理。DCS 系统扩展功能区可通过通信站、OPC Server 或 Web Server 等实现与其他 ICS系统的连接边界。DCS 系统通过通信站可以从其他 ICS 系统采集数据,并通过 OPC Server向其他信息系统提供系统数据和接收指令。在某些情况下,DCS 系统可能会允许其他信息系统读取、添加或修改历史数据库中的数据。

　　(3) 可编程逻辑控制器系统。

　　可编程逻辑控制器系统(Programmable Logic Controller,PLC)实质上是一种专用于工业控制的计算机系统，其硬件结构基本与微型计算机相同。PLC 是以计算机为基础的设备，是 SCADA 系统或 DCS 系统的一种关键组件。PLC 系统广泛用于几乎所有的工业生产过程。在小型控制系统中，PLC 还常常作为主控制组件。

2. 工业控制系统涉及的网络

一旦工业控制系统信息安全出现漏洞，将对工业生产运行、国家经济安全和人民生命财产安全造成重大隐患。随着信息化与工业化深度融合以及物联网的快速发展，病毒、木马等威胁正在向工业控制系统扩散，工业控制系统信息安全问题日益突出。近年来发生的一系列工业控制系统安全问题，特别是"震网"病毒事件的爆发，充分反映出工业控制系统信息安全所面临的严峻形势。

根据我们对工业控制系统所涉及到的相关网络的研究，当前的工业控制系统在具体部署时通常涉及如下几种网络：企业办公网络（简称办公网络）、过程控制与监控网络（简称监控网络）以及现场控制系统网络。

（1）企业办公网络。

企业办公网络主要涉及企业应用，如 ERP、CRM 和 OA 等与企业运营息息相关的系统。根据风险敏感程度和企业应用场景的不同，企业办公网络可能存在与外部的互联网通信边界，而一旦存在互联网通信，就可能存在来自互联网的安全威胁。这时通常就需要具有较完备的安全边界防护措施，如防火墙、严格的身份认证及准入控制机制等。另外，工业控制系统的监控及采集数据也需要被企业内部的系统或人员访问或处理，这样在企业网络与工业控制系统的监控网络甚至现场网络（总线层）之间存在信息访问路径，但其中由于实时性要求及工业控制系统通信协议私有性的局限，多数情况在这些访问过程中并未能实现基本访问控制及认证机制[207]，即使在企业办公网络与监控网络之间存在物理隔离设备（防火墙、网闸等），但也存在因策略配置不当而被穿透的威胁。

（2）过程控制与监控网络。

过程控制与监控网络主要部署 SCADA 服务器、历史数据库、实时数据库以及人机界面等关键工业控制系统组件。在这个网络中，系统操作人员可以通过 HMI 界面、SCADA 系统及其他远程控制设备对现场控制系统网络中的远程终端单元（RTU）、现场总线的控制和采集设备（PLC 或者 RTU）的运行状态进行监控、评估、分析；并依据运行状况对 PLC 或 RTU 进行调整或控制。监控网络负责工业控制系统的管控，其重要性不言而喻。

对现场设备的远程无线控制、监控网络设备维护工作及需要合作伙伴协同等现实需求，在监控网络中就需要考虑相应的安全威胁：

① 不安全的移动设备（比如笔记本、移动 U 盘等）的未授权接入，而造成木马、病毒等恶意代码在网络中的传播；

② 监控网络与 RTU/PLC 之间不安全的无线通信，可能被利用并用于攻击工业控制系统。在《工业控制系统的安全性研究报告》给出了一个典型的利用无线通信进行入侵攻击的攻击场景。因合作的需要，工业控制网络有可能存在外联的第三方合作网络，并且在网络之间存在重要的数据信息交换。虽然这些网络之间存在一定的隔离及访问控制策略，但日新月异的新型攻击技术可能造成这些防护措施的失效，因此来自合作网络的安全威胁也是不容忽视的。

（3）控制系统网络。

控制系统网络利用总线技术（如 PROFIBUS 等)将传感器/计数器等设备与 PLC 以及其他控制器相连，PLC 或者 RTU 可以自行处理一些简单的逻辑程序，不需要主系统的介入即能完成现场的大部分控制功能和数据采集功能，如控制流量和温度或者读取传感器的数据，实现了信息处理工作的现场化。

控制系统网络由于通常处于作业现场，加上环境复杂，因此部分控制系统网络采用各种接入技术作为现有网络的延伸，如无线和微波，但这也将引入一定的安全风险。同时 PLC 等现场设备在现场进行维护时，也可能因不安全的串口连接(比如缺乏连接认证)或缺乏有效的配置有效性核查，而造成 PLC 设备运行参数被篡改，从而对整个工业控制系统的运行造成危害(例如伊朗核电站离心机转速参数被篡改造成的危害)。

3. 工业控制系统的本质特征

工业控制网络系统中需要保护的信息具有以下八个方面的本质特征[208]。

(1) 机密性：防止对未授权用户或系统的信息泄漏。对工业控制系统而言，机密性包含了两个方面的含义：其一是指该领域专有的信息，比如生产方法、设备性能数据等；其二是指安全机制的机密，比如口令或加密密钥等。

(2) 完整性：防止未授权用户或系统对信息的修改。对工业控制系统而言，主要指对进出工业控制系统的信息、检测值、控制命令以及系统内部交换信息的完整性保护。通过嵌入信息、重放信息以及信息延迟等手段预防对信息进行修改。完整性破坏的后果非常严重，通常会引起设备和人员的伤害。

(3) 可用性：确保合法用户根据需要可以随时访问系统资源。对工业控制系统而言，是指它所包含的所有 IT 系统的可用性，如控制系统、安全系统、操作站、工程师工作站以及通信系统等。可用性的破坏也非常严重，可能会导致生产过程的失控。

(4) 授权：防止未授权用户访问或使用系统，即规定了用户对数据的访问权限。广义地说，指出于安全的目的对合法和非法用户进行鉴别的机制；狭义而言，指在控制系统中限制有问题的操作。

(5) 身份认证：对系统用户进行验证，证实其身份与其所声称的身份是否一致。它与授权的区别可以用下面通俗的话来表达：对特定的服务或设备来说，哪种访问是允许的，这是指授权；而谁被允许访问，这就是身份认证。

(6) 不可否认性：可以提供充分的证据，使参与系统通信过程或操作过程的各方无法否认其过去在系统中的参与活动。在工业控制系统中，不可否认性通常是作为管理要求而提出的。对它的破坏可产生法律的或商业的后果，不涉及设备与人员安全。

(7) 可审计性：要求能对系统的整个访问过程进行审计。其目的主要是发现事故或故障及其原因，并确定事故或故障的范围及安全事件的后果。对工业控制系统而言，它和管理要求密切相关。

(8) 第三方保护：避免通过 IT 系统对第三方组件造成破坏，即指单个服务或设备的失效不应引起对其他组件的损害，比如通过分布式拒绝服务(DDoS)或蠕虫攻击可能导致访问控制和可用性出现问题。

4. 工业控制系统的安全特征

相较于普通 IT 信息系统的安全性，工业控制系统的安全具有以下特征[209]：

(1) 工业控制系统安全问题将直接对物理环境造成影响，有可能导致死亡、受伤、环境破坏和大规模关键业务中断等。

（2）工业控制系统安全相比 IT 安全而言有更广泛的威胁向量，包括安全限制和特有网络协议的支持。

（3）工业控制系统安全涉及的系统厂商较多，测试和开发环境多种多样。

（4）一些工业控制系统安全环境面临预算限制，这与需要严格监管的 IT 系统有很大不同。

（5）IT 行业以传统的安全性和可用性作为主要安全特性，而工业控制系统行业还需关注对产品质量的协调影响、运营资产和下游后果的安全问题。

6.1.2　工业控制系统在国内外研究、应用现状

工业控制系统是由各种自动化控制组件以及对实时数据进行采集和监测的过程控制组件共同构成的确保工业技术设施自动化运行、过程控制和监控的业务流程管控系统，其核心组件包括数据采集与监控系统（SCDA）、分布式控制系统（DCS）、可编程逻辑控制器（PLC）、远程终端（RTU）、智能电子设备（IED）和确保各组件通信的接口技术。随着我国电力、冶金、石化、环保、交通和建筑等行业的迅速发展，包括数字家庭用的机顶盒、数字电视、银行柜员机、高速公路收费系统、加油站管理和制造业生产线在内的金融、政府、国防等行业信息化需求的不断增加，其市场发展前景十分广阔，同时伴随着恶意攻击者技术的提高，针对工业控制系统的各种安全问题越发突出。

近年来，针对工业控制系统的各种网络攻击事件日益增多，暴露出工业控制系统在安全防护方面的严重不足[210]。

（1）美国 Davis-Besse 核电站受到 Slammer 蠕虫攻击事件。

2003 年 1 月，美国俄亥俄州 Davis-Besse 核电站和其他电力设备受到 SQL Slammer 蠕虫病毒攻击，网络数据传输量剧增，导致该核电站计算机处理速度变缓、安全参数显示系统和过程控制计算机连续数小时无法工作。经调查发现，一供应商为给服务器提供应用软件，在该核电站网络防火墙后端建立了一个无防护的 T1 链接，病毒就是通过这个链接进入核电站网络的。这种病毒主要利用 SQL Server 2000 中 1434 端口的缓冲区溢出漏洞进行攻击，并驻留在内存中，不断散播自身，使得网络拥堵，最终造成 SQL Server 无法正常工作或宕机。实际上，微软在半年前就发布了针对 SQL Server 2000 中这个漏洞的补丁程序，但该核电站并没有及时进行更新，结果被 Slammer 病毒乘虚而入。

（2）美国 Browns Ferry 核电站受到网络攻击事件。

2006 年 8 月，美国阿拉巴马州的 Browns Ferry 核电站 3 号机组受到网络攻击，反应堆再循环泵和冷凝除矿控制器工作失灵，导致 3 号机组被迫关闭。原来，调节再循环泵马达速度的变频器（VFD）和用于冷凝除矿的可编程逻辑控制器（PLC）中都内嵌了微处理器。通过微处理器，VFD 和 PLC 可以在以太局域网中接受广播式数据通信。但是，由于当天核电站局域网中出现了信息洪流，VFD 和 PLC 无法及时处理，致使两设备瘫痪。

（3）美国 Hatch 核电厂自动停机事件。

2008 年 3 月，美国乔治亚州的 Hatch 核电厂 2 号机组发生自动停机事件。当时，一位工程师正在对该厂业务网络中的一台计算机（用于采集控制网络中的诊断数据）进行软件更新，以同步业务网络与控制网络中的数据信息。当工程师重启该计算机时，同步程序重置

了控制网络中的相关数据，使得控制系统以为反应堆储水库水位突然下降，自动关闭了整个机组。

（4）2010 年，"网络超级武器"Stuxnet 病毒通过针对性入侵 ICS 系统，严重威胁到伊朗布什尔核电站的安全。

（5）2010 年的"震网"病毒触动了国家重要基础设施的"中枢神经"，使得原本看似风平浪静的工业控制领域风起云涌。正当全世界对"震网"病毒利用多个已知漏洞，并通过复杂多阶段组合式攻击实现了从互联网对封闭的伊朗布什尔核电站系统的攻击中惊魂未散时，2011 年的"毒区"病毒、2012 年的"火焰"病毒再掀波澜，工业控制系统面临日益升级的安全威胁。

目前来看，各个国家的工业控制系统信息安全形势都非常严峻，尤其在 2014 年，先后爆发的一些系统漏洞对很多工业控制系统都造成了影响，后来又有 Havex 这种恶意软件入侵欧美一千多家能源企业的工业控制系统中，产生了比较恶劣的影响。应该说，爆发的这一系列事件引发了各个国家对于工业控制系统信息安全的关注。国内电力、高铁、市政、石化行业也出现了一些因病毒入侵而造成的一些安全事件，并造成了一定的经济损失，这些安全事件引起了主管部门及用户的极大重视。针对工业控制系统的安全问题，国内已做了大量的相关工作：工业控制系统相关的安全标准正在制订过程中，电力、石化、制造、烟草等多个行业已在国家主管部门的指导下进行安全检查、整改[211~213]。虽然国内关于工业控制系统安全的研究及产业化工作刚刚展开，但随着工业化与信息化的深度融合，智能化的工业控制系统在电力、交通、石化、市政、制造等涉及国计民生的各行各业的重要性也越来越重要，来自信息网络的安全威胁将逐步成为工业控制系统所面临的最大安全威胁，也是我们当前迫切需要进行研究并及时解决的重大问题。不管攻击者的目的是出于经济目的、意识形态的纷争甚至是国家间网络战对抗的需要，我们都必须深入研究工业控制系统的安全性及其可能遭受到的各种威胁，并提供切实有效的安全防护措施，以确保这些时刻关系到国计民生的工业控制系统的安全运营。从这个角度来看，工业控制系统安全相关的产品将具有广阔的市场发展前景。

我国工业控制系统面临严重的安全风险，主要体现在：

（1）生产工艺设计人员和控制系统设计人员缺乏信息安全意识；

（2）系统体系架构缺乏基本的安全保障，网络本身"一马平川"，缺乏最基本的数据流向控制与管理，无线信道保护不足，现场总线协议普遍缺乏基本的安全机制，远程现场设备物理安全无法保证；

（3）系统外联缺乏风险评估和必要的信息安全保障措施；

（4）关键与核心设备信息安全保障不足。

6.1.3　工业控制系统在电力系统中的应用

在计算机网络技术不断进步与发展的过程中，控制系统领域的技术也发生了重大变革，正逐步向网络化、智能化、分散化的方向发展。网络技术在控制系统中的应用日渐广泛，同时也为控制系统的发展提供了重要的物质基础。作为快速分布的实时系统，电力系统对安全性、稳定性以及可靠性的要求相当高。目前，在电力系统的日常运行中，其安全控制问题是一项巨大的挑战，同时也是一个亟需解决的问题。现阶段，应用于电力系统中的典型网络化控制系统主要有现场总线控制系统、工业以太网控制系统以及无线局域网控制系统[214]。

1. 现场总线控制系统

现场总线控制系统的核心在于连接控制室与操作现场的一条数据总线。如果从控制系统的开放性这个层面来考虑，现场总线控制系统只是网络化控制系统的一个比较初级的阶段。而对于电力系统而言，其环境复杂，所以需要进行实时可靠的监控，从而使管理网与测控网之间形成有效的连接。

（1）现场总线控制系统在自动化变电站中的应用。目前，我国基于现场总线控制系统的自动化变电站取得了良好的发展态势，我国自制研究出的 LonWorks 总线控制系统已在珠海、西安等地的变电站中投入使用，并且取得了良好的效果。它具有良好的通信规约，不需要与智能仪表之间形成一定的连接。

（2）现场总线控制系统在智能化配电与控制系统中的应用。在现场总线控制系统的应用中，为了有效实现配电与控制系统的智能化，出现了带有总线结构的开关电器。在智能化的配电与控制系统中，总线控制系统可以实现企业内部与现场控制的集成化连接。

2. 工业以太网控制系统

在正常运行中，电力系统通常以专线为主进行通信和控制。但是，随着以太网技术的不断进步与发展，利用网络化接口已成为电力系统的一种发展趋势。

（1）工业以太网控制系统在自动化变电站中的应用。对于供电部门来说，其最主要的工作就是要提供安全、稳定、可靠的电能。目前，很多电力企业为了解决实际问题，都积极采用工业以太网技术。因为它不仅能够实现电力设备之间的互相通信，而且还可以实现控制系统与保护系统之间的有效连接。对于工业以太网来说，它具有容大、抗电磁干扰能力强等优势，所以能够为自动化变电站的运行提供有力保障。

（2）工业以太网控制系统在电厂监控系统中的应用。目前，随着计算机网络技术的发展，它已经被广泛应用到电厂的自动化控制系统中。但是，传统的电厂辅助控制系统已不能满足实际发展的需要，甚至严重阻碍了电厂自动化水平的提升，在这种情况下，应充分利用工业以太网控制系统的功效来提高电厂监控系统的自动化水平。

3. 无线局域网控制系统

近年来，计算机网络技术中的无线局域网得到了快速发展。相比有线网络来说，无线局域网的生产成本更低，施工周期更短，而且故障的诊断与维修更为便利。随着工业控制网络规模的不断扩大，受限于客观环境，很多区域并不能有效地构建有线网络，在这种情况下，无限局域网就能发挥出良好的作用。对于无限局域网来说，它是无线通信技术与计算机网络技术相结合的产物。虽然现阶段无线通信技术在控制系统中的应用还处于初级阶段，而且短时期内还不能实现广泛的应用，但是在无线网络技术不断发展的过程中，无线通信技术势必会在电力工业的自动化中扮演重要角色，并起到十分关键的作用。

目前，在电力系统中应用较多的是可编程逻辑控制器系统（Programmable Logic Controller，PLC）。日本在进入 21 世纪以来 PLC 的技术不断发展，为适应市场需求，加强了信息处理能力。用户希望能通过 PLC 在软技术上协助改善被控过程的生产性能，需要PLC 能与 PC 机更好地融合，以便在 PLC 这一级就可加强信息处理能力。为顺应这些要求，CONTEC 与三菱电机合作，推出了专门装插在小 Q 系列 PLC 机架上的 PC 机模块。

该模块占 2 个插槽,实际上就是一台可在工厂现场环境正常运行、而且可通过 PLC 的内部总线与 PLC 的 CPU 模块交换数据的 PC 机。其处理机芯片采用 Intel 的 Celeron 400MHz 主频,系统内存 128MB,Cache128K。接口有:USB 1 个,可扩至 2 个;以太网插口 RJ45(10BASE－T/100BASE－TX0;串口 RS 232C 1 个,可扩至 2 个;并口可扩 1 个;鼠标、键盘 PS/2 接口;软盘驱动器口;硬盘驱动器口以及 2 个 PC 卡件(PCMCIA 总线)。硬盘模块或固态盘可插装在 PLC 机架上。该模块可预装 Windows NT 4.0 或 Windows 2000。支持的软件有:三菱综合 FA 软件 MELSOFT(包括 PLC 编程软件:GX;FA 数据处理、日常业务处理加速中间件:MX;人机界面画面设计编程软件:GT;运动控制设计编程维护软件:MT;过程控制设计编程维护软件:PX)。另外,它还支持三菱 FA 用的通信中间件 EZSocket。据悉,目前在日本国内共有包括日本电气、横河等在内的 43 家企业可提供采用 EZSocket 的软件产品,供通信、数据采集、SCADA/监控、CAD/编程、生产管理、图像处理分析 /数值解析、信息处理之用。

由于近年来日本的中大型 PLC 纷纷推出一个机架上可装插多个 CPU 模块的结构,所以将 PC 机模块与 PLC 的 CPU 模块、过程控制 CPU 模块或运动控制模块同时插在一个机架上,实际上就是将原来 PLC 要通过工厂自动化用的 PC 机与管理计算机通信的三层结构改为 PLC 系统可直接与生产管理用的计算机通信的两层结构。这样一来,上报生产情况、接受管理机的生产指示就变得更加方便快捷。

针对 PC＋PLC 系统在电力系统中的应用,有如下几个发展趋势[215]。

(1)集成化发展趋势增强。基于 PC＋PLC 控制系统目前使用最多的是两层或三层控制结构,上位机用 PC,下位机则选用微型或大型的 PLC。集成理念、嵌入式技术的发展促使了软件 PLC、插卡式 PLC 以及类 PLC 等集成设计、安装简便的 PLC 的产生。因此 PC＋PLC 系统在原有优点的基础上具备了集成化控制,简化了接口,降低了网络负担。由此可见,PC＋PLC 控制系统将成为工业控制的主流系统,并朝着多元化的方向发展,在插卡式 PLC 成熟的前提下,运用插卡式 PLC 不但能简化设备的互联,同时能只在 PC 的平台下进行,使控制集成化,使操作和管理过程方便。

(2)大型化控制。目前大多数的 PC＋PLC 只应用于具有几百个输入以内的中小型过程控制。但随着工厂的扩大、过程控制的复杂化,PC＋PLC 正向着大型化控制迈进。这将促使自动控制系统能够全面应用于大型工厂的自动化控制与生产管理中,由此可以降低工厂的生产成本,提高效率。

(3)管控一体化与网络化。在一个常规的制造企业中,由于市场分析、经营决策、工程设计、质量管理、生产指挥、产品服务等环节之间紧密联系、不可分割,由此需要形成企业管理信息系统;由于制造过程中信号控制、信息收集、传递、过程控制的需要,形成现场自动化控制系统。随着竞争和发展带来的变化,要求企业将经营决策、管理、调度、过程优化、故障诊断、信号收集、现场控制等联系在一起以便能够按照市场需要调整产品上市时间、改善质量、降低成本、并不断完善服务,这就要求管理信息系统和现场自动化系统互联在一起。PC＋PLC 系统是基于 PC 建立起来的,PC 与 PLC 之间搭建起树型网络或互联网络结构的控制系统综合了 PC 的智能化管理和数据的处理,使得监控和管理一体化,同时 PC 可以很方便地与以太网互联,从而不但能使产业信息上网,而且还能够通过以太网进行远程控制，使 PC 资源得到了充分的利用。

（4）开放性互联。现在各大厂商的设备都自成体系，而如今需要多个厂商设备互联构成系统的情况却越来越多，一些本可以组成一套系统的不同厂家生产的设备由于彼此间不兼容，难以实现不同厂商设备互联。甚至有些设备本身的性能是封闭的，这就需要设备通信设计者遵循 OSI 参考模型设计出一个普及化、标准化的设备通信协议。由于 PC 的编程语言多样化，实现 PC 与 PLC 之间的通信方法多样、运用灵活，使设备间通信简单便捷。

（5）智能化。如今人工智能技术成为计算机科学技术的一个重要分支，人工智能技术是研究、开发用于模拟、延伸和扩展人的智能的理论、方法、技术及应用系统的一门新的技术科学。在自动控制理论的基础上，PC＋PLC 系统若运用人工智能理论能够在控制的过程中模拟人的智能，开发出完全依靠控制系统分析、解决事故和问题的专家系统，必将会给工业带来巨大的经济利润，且控制过程会十分精确。

6.2　工业控制系统安全性分析

6.2.1　工业控制系统平台脆弱性

工业控制系统的网络架构朝着工业以太网的方向发展，其开放性逐渐增强，基于 TCP/IP 以太网通信的 OPC（OLE for Process Control，用于过程控制的一个工业标准）技术在该领域得到广泛应用。从工业控制系统的网络现状分析，ICS 网络面临两类安全威胁。

（1）开放性引入的安全风险。例如 TCP/IP 协议和 OPC 协议等通用协议的漏洞很容易遭到来自外部或内部网络的攻击。

（2）连接性引入的安全风险。早期，工业控制系统和企业管理系统是物理隔离的，但近年来为了管理与生产的方便，两个网络系统间以逻辑隔离的方式存在，因此 ICS 系统也面临来自企业网络和 Internet 的威胁。表 6.1 总结了 ICS 系统存在的几种网络威胁[216]。

表 6.1　ICS 系统的威胁

威胁来源	描　述
网络攻击者	网络攻击者，来自世界各地，会出于不同的目的对网络系统造成严重的破坏
僵尸网络操作者	僵尸网络的操作者也是攻击者，他们不是出于挑战而侵入系统，通常会操纵多个系统进行联合攻击
犯罪组织	犯罪组织主要为了金钱的利益攻击网络系统。有组织的犯罪团体用垃圾邮件、钓鱼、间谍软件、恶意软件等方式进行信息的窃取和欺骗
国外的智能服务	国外的智能服务用网络工具来进行信息收集和间谍活动
钓鱼网站	通常执行钓鱼方案试图窃取身份和金融信息

在面对众多安全威胁的情况下，工业控制系统脆弱性主要包括以下几个方面[217]。

（1）安全策略与管理流程的脆弱性。

追求可用性而牺牲安全，这是很多工业控制系统普遍存在的现象，缺乏完整有效的安全策略与管理流程是当前我国工业控制系统的最大难题，很多已经实施了安全防御措施的 ICS 网络仍然会因为管理或操作上的失误，造成 ICS 系统出现潜在的安全短板。例如，工业控制系统中的移动存储介质的使用和不严格的访问控制策略。作为信息安全管理的重要组成部分，制定满足业务场景需求的安全策略，并依据策略制定管理流程是确保 ICS 系统稳定运行的基础。参照 NERCCIP、ANSI/ISA－99、IEC62443 等国际标准，目前我国安全策略与管理流程的脆弱性表现为：① 缺乏安全架构与设计；② 缺乏 ICS 的安全策略；③ 缺乏 ICS 安全审计机制；④ 缺乏针对 ICS 的业务连续性与灾难恢复计划；⑤ 缺乏针对 ICS 配置变更管理；⑥ 缺乏根据安全策略制定的正规、可备案的安全流程（移动存储设备安全使用流程与规章制度、互联网安全访问流程与规章制度）；⑦ 缺乏 ICS 的安全培训与意识培养；⑧ 缺乏人事安全策略与流程（人事招聘、离职安全流程与规章制度、ICS 安全培训和意识培养课程）。

（2）工控平台的脆弱性。

由于 ICS 终端的安全防护技术措施十分薄弱，所以病毒、木马、黑客等攻击行为都利用这些安全弱点，在终端上发生、发起，并通过网络感染或破坏其他系统。事实是所有的入侵攻击都是从终端上发起的，黑客利用被攻击系统的漏洞窃取超级用户权限，肆意进行破坏。注入病毒也是从终端发起的，病毒程序利用操作系统对执行代码不检查一致性的弱点，将病毒代码嵌入到执行代码程序中，实现病毒传播。更为严重的是对合法的用户没有进行严格的访问控制，可以进行越权访问，从而造成不安全事故。

目前，多数 ICS 网络仅通过部署防火墙来保证工业网络与办公网络的相对隔离，各个工业自动化单元之间缺乏可靠的安全通信机制，数据加密效果不佳，工业控制协议的识别能力不理想，加之缺乏行业标准规范与管理制度，工业控制系统的安全防御能力十分有限。例如基于 DCOM 编程规范的 OPC 接口几乎不可能使用传统的 IT 防火墙来确保其安全性，在某企业的 SCADA 系统应用中，需要开放使用 OPC 通讯接口，在对 DCOM 进行配置后，刻毒虫病毒（计算机频繁使用 U 盘所感染）利用 Windows 系统的 MS08－67 漏洞进行传播，造成 Windows 系统频繁死机。

另一种容易忽略的情况是，由于不同行业的应用场景不同，其对于功能区域的划分和安全防御的要求也各不相同，而对于利用针对性通信协议与应用层协议的漏洞来传播的恶意攻击行为更是无能为力。更为严重的是工业控制系统的补丁管理效果始终无法令人满意，考虑到 ICS 补丁升级所存在的运行平台与软件版本限制，以及系统可用性与连续性的硬性要求，ICS 系统管理员绝不会轻易安装非 ICS 设备制造商指定的升级补丁。与此同时，工业系统补丁动辄半年的补丁发布周期，也让攻击者有较多的时间来利用已存在的漏洞发起攻击。以 Stuxnet 蠕虫为例，其恶意代码可能对 Siemens 的 CPU315－2 和 CPU417 进行代码篡改，而 Siemens 的组态软件（WinCC、Step7、PCS7）对 Windows 的系统补丁有着严格的兼容性要求，随意的安装补丁可能会导致软件的某些功能异常。

（3）网络的脆弱性。

工业控制系统的漏洞存在多个方面，如物理环境、组织、过程、人员、管理、配置、硬件、软件和信息等，其中可以造成网络入侵攻击的漏洞主要包括以下一些脆弱性问题[216-218]，如表 6.2 所示。

表 6.2　ICS 网络的脆弱性

脆弱性类型	描　述
网络配置的脆弱性	有缺陷的网络安全架构； 未部署数据流控制； 安全设备配置不当； 网络设备的配置未存储或备份； 口令在传输过程中未加密； 网络设备采用永久性的口令； 采用的访问控制不充分
网络硬件的脆弱性	网络设备的物理防护不充分； 未保护的物理端口； 丧失环境控制； 非关键网络缺乏冗余备份
网络边界的脆弱性	未定义安全边界； 未部署防火墙或配置不当； 用控制网络传输非控制流量； 控制相关的服务未部署在控制网络内
网络监控与日志的脆弱性	防火墙、路由器日志记录不充分； ICS 网络缺乏安全监控
网络通信的脆弱性	未标识出关键的监控与控制路径； 以明文方式采用标准的或文档公开的通信协议； 用户、数据与设备认证是非标准的或不存在通信缺乏完整性检查
无线连接的脆弱性	客户端与 AP 之间的认证不充分； 客户端与 AP 之间的数据缺乏保护

（4）潜在威胁分析。

作为国家关键基础设施自动化控制的基本组成部分，由于其承载着海量的操作数据，并可以通过篡改逻辑控制器控制指令实现对目标控制系统的攻击，针对工业控制网络的定向攻击目前正成为敌对势力和网络犯罪集团实施渗透、攫取利益的重点对象，稍有不慎就有可能对涉及国计民生的重要基础设施造成损害。可导致 ICS 系统遭受破坏的威胁主要有：控制系统发生拒绝服务；向控制系统注入恶意代码；对可编程控制器进行非法操作；对无线 AP 进行渗透；工业控制系统存在漏洞；错误的策略配置；人员及流程控制策略缺失。

为什么会存在这么多问题？因为工控系统和传统的信息系统有很大的区别，而且构造控制系统由于在信息安全的起步上比较晚，所以工控系统本身有很多脆弱点，比如边界安全策略缺失、系统安全防御机制缺失、管理制度缺失或不完善、网络配置规范缺失、监控与应急响应机制缺失，以及基础设施可用性保障机制缺失等。

此外，数控机床完全依赖国外产品，国产基本没有；控制系统的设计人员没有安全意识；以及无线信道保护不足。我国的电力系统尤其是国家电网，新技术运用得比较多，比如智能电网，做信息化的同时做电力的二次防护系统，其实二次防护系统不是他们最根本的自动化系统，配电系统中的调度系统才是他们真正的控制系统，在配电系统里面，如果黑客通过远程的 PTRTU 电力监控设备进入到配电网中，即直接进入到最核心的配电调度环节，那么带来的损失、影响是非常巨大的。其实在 2002 年、2003 年，国内就爆发过大规模的停电事件，当时是由病毒引起的，导致整个变电网瘫痪，这一事件后，国家电网大力发展了自己的信息安全。

6.2.2　工业控制系统面临的安全风险分析

由于工业控制系统的正常运行甚至会影响到国计民生(诸如电力、石化、市政、交通以及重要的制造业的工业控制系统)，其重要性不言而喻。因此他们也必然会成为网络战的重点关注对象，而且目前 APT 等新型、复杂攻击技术的存在，也将使得系统面临的安全威胁日益严重。

目前工业控制系统都存在以下一些安全问题[219]。

(1) 操作系统存在漏洞。目前大多数工业控制系统基于成本和使用便利性的考虑，均采用微软 Windows 平台。考虑到系统的稳定性和网络状况，一旦系统调试完毕后很少有管理员再对系统进行升级，很可能导致其存在的各类严重等级安全漏洞无法修补。

(2) 硬件平台存在隐患。基于成本的考虑，目前大部分现场控制站均采用兼容机结构，相对于服务器和工控机而言，其在可靠性等方面存在较大的差距。同时现有的控制专用设备在设计时没有考虑到安全的问题，部分控制器没有对通信的数据包大小以及格式进行严格检查，一旦攻击者向其发送畸形数据包，就可能导致工控机停机，从而造成巨大损失。

(3) 防病毒体系存在隐患。工业控制系统对可靠性要求极高，防病毒产品必须经过严格的测试后才能安装到软件平台上，同时还必须对防病毒产品的一些功能进行严格限制，防止资源消耗过多进而对工业控制系统造成影响。目前很多工业控制系统管理员从方便业务角度出发，并没有安装防病毒产品或没有开启全病毒库扫描模式，从而无法抵御计算机病毒的入侵。

(4) 管理制度存在问题。目前工业控制系统使用单位普遍没有针对移动存储介质的管理规定，或者规定制定力度不够，缺乏必要的监管手段，这始终是工业控制系统安全的一个重要威胁。特别是在物理隔离的工业控制系统中，移动存储介质成为计算机病毒传播的主要途径，2010 年伊朗爆发的"震网"病毒以及随后的"火焰"病毒，就是利用移动存储介质进行传播的。

企业的工业控制系统和管理系统起初是隔离的，但是近年来信息技术的飞速发展和企业不断提高的管理需求，进一步促进了"两化融合"，导致企业的工业控制系统和管理系统可以直接进行通信，甚至能够连接互联网，在这种情况下，工业控制系统面临的威胁不仅仅来自于企业内部，同时面临来自互联网的威胁，主要包括：

(1) 网络结构复杂，工业控制系统采用种类繁多的工业控制通信协议，而管理网络普遍采用标准的 TCP/IP 协议，网络管理员在进行网络分配和管理时普遍面临较大的困难；

(2) 网络防护设备滞后，目前大部分工业控制系统的通信协议均基于微软的 DCOM 协议，其在通信时采用不固定的端口号，导致传统的防火墙和网闸无法保障其安全性；

(3) 网络攻击威胁严重，由于"两化融合"工业控制系统可以连接互联网，因此不可避免地会面对来自网络的各种攻击[220—225]。

通过分析可以发现，造成工业控制系统安全风险加剧的主要原因有两方面。

首先，传统工业控制系统的出现时间要早于互联网，它需要采用专用的硬件、软件和通信协议，设计上基本没有考虑互联互通所必须考虑的通信安全问题。

其次，互联网技术的出现，一方面使得工业控制网络中大量采用通用的 TCP/IP 技术，工业控制系统与各种业务系统的协作成为可能，愈加智能的 ICS 网络中各种应用、工控设备以及办公用 PC 系统逐渐形成一张复杂的网络拓扑。另一方面，系统复杂性、人为事故、操作失误、设备故障和自然灾害等也会对 ICS 造成破坏。在现代计算机和网络技术融合进 ICS 后，传统 TCP/IP 网络上常见的安全问题已经纷纷出现在 ICS 之上。例如，用户可以随意安装、运行各类应用软件，访问各类网站信息，这类行为不仅影响工作效率、浪费系统资源，而且还是病毒、木马等恶意代码进入系统的主要原因和途径。以 Stuxnet 蠕虫为例，其充分利用了伊朗布什尔核电站工控网络中工业 PC 与控制系统存在的安全漏洞（LIK 文件处理漏洞、打印机漏洞、RPC 漏洞、WinCC 漏洞、S7 项目文件漏洞以及 Autorun.inf 漏洞）进行攻击。

我国工控信息安全的当务之急包括以下几个方面：

(1) 有关政府部门发布相关法令法规深入研究我国工业控制系统的行业特点和需求，有针对性地制定相关行业信息安全保障应用行规。

(2) 研究我国工业信息安全标准体系建立标准，开展工业控制系统信息安全评估的制定工作，健全工业信息安全评估认证机制，建立有效的工业控制系统信息安全应急系统，形成我国自主的工业控制系统信息安全产业和管理体系。

(3) 对工业控制系统进行专业化的漏洞检测，前提是不可影响控制系统的稳定、可靠与安全运行，否则容易引起不必要的灾害事故。

(4) 加快研发工业控制系统安防的技术和产品。

(5) 工业控制系统信息安全人才的培养。

6.2.3　工业控制系统安全评估难点

伴随 Stuxnet 蠕虫和 Duqu 病毒给工业控制系统带来的巨大破坏力，国家信息安全主管部门越来越重视工业控制系统的安全保护工作。先后制定并发布了 GBT26333—2010《工业控制网络安全风险评估规范》、《关于加强工业控制系统信息安全管理的通知》工信部协〔2011〕451 号等标准和文件，为推动工业控制系统网络安全防护工作起到了积极的促进作用。但是，由于我国在工业控制领域信息安全工作开展相对较晚，主要控制组件、设备多为国外厂商生产研发，处于核心技术受制于人的局面。因此，有效开展工业控制系统网络安全评估与保护工作面临着严峻的挑战，也存在着诸多的难点，具体难点叙述如下。

1. 标准规范未完善

国内外先后制定发布了多个针对工业控制系统的安全标准与文件，我国的 GBT26333—2010《工业控制网络安全风险评估规范》从风险管理的角度给出了工业控制系统的评估流程与方法，从威胁识别、资产识别、风险计算分析等方面提出了一套合理科学的评估方法学，同时从物理安全评估、体系安全结构评估、安全管理评估、安全运行评估、信息保护评估六个方面针对评估项目给出了合理的评估建议。但是，全面有效地开展工业控制系统网络安全评估需要体系化的评估标准与规范，相应的评估准测、评估实施指南等标准文件不可或缺。

2. 对象范围未确定

典型的工业控制系统网络结构大体包括过程控制层、生产管理层、信息管理层三个层次。在不同类型的工业控制系统中，各层级之间穿插使用通用的操作系统、硬件平台，涉及传统信息系统通用的网络安全设备、服务器和过程控制设备，在性能、可用性、即时性、资源占用等较传统信息系统要求较高的工业控制系统中，如何清晰、合理地确定系统评估边界以及各层级中的评估对象成为难点。而且，针对生产环境下的评估对象开展测评工作本身往往会引入一些新的安全风险，可能会导致工业控制系统或其某个组件的可用性以及自身安全功能的丧失。因此，确定评估边界、锁定评估对象，在确保哪些对象可以评估的前提下，有效开展评估工作是当前面临的又一难点。

3. 评估方法未形成

传统的网络信息系统安全评估方法主要包括人员访谈、文档检查、配置核查、案例验证、漏洞扫描、渗透测试、综合评估、风险分析等。针对工业控制网络系统自身生产运行特点以及功能特性，如何选择并形成一套规范、合理、有效、安全的评估方法显得尤为迫切。针对工业控制系统使用的控制器、功能组件以及集成方案的评估如何开展，具备怎样的可行手段，以及在系统生命周期特别是在工业控制系统运行维护阶段采取何种可控的评估方法挖掘系统安全问题、避免活动安全风险，仍需要大量的技术研究。

4. 评估工具尚缺乏

传统的网络信息系统安全评估工具涵盖网络、主机、数据库、Web 应用扫描等评估测试工具，但是针对工业控制系统相关的过程控制设备进行的评估工具当前仍欠缺。由于国内从事信息安全专业的技术人员存在大量缺口，能够从事工业控制系统安全保障工作的专业技术力量更是紧缺。从"两化融合"、加强工业控制系统安全保障工作的发展趋势来看，评估工具作为专业技术人员开展工业控制系统安全评估工作的重要手段，更是需要解决的优先方向。

6.2.4　工业控制系统安全策略与管理流程

为保护工业控制系统安全，从管理者的角度，应制定安全管理策略和操作流程，确保不会出现因为操作人员的误操作和管理制度的漏洞而造成安全隐患。可供参考的安全策略与流程如下：

（1）行政主管部门应制定工业控制系统的安全政策。

（2）工控企业设计工业控制系统安全体系。

（3）工控企业根据安全政策制定正规、可备案的安全流程。

（4）工控企业制定工业控制系统设备安全部署的实施指南。

（5）第三方权威的安全评审机构应定期进行工业控制系统的安全审计、漏洞检测。

（6）工控企业制定针对工业控制系统的业务连续性、灾难恢复计划以及应急处理机制。

（7）对工控系统操作人员进行定期安全培训。

6.3　工业控制系统安全防护体系研究

工业控制系统安全现状可以概括为：一个焦点，两个反差，三个跨度。

一个焦点，即"两化融合"。两化融合的需求和管理，使工业控制系统和企业管理系统可以直接进行通信，加之 Internet 与企业网的互联，工控网络的绝对物理隔离不复存在。同时，企业为了实现管理与控制的一体化，管理信息网络与生产控制网络之间实现了数据交换。生产控制系统不再是一个独立运行的系统，而要与管理系统甚至互联网进行互通、互联。

两个反差：一是保护资产价值的无与伦比与有效防护手段匮乏的对比反差；二是基础建设的巨大投入与信息安全的有限投入的反差。

三个跨度：工业 3.0 时代到工业 4.0 时代；从自动控制领域到信息安全领域；传统制造业、互联网行业、政界、新兴信息安全行业的跨界。

工业控制 SCADA 系统的信息安全防护体系包含：在总体信息安全策略指导下，建立 SCADA 系统的安全技术体系，进行 SCADA 系统控制中心、通信网络和现场设备的安全防护，确保控制中心数据安全、网络传输数据的完整性、保密性和可用性，以及站场设备的安全防护能力；安全管理体系为 SCADA 系统提供组织保证、培训机制和技术规范等，信息安全防护体系具有高可靠性，并具有可审计、可监控性；安全服务体系为 SCADA 系统提供安全测评、风险评估、安全加固和监控应急服务。安全防护在信息安全策略指导下分为安全管理体系、安全技术体系和安全服务体系，其总体框架如图 6.2 所示。

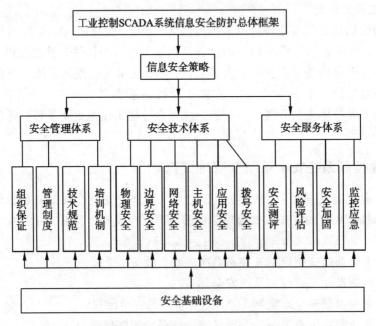

图 6.2　工业控制 SCADA 系统的信息安全防护总体框架

6.3.1　总体安全策略

SCADA 系统的总体安全策略主要包含以下几个方面。

1. 安全分区，隔离防护

安全分区是 SCADA 系统安全的基础，主要包括对控制中心和站控系统进行安全区域的划分：应根据系统的安全性、实时性、控制与非控制等方面的特点，将安全需求类似的系统、计算机、网络设备等划分在同一安全区域中，实行统一安全防护；应主要进行控制中心和站控系统生产相关系统与对外 Web 应用服务系统的隔离、生产相关系统中控制系统与非控制系统的隔离等，建议采用不同强度的网络安全设备如硬件防火墙、单向网闸、入侵防护系统等对各安全区中的业务系统进行隔离保护，加强不同安全区域间的访问控制措施。

2. 专用通道，认证加密

在控制中心和站控系统的纵向专用通道上建立生产控制专用数据网络，实现与对外服务网络的物理隔离，并采用 VPN 技术构造虚拟专用网形成多个相互逻辑隔离的 VPN，实现多层次的保护；同时应在纵向通信时对控制中心和站控中心实现双向身份认证，确保通信双方的合法身份，并根据纵向传输通道中数据的保密性要求选择不同的加密算法，以实现不同强度的加密机制。

3. 业务应用，强化安全

在 SCADA 系统的不同区域，应慎重使用 Web 服务：对于实时控制功能模块，可以取消 Web 服务；对于非实时控制模块，可以使用数字证书和 HTTPS 技术的纵向安全 Web 服务，并对浏览器客户端访问进行身份认证及加密传输；建议 SCADA 系统中不使用 E-mail 服务，以杜绝病毒、木马程序借助 E-mail 传播；对 SCADA 关键应用数据与应用系统进行备份，确保数据损坏、系统崩溃情况下快速恢复数据与系统的可用性；在具备条件的前提下进行异地的数据与系统备份，提供系统级容灾功能，保证在规模灾难情况下，保持系统业务的连续性。

4. 动态评估，安全加固

动态地（包括不定期和定期）评估分析控制中心和站控系统的业务系统、数据库、操作系统、主机等的安全弱点和潜在的安全风险，提出合理的安全建议，以保证 SCADA 系统的机密性、完整性和可用性等基本安全属性；根据安全评估结果，通过合理配置系统参数、关闭多余服务和端口、清理后门、增强账户口令管理、调整优化原有网络结构等措施，尽可能地消除或降低系统的安全隐患，提升系统的安全性。

6.3.2　安全技术体系

SCADA 系统安全解决方案在技术上系统性地考虑了控制中心和各站控系统之间的网络纵向互联、横向互联和数据通信等安全性问题，通过划分安全区、专用网络、专用隔离和加密认证等项技术从多个层次构筑纵深防线，抵御网络黑客和恶意代码攻击。

1. 物理环境安全防护

物理环境分为室内物理环境和室外物理环境，包括控制中心以及站控系统机房物理环境、PLC 等终端设备部署环境等。根据设备部署安装位置的不同，选择相应的防护措施。室内机房物理环境安全需满足对应信息系统等级的等级保护物理安全要求，室外设备物理安全需满足国家对于防盗、电气、环境、噪音、电磁、机械结构、铭牌、防腐蚀、防火、防雷、电源等要求。

2. 边界安全防护

SCADA 系统边界包括横向边界、纵向边界，其中横向边界包括 SCADA 系统不同功能模块之间、与其他系统之间的边界，纵向边界包括控制中心与站控系统之间的边界。对于横向边界，可通过采用不同强度的安全设备实施横向隔离保护，如专用隔离装置、硬件防火墙或具有 ACL 访问控制功能的交换机或路由器等设备；对于纵向边界，可采用认证、加密、访问控制等技术措施实现安全防护，如部署纵向加密认证网关、提供认证与加密服务，实现数据传输的机密性、完整性保护。

3. 网络安全防护

SCADA 系统的专用通道应采用独立的网络设备组网，在物理层面上实现与对外服务区网络以及互联网的安全隔离；采用虚拟专网 VPN 技术将专用数据网分割为逻辑上相对独立的实时子网和非实时子网；采用 QoS 技术保证实时子网中关键业务的带宽和服务质量；同时核心路由和交换设备应采用基于高强度口令密码的分级登录验证功能、避免使用默认路由、关闭网络边界、关闭 OSPF 路由功能、关闭路由器的源路由功能、采用增强的 SNMPv2 及以上版本的网管协议、开启访问控制列表、记录设备日志、封闭空闲的网络端口等安全配置。

4. 主机系统安全防护

SCADA 系统应对主机操作系统、数据库管理系统、通用应用服务等进行安全配置，以解决由于系统漏洞或不安全配置所引入的安全隐患。如按照国家信息安全等级保护的要求进行主机系统的安全防护，并进行及时更新经过测试的系统最新安全补丁、及时删除无用和长久不用的账号、采用 12 位以上数字字符混合口令、关闭非必需的服务、设置关键配置文件的访问权限、开启系统的日志审计功能、定期检查审核日志记录等操作。

5. 应用和数据安全防护

(1) 应用系统安全防护。在 SCADA 系统开发阶段，要加强代码安全管控，系统开发要遵循相关安全要求，明确信息安全控制点，严格落实信息安全防护设计方案，根据国家信息安全等级保护要求确定相应的安全等级，部署身份鉴别及访问控制、数据加密等应用层安全防护措施。

(2) 用户接口安全防护。用户远程连接应用系统需进行身份认证，需根据 SCADA 系统等级制定相应的数据加密、访问控制、身份鉴别、数据完整性等安全措施，并采用密码技术保证通信过程中数据的完整性。

(3) 系统数据接口安全防护。SCADA 系统间的数据共享交换采用两种模式，系统间直接数据接口交换或通过应用集成平台进行数据交换。处于这两种数据交换模式的系统均应制定数据接口的安全防护措施。对数据接口的安全防护分为域内数据接口安全防护和域间数据接口安全防护。域内数据接口是指数据交换发生在同一个安全域的内部，由于同一个安全域的不同应用系统之间需要通过网络共享数据而设置的数据接口；域间数据接口是指发生在不同的安全域间，由于跨安全域的不同应用系统间需要交换数据而设置的数据接口。对于域内系统间数据接口和安全域间的系统数据接口，应根据确定的等级，部署身份鉴别、数据加密、通信完整性等安全措施；在接口数据连接建立之前进行接口认证，对于跨安全域进行传输的业务数据应当采用加密措施；对于三级系统应具有在请求的情况下为数据原发者或接收者提供数据原发或接收证据的功能，可采用事件记录结合数字证书或其他技术实现。

6. 远程拨号安全防护

拨号访问能绕过安全防护措施而直接访问 SCADA 系统，存在很大的安全隐患，因此应进行专门防护。对于远程通过拨号访问 SCADA 系统这种方式，应采用安全拨号装置，实施网络层保护，并结合数字证书技术对远程拨号用户进行客户端检查、登录认证、访问控制和操作审计。同时应加强安全管理，可采取如下防护措施：拨号设施平时应该关闭电源，只有在需要时才能打开电源；远程用户维护完毕后应及时通知系统值班员，值班员应及时关闭拨号设施电源；对拨号登录用户名和密码至少 1 个月更换一次，对拨号对象、事由、时间等必须详细记录，保证远程接入用户的可审计性和责任性，出现问题及时追查等；对远程拨号用户必须进行合理的权限限制，在经过认证的连接上应该仅能够行使受限的网络功能与应用。

6.3.3　安全管理体系

规范化管理是 SCADA 系统安全的保障。以"三分技术，七分管理"为原则，建立信息安全组织保证体系，落实责任制，明确各有关部门的工作职责，实行安全责任追究制度；建立健全各种安全管理制度，保证 SCADA 系统的安全运行；建立安全培训机制，对所有人员进行信息安全基本知识、相关法律法规，以及实际使用安全产品的工作原理、安装、使用、维护和故障处理等的培训，以强化安全意识，提高技术水平和管理水平。据此可建立一个高性能的安全管理平台。

充分了解控制终端与业务终端的安全能力建设规范与功能，是构建高性能安全事件审计与管理运维平台模型的前提，也是实现工业网络中对分布式控制系统、数据采集系统、监控系统的统一监控、预警和安全响应的基础平台。

为确保安全管理平台的可用性和时效性，一方面可基于云计算与虚拟化技术对管理平台进行建设，目前较成熟的私有云安全技术、虚拟终端管理技术、数据灾备技术等都可为系统统一管理提供良性的技术支撑。在客户端系统资源优化方面，先进的私有云平台可将信息终端繁重的功能负载迁移到云端执行，为系统的关键应用提供宝贵的计算资源，实现工业系统调度与计算资源的最大利用。

另一方面，工业系统安全管理体系还应该具备应用行为分析与学习能力，例如对系统性能的异常检测模型、工业系统协议的内容识别模型、OPC 组件的调用规则模型，以及外设和 WiFi 的审计报警模型等。知识库和各种分析模型的建立离不开对用户工业控制系统的理解和对产业攻击事件与趋势的跟踪分析研究[226]。

6.3.4　安全服务体系

建立完善的安全服务体系，应进行 SCADA 系统上线前的安全测评、上线后的安全风险评估、安全整改加固以及监控应急响应，用于保护、分析对系统资源的非法访问和网络攻击，并配备必要的应急设施和资源，统一调度，形成对重大安全事件(遭到黑客、病毒攻击和其他人为破坏等)快速响应的能力。为此要加强工业控制系统安全服务能力建设。

工业控制系统安全服务能力建设包括构建与完善组织架构和人才队伍，建立健全常态化信息安全服务机制，研究与制定安全评估与加固、上线前安全测评、等保测评等工作规范、流程，为企业在线运行的工业控制系统提供常态化信息安全测评服务。

安全服务能力建设应以工业控制系统全生命周期各阶段的安全需求为服务依据，以系统信息安全实验验证环境和产品检测体系为基础，为企业工业控制系统提供常态化安全测评服务，从调研、设计开发，到实施、运维、废弃等各个环节提供安全咨询、建议和信息安全技术保障[227]。

6.3.5　安全基础设施

目前，工业基础设施领域正面临全新的安全挑战。在享受 IT 技术带来的益处的同时，针对工业控制网络的安全威胁也在与日俱增。

（1）设备/软件/应用的互联使得攻击能够很容易地借助于 TCP/IP 网扩展到其他系统；

（2）应用层安全成为 ICS 系统的关键；

（3）传统的 IT 安全解决方案不足以应对工业基础设施领域的全新安全需求。

与此同时，新技术也正蓬勃发展。越来越多的基础设施工业领域开始采用最新的 IT 技术：

（1）将 TCP/IP 作为网络基础设施，将工业控制协议迁移到应用层；

（2）提供各种无线网络；

（3）广泛采用标准的商用操作系统、设备、中间件与各种应用。

由此，越来越多的工业控制网络正由封闭、私有转向开放、互联。

SCADA 系统安全防护的基础安全设施主要包括建立基于公钥技术的数字证书体系以及远程容灾备份体系。

（1）数字证书体系为 SCADA 控制中心和站控系统的关键用户和设备提供数字证书服务，实现高强度的身份认证、安全的数据传输以及可靠的行为审计。

（2）远程容灾备份体系应尽量采用应用级的容灾备份，且要做好网络链路的冗余和应用的异地接管，如果 SCADA 系统出现故障能够及时、准确地恢复。同时，应制定合理的远程容灾备份策略，并进行定期恢复验证，一方面可以验证容灾备份数据的可用性，没有经过验证的备份风险非常大，这样就可以发现备份没有完成、或者备份错误等情况；另一方面也可以锻炼系统管理员的灾难处理能力，避免在出现故障时无从下手[228]。

6.4　工业控制系统安全防护关键技术研究

在工业控制系统信息安全防护需求的基础上，根据国家对工业控制安全防护的标准规范和政策要求，结合电力、石化等领域多年来信息安全防护实践经验，提出由防护体系与标准规范、工业控制安全模拟平台、攻防关键技术研究、安全防护产品研发等部分组成的工业控制系统信息安全防护研究框架[229]（见图 6.3）。其中，防护体系与标准规范研究的成果将直接指导关键技术研究和防护产品研发等工作，模拟平台的建设将为关键技术研究和防护产品研发提供基础环境和设施支撑，关键技术研究的成果将直接转换为研究开发自主知识产权的工业控制安全专用防护产品，同时为工业控制产品安全检测和测评服务提供配套技术及工具等方面的有力支撑。研究该框架的目的是构建一个自主可控、开放共享的工业控制系统安全防护研究和服务平台，为我国重要基础设施的工控系统信息安全防护提供一整套覆盖防护体系、标准规范、模拟验证、防护技术、防护产品和测评服务等在内的解决方案和全方位的技术支撑。

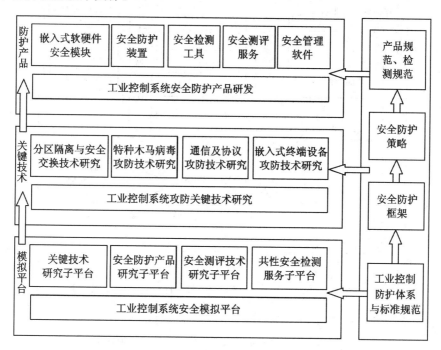

图 6.3　工业控制系统信息安全防护研究框架

6.4.1　防护体系与标准规范研究

2005 年电监会发布的《电力二次系统安全防护规定》对工业控制系统的安全防护措施做出了原则性规定。该规定所确定的"安全分区、网络专用、横向隔离、纵向认证"基本防护原则和策略，可作为建立我国基础行业工业控制系统的安全防护体系的重要参考。对工业控制系统典型架构[230]（见图 6.4），按照上述基本防护原则，建议采取如图 6.4 所示的信息安全防护体系，主要包括以下措施：

（1）生产控制系统与管理信息系统之间物理断开或设置专用网络安全隔离装置。

（2）生产控制系统分为实时控制和非实时控制两个安全区，其间以防火墙等访问控制设备实现逻辑隔离。

（3）主站系统与终端间使用专用网络通道，并在物理上实现与企业其他数据网及外部公共信息网的安全隔离。

（4）生产控制系统与广域网的纵向边界设置专用纵向认证加密装置，生产控制系统中的传输控制命令或参数设置的业务数据采用基于公钥加密技术的分布式数字证书系统进行认证加密，防止窃听、篡改、仿冒。工业控制系统安全防护原则和策略需以标准体系的形成加以固化，以指导防护体系的建设工作。标准化体系应包括总体原则、技术要求、管理要求，以及与之配套的工业控制产品安全规范和检测规范等内容，确保工业控制系统安全防护体系建设有据可依，提高标准的规范性和可操作性。

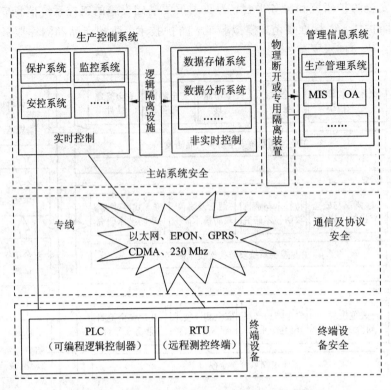

图 6.4　工业控制系统典型架构信息安全防护体系

6.4.2　攻防关键技术研究

工业控制系统安全防护关键技术研究主要为满足主站系统及监控软件、通信网及规约、工业控制终端及嵌入式软件等方面的安全防护需求。

1. 分区隔离与数据安全交换技术研究

重点研究工业控制网络的特点，按照等级保护的基本原则[231]确定不同等级工业控制系统应位于的安全区域，合理地进行网络分区，确定分区管理的策略。研究分区之间的网络隔离技术、数据传输技术，包括单向传输技术、数据摆渡技术等。

1）网络隔离技术

网络隔离技术是指两个或两个以上的计算机或可路由的网络（如 TCP/IP）在断开连接的基础上，既可以实现物理上的隔离，又能在安全的网络环境下进行数据交换。网络隔离技术的主要目标是将有害的网络安全威胁隔离开，以保障数据信息在可信网络内进行安全交互，达到确保信息安全的目的。物理隔离的技术架构重点在隔离，对于整个网络而言，外网是安全性不高的互联网，内网是安全性很高的内部专用网络。通常隔离设备和外网、隔离设备和内网、外网和内网间是完全断开的。

2）数据传输技术

（1）单向传输技术。

① 纯单向技术及产品。国际上有一种"数据二极管"的纯单向技术。数据二极管技术以其纯单向性能够使标准数据信息从低密级网络向上流动，同时保证高密级信息不可能流到

低密级网络中，从而在进行数据单向推移的过程中完全防止了各种可能的泄密。国内也有多种单向安全产品，采用物理层的单向分光传输技术，从最底层切断通信"握手"，形成无反馈的单向传输。无论是国外还是国内产品，都存在技术成本高、价格高的特点。

② 双绞线及光纤单向传输技术。双绞线是由一对相互绝缘的金属导线绞合而成的。采用这种方式，不仅可以抵御一部分来自外界的电磁波干扰，而且可以降低自身信号的对外干扰。把两根绝缘的铜导线按一定密度互相绞在一起，一根导线在传输中辐射的电波会被另一根线上发出的电波抵消，如图 6.5 所示。双绞线只使用了 1(TX＋)、2(TX－)、3(RX＋)、6(RX－)来传输数据，据此原理，可制作特殊的双绞线来实现单向传输。如图 6.5 所示，1(TX＋)与3(RX＋)相连，2(TX－)与6(RX－)相连。输两根线，与对侧设备的 2(TX－)和6(RX－)端相连，对侧设备的 1(Rx＋)与3(Rx＋)两个端子不接线，使数据只能从本端发往对端，对端的数据无法通过双绞线发送，从而实现了单向传输功能。

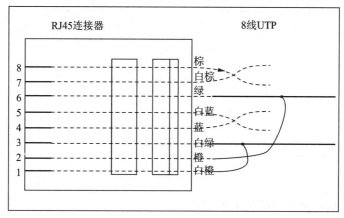

图 6.5　单向传输双绞线的做法

光纤传输数据一般由 2 根光纤组成，一根 RX，一根 TX，从而实现数据的双向传输，根据此原理，利用光纤一分二的设备可实现单向传输。如图 6.6 所示，通过光纤的一分二设备，按图 6.5 将尾纤与光收发器相连，B 端设备的(TX＋)不接线，从而使数据只能从 A 端发往 B 端，而 B 端的数据无法通过光纤发送至 A 端，实现了单向传输功能。

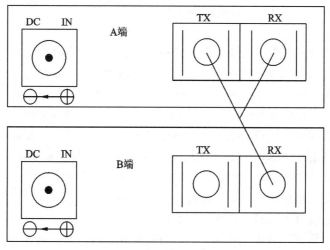

图 6.6　单向传输光纤接法

（2）数据摆渡技术。

数据摆渡过程如图 6.7 所示，当电子开关 C 点与 A 点连通时，交换区与内网连通，此时与外网断开，内网中需要交换的数据写入数据交换区，同时读出数据交换区中从外网来的数据，完成一次摆渡。但电子开关 C 点与 B 点连通时，交换区与外网连通，此时与内网断开，外网中需要交换的数据写入数据交换区，同时读出数据交换区中从内网来的数据，完成二次摆渡[232]。

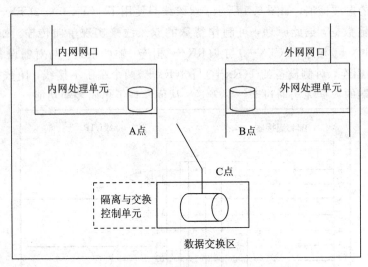

图 6.7　数据摆渡

2. 特种木马病毒检测与防护技术研究

特种木马病毒检测与防护技术研究是指了解病毒的特点，掌握病毒的制作、传播、隐藏和躲避杀毒软件的原理，并研究检测病毒技术、清除病毒技术、防止感染技术和防止破坏技术。

1）常用的病毒检测技术

常用的病毒检测技术主要包括自动防御检测技术、启发式病毒扫描检测技术、智能型广谱式病毒检测技术、特征码计算机病毒检测技术。

（1）自动防御检测技术。

自动防御检测技术首先在电脑中设置常规软件的一个行为规范，然后开启防御，当发现某些程序的运行行为同规范要求有出入时，则弹出提示框，提示用户停止运行或主动终止。其主要原理就是分析运行程序的一些行为是否有一些类似罪犯犯罪时出现的比较不符合常规的动作，如病毒程度在运行时轨迹比较可疑且总是有破坏的倾向或者行为，自动防御检测技术则对这些程序进行分析警告，甚至终止。但是由于这种技术是通过分析程序行为的正常与否来断定并防御病毒的，因此当出现计算机中其他程序混乱或者网络技术问题，甚至是人为的一些操作时，这种技术即会主动出现造成误杀，而对于行为比较正常的较高技术的病毒则无法检测出来。这种检测技术的基本运行步骤为：在电脑中安装并建立好应用程序的调用接口（API），通过杀毒工具对所有运行中的程序进行扫描检测，当出现可疑的程序脚本时则发出警告提示用户，而当用户允许这一进程继续进行时则放行。之后继续监视，当发现用户打开的某一文件中具有 PE 格式，则需要注意分析其是否中了 PE

文件病毒，并及时弹出警告窗提示用户[233]。同样，在发现其他类型的可疑性文件时均要弹出警告窗，以提示用户。以.exe为扩展名的文件由于在计算机的运行中比较重要，因此在杀毒软件中设定病毒时这一扩展名文件是通行的，因此病毒就喜欢附在这些文件上进行传播和破坏，如 Globa1.exe 病毒、comine.exe 病毒、ntsd.exe 病毒、yeyinhi.exe 与 rujrmue.exe病毒等。

（2）启发式病毒扫描检测技术。

启发就是开导点明，启发式技术是指通过在杀毒软件内部设置一个记忆功能，存入已确定的病毒类型，在计算机出现该种病毒或者类似这种病毒时能够及时认出并进行处理，或者警告用户终止。这种技术能够在电脑正常运行的情况下检测并查杀出电脑中未知的病毒，同自动防御检测技术的工作流程相同，均是扫描所有程序，对潜在的病毒进行分析和查处，提示用户进行处理。但是由于这种启发式扫描技术不能够对一些比较模棱两可的病毒进行准确的分析，因此也常出现误报或虚报情况。如编辑杀毒软件者将熊猫烧香病毒的主要形式和病毒传播方式以及显示方式等存入病毒软件中，然后将软件安在电脑中，开启运行，当电脑出现类型熊猫烧香病毒的程序时立即关注并分析记忆，同时马上提出警告，提示用户是否停止运行程序[234]。

（3）智能型广谱式病毒检测技术。

通过对非连续性和转变性极大的病毒的所有字节进行分析整合后确认高变种病毒的一种技术，称为智能广谱计算机病毒扫描技术。这种技术是在当前病毒类型和形式越来越多样，以及转变形式千变万化的情况下研发出来的。由于传统的病毒形式在目前的很多杀毒软件中都有资料，因此检测比较简单，为了使杀毒软件无法快速找出病毒，病毒程序的编写者不断地转变病毒的形式，且从不相同，当出现一次之后下次则以其他形式再出现，传统的病毒检测技术对这种比较新型的病毒检测效果比较差。智能型广谱式技术能够对病毒的每一个字节进行分析，不同段的分析不受整体形式的影响，当发现程序代码的字节中出现相同或相近的两个或两个以上的病毒编码时则确定为病毒，在同一个堆栈中找到组成病毒的小字节代码后，则能够快速找出病毒。这种方式准确性比较高，且对严重隐蔽形的病毒能够及时找出来并移除。

（4）特征码计算机病毒检测技术。

特征码计算机病毒检测技术同启发式和自动防御式有一些相同点，均是通过对已知病毒进行分析和记忆储存，使杀毒软件有记忆功能，从而能够快速发现病毒的存在。因此这种技术只能进行有特征码的病毒的检测，对其他如能够任意变形的新型病毒则无从查起。这种技术的流程为：专业技术人员对已知病毒内部的特征码进行提取，一般为十六进制的字串，再根据原有病毒形式扫描病毒，找出具有相同特征码的病毒并进行杀毒，从而保障计算机的安全[235]。

2）针对木马病毒的有效检测方法

（1）网络检测技术。

网络检测技术是指通过监控主机网络通信，对通信端口和网络连接做严格限制，一旦发现异常通信立刻阻止木马运行的技术。这种技术普遍是基于误用检测（Misuse Detection，即通过匹配预设定的规则库来判断入侵攻击是否发生）的，主要包括防火墙、入侵检测等。

（2）完整性检测技术。

完整性检测[237]（也称 Object Reconciliation 技术）是指通过检查当前文件系统或目录的快照与原来保存的可信任版本是否一致来发现文件或目录的变动，从而检测出恶意程序的存在。完整性检测主要是对系统关键文件进行对比，一般有三种方法：基于文件的基本属性、基于文件内容校验和基于文件的数字签名。文件的基本属性是指修改时间、文件大小等信息，这些属性通常会因为攻击者对系统的入侵而改变。但木马可以对文件的属性进行修改，比如设置虚假的修改时间或者用相同大小的木马文件替换系统文件，这使得检查文件基本信息的方法没有多大意义。第二个方法是检查文件的校验和，这比只检查基本信息要可靠一些，但仍然可能被木马破坏。第三个方法是利用单向哈希函数（如 MD5、SHA 等）来生成文件的数字签名，通过比对原来的数字签名和新的数字签名，确定文件是否被修改。著名的 Tripwire[238] 就是该方法的代表：它首先计算产生出系统关键文件的数字签名，将其存放在可信任数据库中；当用户进行恶意程序扫描时，它重新计算每个关键文件的数字签名并与数据库中的记录进行比较，如果结果有差异，就报告入侵行为的存在。完整性检测能在一定程度上保护系统的安全。

（3）特征码扫描技术。

特征码扫描技术最早应用于反病毒，后来杀毒软件公司也把它用来检测木马。特征码扫描主要包括特征代码扫描法和特征字扫描法。特征码扫描技术是检测已知恶意程序最简单、实用的方法，现在常见的杀毒软件和木马检测软件几乎都使用了该方法。特征码是某个已知恶意程序特有的一串二进制信息，它是该恶意程序的唯一标识。当反病毒研究人员得到一个新的恶意程序样本后，他们会提取样本内比较特殊的代码或者数据，并记录下所提取的代码或数据在样本中的偏移，最后把样本的特征码（由提取的机器码和偏移组成）加入杀毒软件的病毒库中。当用户使用杀毒软件对指定的文件进行扫描时，杀毒软件会将病毒库中的特征码与被扫描文件进行对比：如果被扫描文件在特征偏移处存在特征机器码，那么杀毒软件报毒；如果病毒库中的所有特征码与被扫描文件对比后都没有找到相同部分，则该文件不是病毒。特征码扫描技术的关键是对恶意程序的特征码提取，一旦确定了恶意程序的特征码，则杀毒软件就可以对该恶意程序进行精确查杀。这种方式的优点是对已知病毒（包括木马）的检测准确率很高，极少发生误报。

（4）实时监控技术。

实时监控是指从多个不同的角度对流入、流出系统的数据进行过滤，检测并处理其中可能含有的恶意程序代码[239]，主要包括文件监控、内存监控、邮件监控、脚本监控等。与传统杀毒模式相比，实时监控在反木马等恶意软件方面体现出了良好的实时性：恶意程序一旦入侵系统，会立刻被实时监控检测到并被直接清除，从而减少或者避免恶意程序对系统造成的破坏。同时，因为对邮件、脚本进行了监控，还可以减少恶意程序的传播，阻断其传播路径。当前流行的杀毒软件（比如卡巴斯基、瑞星、金山、360 等）均提供了实时监控的功能，对系统进行全方位的保护。虽然实时监控能够在恶意程序运行前就对其进行检测并清除，但它却只能检测已知的恶意程序，不能检测未知的恶意程序。究其原因，是因为实时监控也是借助特征码运行的，比如内存监控，就是检查内存数据是否具有已知恶意程序的特征码。这使得实时监控技术也具有特征码技术的一些弊端。

（5）虚拟机技术。

　　虚拟机是一个软件模拟的 CPU，它可以取指、译码、执行，也可以模拟一段代码在真正 CPU 上运行得到的结果。虚拟机技术的主要作用是能够运行一定规则的描述语言。虚拟机检测病毒依据的原理是：在虚拟环境中，程序的任何动态（如内存、寄存器等的变化）都可以被反映出来，那病毒的传染性动作也会被反映出来。在虚拟机中执行的病毒不会对真正的系统造成破坏，因为病毒没有实际执行，只是虚拟机模拟了其真实执行时的效果。虚拟机技术主要针对的是加密、变形的病毒，其检测过程如图 6.8 所示。

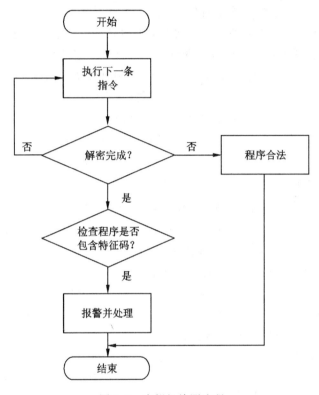

图 6.8　虚拟机检测流程

　　虚拟机先从待检测程序中读取入口处代码，接着自动从机器码序列中取出第一条指令并在相应函数中执行，接着根据执行后的结果确定下一条指令位置，如此反复直到病毒完成自我解密。最后在执行完的结果中查找病毒的特征码，完成对已知病毒的检测。虚拟机检测的主要对象是文件型病毒，而对于引导型病毒、Word/Excel 宏病毒、木马程序，在理论上都可以通过该技术来处理[240]。但是，木马是比病毒更高级的程序，它不是写入正常文件中的一段简单指令代码，而是有着自己的文件体和复杂的调用函数。这使得虚拟机很难实现木马运行过程的虚拟，并且会占用大量系统资源，导致虚拟机实用性不高。同时，完整虚拟操作系统环境的实现难度巨大，所以当前主要杀毒软件的虚拟机都是对系统的简单仿真。更重要的是，有些木马已经加入了检测虚拟机的代码，以判断程序所处的运行环境。当发现自身处于虚拟机中时，木马会改变操作行为或中断执行，以逃避虚拟机的检测。

　　（6）行为分析技术。

　　传统的基于特征码的检测技术必须依靠特征库，而未知恶意程序的特征并不在特征库中，因此无法检测出特征码未知的恶意程序。而且，即便是已知恶意程序，也可以通过加密、变形等技术修改自身特征，从而实现特征码免杀。再者，特征码的提取具有严重的滞后性，在安全厂商提取出恶意程序特征码之前，该恶意程序已经造成了破坏。因此，需要一种能在没有特征码的情况下检测未知恶意程序的方法，而行为分析技术正好满足这种要求。行为分析是指将一系列已经规定好的恶意行为作为规范，根据这些规范去监视程序做了什么，再结合这个规范来判定程序是否是恶意代码。简言之，行为分析就是根据程序的动态行为特征来判断程序是否非法。它并不是什么新技术，只是对病毒分析专家判定经验的一种应用。打个比方，把恶意程序看成某个人。传统特征码技术就是：当这个人第一次犯罪时，我们记录该人的指纹，如果下次再犯，通过比对指纹就可以确定罪犯的身份。行为分析则是模拟司法系统对某人进行判罪的过程：首先制定适用于这些人的法律（也就是行为规则），接着监视某个人的动（行为），然后归纳整理收集到的相关信息，最后根据法律来判定某人是否犯罪。基于行为的恶意代码检测技术不依赖特征码，对已知和未知恶意程序都能进行检测，成为当前国内外安全领域的研究热点，被许多安全厂商用来打造"主动防御"、"启发式查毒"等产品。但是，当前应用于木马检测的行为分析技术还存在一定的问题[241]。

3）常用的病毒清除方法

网络病毒主要是指通过网络进行传染的病毒，网络指的是传染渠道，就病毒本身而言，可能包括文件型病毒、引导型病毒等多种病毒，所以这里所说的清除方法是针对网络，主要是局域网这一特殊传染环境的各种针对性措施。

（1）立即使用 BROADCAST 等命令，通知所有用户退网。

（2）用带有写保护的"干净"的系统盘启动系统管理员工作站，并立即清除本机病毒。

（3）用带有写保护的"干净"的系统盘启动文件服务器，系统管理员登录后，使用 DISABLE LOGIN 等命令禁止其他用户登录。

（4）将文件服务器硬盘中的重要资料备份到干净的软盘上。但千万不可执行硬盘上的程序，也千万不要往硬盘中复制文件，以免破坏被病毒搞乱的硬盘数据结构。

（5）用病毒防治软件扫描服务器上所有卷的文件，恢复或删除被病毒感染的文件，重新安装被删除的文件。

（6）用病毒防治软件扫描并清除所有可能染上病毒的软盘或备份文件中的病毒。

（7）用病毒防治软件扫描并清除所有的有盘工作站硬盘上的病毒。

（8）在确保病毒已经彻底清除后，重新启动网络和工作站。如有异常现象，请网络安全与病毒防治专家来处理[242]。

4）常见木马病毒的清除方法

检测到计算机中了木马后，马上将计算机与网络断开，然后根据木马的特征来进行清除。清除方法如下：

（1）停止可疑的系统进程。木马程序在运行时会在系统进程中留下痕迹，通过查看系统进程可以发现运行的木马程序。清除木马时，首先停止木马程序的系统进程，其次修改注册表，最后清除木马文件。

（2）用木马的客户端程序清除。查看系统启动程序和注册表是否存在可疑的程序后，判断是否中了木马，如果存在木马，则查出木马文件并删除，同时将木马自动启动程序删除。

（3）杀毒软件和查杀工具。木马程序大部分都是利用操作系统的漏洞将木马加载到系统中的，利用较好、较新的杀毒软件加上补丁程序，可自动清除木马程序。常用的杀毒软件包括 Kill3000、瑞星、木马终结者等。

（4）手工清除。在不知道木马属于何种程序的情况下应用手工清除，打开系统配置实用程序对 Win.ini、System.ini 进行编辑，在 Win.ini 中将"Run＝文件名"或"Load＝文件名"更改为"Run－"或"Load＝"，在 System.ini 中将"Shell＝文件名"更改为"Shell＝Explorer.exe"，屏蔽非法启动项，用 Regedit 打开注册表的键值及注册项的默认值或正常值，删除木马[243]。

3. 通信规约和协议安全分析与防护技术研究

1）工业控制系统规约一致性和安全性研究

工业控制系统规约一致性要求工业控制系统、智能设备的通信接口满足规约要求，确保通信功能安全性以及系统、设备间的互操作性。系统规约安全性研究主要验证工业控制系统现有安全协议在遭受攻击情况下的安全性和可靠性。通过工具模拟不规则、有攻击性的报文，进行连续的模糊安全测试，发现被测协议实现中可能存在的安全漏洞。

2）工业控制协议内容识别及访问控制技术研究

在深入研究典型工业控制协议（104、GOOSE、TASEII 等）的基础上开发高实时性协议解析软件，实现基于 XML 描述的协议识别技术，将协议格式通过 XML 描述文件进行描述，通过协议解释器实现对 XML 描述文件的协议格式解释，为网络报文分析提供基础，并进行内容识别、访问控制、内容深度检查、分析过滤等技术研究。基于 XML 描述的协议识别技术，在协议变更或支持新协议时，只需修改协议描述文件，即可实现支持协议的动态扩展。

3）工业控制协议行为识别及异常监测技术研究[244]

研究工业控制协议的形式化描述工具，有穷状态自动机、通信有限状态自动机，以及在此基础上使用协议分析状态机进行异常行为监测的算法和模型。从网络安全态势分析的角度，研究工业控制网络安全指标体系，结合安全事件关联分析[245]、异常流量分类、安全态势评估和预测技术进行工业控制协议行为识别及异常监测技术研究。

4. 终端设备攻防技术研究

终端设备是指包含一个或多个处理器，可以接收来自外部的数据，或向外部发送数据，或进行控制的装置。例如电子仪表、可编程控制器、线路保护器等。随着嵌入式系统技术的发展，越来越多的智能电子设备使用了通用的处理器（如 ARM、x86、MIPS、PowerPC）和通用的操作系统（如 Linux、WinCE、uCos），这些技术在为使用者提供强大的功能和开放性的同时也为攻击者提供了许多便利条件。攻击者更加容易地获取到这些智能电子设备的软硬件技术资料，也使得攻击者更容易直接使用或移植现有的攻击工具。为了有效地防御攻击行为，要加大力度研究攻击智能电子设备的常用方法，比如密码破解技术、权限突破技术、后门技术等，同时研究针对这些攻击方法的防御手段，研制出智能电子设备的安全加固措施。

6.4.3　安全防护产品研发

工业控制系统安全防护技术研究和产品研发应从主站端、通信网及规约、工业控制终端等方面的安全防护需求出发，着重进行基础软硬件平台、网络安全防护装置、安全测评工具、安全测评与产品检测服务和安全管理软件等方面的技术研究和产品研发。

（1）工业控制安全基础软硬件平台。研发支撑工业控制系统安全防护的软硬件平台，主要包括工业级安全芯片、嵌入式硬件平台、嵌入式安全操作系统、SM2 安全加密卡、信息安全认证加密中间件，为工业控制安全防护提供技术支撑和产品集成方案。

（2）网络安全防护装置系列化产品。立足掌握自主可控的知识产权，结合工业控制系统安全防护特点和行业安全防护规定要求，研发网络隔离及数据交换、应用安全网关、认证加密网关、安全接入产品、安全芯片及密码相关商用产品、安全控制类产品等，为工业控制安全提供系列化信息安全防护产品解决方案。

（3）安全测评系列化工具产品。研究工业控制系统的安全防护策略和机制，开展工业控制系统监控软件、通信及规约、嵌入式软件等方面的安全渗透与对抗、脆弱性检测、安全评估、安全防护等关键技术的研究，研发主机系统安全评估软件、数据库系统安全评估软件、应用安全评估软件、规约安全性分析软件、深度木马检测等工业控制安全测评类工具，为工业控制安全测评和产品检测提供自主可控的技术支撑手段。

（4）安全测评与产品检测服务。开展工业控制系统全生命周期安全管控、供应链安全管理及测评标准规范等方面的研究，形成工业控制安全测评和产品检测咨询服务体系，为工业控制系统安全防护提供风险评估与加固、渗透攻防、等级测评、源代码安全检测、上线前测评和产品检测等服务。

（5）安全管理系列化软件产品。形成信息安全管理平台及安全专项管理系统，包括安全基线、安全审计、等级保护、风险管理、网络安全管理、数据防泄漏、预警分析等产品，为工业控制系统安全提供信息化、在线化和可视化的管理手段。

6.5　挑 战 与 展 望

6.5.1　工业控制系统面临的挑战

工业控制系统信息安全面临的挑战如下：

（1）"双料"人才的缺失。工业控制系统主要用于国家关键的基础设施中，这些企业有着非常严格的管理系统和规范的日常维护操作要求。由于分部门管理，存在着许多问题，如负责信息安全的人员了解信息安全相关知识，但不了解工业控制系统；而负责操作和维护工业控制系统的人员对信息安全知识的了解又很有限等。如果按照现行的管理方式，由信息安全部门负责工业控制系统的信息安全防护，很可能出现害怕承担影响生产的责任而使得工业控制系统信息安全防护策略流于形式。因此，当前最紧迫的问题之一是需要既懂工业控制系统又懂信息安全的"双料"人才。

（2）加强具有自主知识产权产品的研究与开发。随着信息化与自动化的融合，工业控制系统缺乏自主可控技术的问题凸显，安全问题受制于人。依靠现有的信息安全技术和产品，采用传统的信息安全解决方案已不再适用于工业控制系统。因此，除了加强具有自主知识产权产品的研究与开发，以解决软硬件依赖进口问题外，当务之急是在系统设计中要融入信息安全的理念，加强控制技术与信息安全技术融合的研究。

6.5.2　工业控制系统安全的建议与展望

工业控制系统安全与传统的信息安全不同，它通常关注更多的是物理安全与功能安全，而且系统的安全运行由相关的生产部门负责，信息部门仅处于从属的地位。随着信息化与工业化技术的深度融合以及潜在网络威胁的影响，工业控制系统也将从传统的仅关注物理安全、功能安全转向更为关注信息系统安全；这种转变在国家政策的推动下对传统的工业、企业将产生较大的影响。确保国计民生相关的工业控制系统安全已被提升到了国家安全战略的高度，再加上工业控制系统跨学科、跨行业应用的特殊性，使其安全保障体系的建立必须在国家、行业监管部门、工业控制系统企业（用户）、工业控制系统提供商、信息安全厂商等多方面的协同努力下才能够实现。

在国家层面，可以通过出台工业控制系统安全相关的政策、法规等可落地的指导性文件，从确保国家安全战略、应对网络威胁的角度明确国家各行业的战略目标和任务。更进一步地，需要组织、协调行业监管部门、研究机构、工业控制系统的企业（用户）、信息安全厂商等共同参与合作，建立工业控制系统安全相关的管理要求及技术标准与规范，明确行业监管部门的安全检查及督促企业进行安全整改的职责，建立国家层面的工业控制系统漏洞发布机制及漏洞信息共享平台。

在行业监管部门层面，可在行业内部建立起有效的工业控制系统安全监管机制及行业内部的安全通告机制；基于国家层面的安全管理要求与标准规范构建适用于本行业的安全防护体系、标准及规范；建立适用于行业的风险评估与安全检查机制，定期对工业控制系统的企业（用户）进行合格性安全检查，并督促不合格企业进行安全整改。从国家政策落实的角度，通过安全检查促进工业控制系统的企业（用户）加强对工业控制系统安全的重视，并提高工业控制系统管理人员的安全意识。

对工业控制系统的企业（用户）来说，信息管理部门将被赋予更多的信息安全管理职责。首先，需要和生产部门及信息安全厂商协同构建企业工业控制系统安全管理与技术防护体系；建立工业控制系统环境、人员管理安全相关的制度、规范；依据工业控制系统的重要性及潜在风险制定分级、分域的管控与安全防护策略，明确操作管理人员的角色定义、职责及访问授权。其次，逐步加强对工业控制系统的安全运维管理。通过对工业控制系统上线前的漏洞扫描、配置核查与风险评估，运行阶段的安全管理、合规性监测以及维护阶段的安全检测与风险控制，形成完善的基于工业控制系统全生命周期的安全管控体系。第三，建立有效的安全应急体系，对于发现的攻击或违规行为，能够快速上报并及时处理。同时，加强企业内部人员的安全意识和管理制度的培训则是当前企业提升工业控制系统安全防护能力的首要任务。

对于工业控制系统提供商来说，因其重视工业控制系统的功能性实现、忽视安全性开发的历史原因，导致工业控制系统存在不少的安全脆弱性问题。又因为工业控制系统的专业性，信息安全厂商虽然有时能够发现其存在的脆弱性，但因缺乏相应的实验环境和知识等多种原因，而难以提供相应的经过验证的补丁程序。因此，这些关于工业控制系统脆弱性问题的解决以及相应的安全防护产品与工业控制系统间的协同离不开工业控制系统提供商的积极参与。

对于信息安全厂商来说，工业控制系统安全将是一个新的战略发展方向。在复杂多变的互联网空间，攻防对抗的经验、技术、产品和最佳实践的积累将是其进军工业控制系统安全领域的最大优势。但其也存在不熟悉工业控制系统环境、缺乏对工业控制协议的深入研究和积累、缺乏对工业控制系统控制原理及业务流程的深度理解等问题；且存在因缺乏工业控制系统实验环境，难以进行脆弱性分析研究等现实的不足，造成了信息安全厂商必须和行业监管部门、工业控制系统的企业（用户）以及工业控制系统提供商建立相对紧密的合作关系，成立联合实验室、参与构建行业级漏洞信息分享平台，建立专业的、关于工业控制系统的攻防研究团队，以提供针对性、个性化的安全服务才能有效地解决用户的安全需求。

工业控制系统安全作为一个新的、战略性的安全领域，需要国家、行业主管部门、工业控制系统的企业（用户）、工业控制系统提供商、信息安全提供商等跨领域、跨行业的多方位的合作才能够促进工业控制系统安全领域的发展。

参 考 文 献

[1] 冯小安，祁兵. 电力信息系统安全体系的构建[J]. 电网技术，2008，32：77-80

[2] 李美荣，王江涛. 电力企业信息网络安全分析与对策[J]. 黑龙江科技信息，2014，(11)：99-99

[3] 罗桑，王欣. 电力系统信息安全关键技术的研究[J]. 华东科技：学术版，2013，(9)：185-185

[4] 孙鹏鹏，张玉清，韩臻. 信息安全风险评估工具的设计与实现[J]. 计算机工程与应用，2007，43(9)：95-98

[5] 刘晓刚. 电力系统的安全性及防治措施[J]. 电源技术应用，2013，(12)

[6] KroppT. Security enhancements for utility information architectures USA：EPRI，2002

[7] National Security Agency Information Assurance Solutions Technical Directiors. Information Assurance Technical Framework Release3.1. http：//www.iatf.net/，2002

[8] 刘利成. 电力信息安全分析及解决方案探讨[J]. 电力信息与通信技术，2004，2(3)：29-32

[9] 黄兰花. 电力系统信息安全应用研究[J]. 华东科技(学术版)，2014，(12)：194-194

[10] 余勇. 电力系统的网络安全研究(上)[J]. 计算机安全，2002，(18)：26-29

[11] 余勇. 电力系统的网络安全研究(下)[J]. 计算机安全，2002，(19)：22-24

[12] 姜维. 电力系统计算机网络的安全管理与应用[J]. 中国新通信，2013，(22)：71-72

[13] 白涛，侯波涛，董兵. 电力信息网络安全评估模型的研究[J]. 河北电力技术，2010，29(2)：4-6

[14] 刘春艳. 信息系统的安全保障体系研究[D]. 吉林大学，2006

[15] 张同升. 信息系统安全防护控制策略研究[J]. 通信技术，2013，(8)

[16] 高鹏. 电力企业信息安全问题探讨[J]. 行政事业资产与财务，2011，(8)：131-131

[17] 张文哲，王璐，崔洪宇. TCP/IP协议的安全问题初探[J]. 电子技术与软件工程，2014，(12)

[18] 王金. 网络黑客与防范措施[J]. 无线互联科技，2014，(7)

[19] 张智勇. 浅议网络安全在操作系统中的应用[J]. 电子制作，2013，(9)

[20] 李岩. 计算机网络安全和计算机病毒的防范措施分析[J]. 电子制作，2013，(12)

[21] 于慧勇. 浅谈计算机网络安全的身份认证技术[J]. 计算机光盘软件与应用，2013，(11)：150-151

[22] 林锦标. 关于供电企业信息安全的工作研究[J]. 华东科技：学术版，2012，(12)：271-271

[23] 张俊. 电力企业信息网络安全研究[J]. 现代制造，2011，(21)：198-199

[24] 张培鸿. 调度端二次系统安全防护及变电站自动化系统安全综述[J]. 华东电力，2009，37(6)：946-948

[25] 李峰. 基于数据挖掘的电力信息网络入侵检测方法的研究[D]. 华北电力大学(河北)，2009

[26] 张建庭，朱辉强. 电力二次系统安全防护体系建设要点浅析[J]. 信息通信，2012，(6)：279-279

[27] 郭建平. 电网调度网络安全防护体系结构及关键技术研究[D]. 华北电力大学(河北)，2008

[28] 李智. 电力系统二次网络安全隔离装置设计要点探究[J]. 企业技术开发月刊，2013，32(14)

[29] 陈春艳. 关于电力企业网络安全与防火墙的结合[J]. 电子世界，2014，(22)

[30] 甘晓琦. 电力系统网络安全维护中入侵检测技术的运用研究[J]. 信息通信，2014，(12)

[31] 卿斯汉，蒋建春，马恒太，等. 入侵检测技术研究综述[J]. 通信学报，2004，25(7)：19-29

[32] 袁修春. 校园网安全防范体系[D]. 西北师范大学，2005

[33] Moussa A. Data encryption performance based on Blowfish[C]. ELMAR，2005. 47th International Symposium. IEEE，2005：131-134

[34] National Bureau of Standards. Data Encryption Standard. U. S. Department of Commerce，FIPS Pub.，1977-01

[35] 郑东，李祥学，黄征. 密码学-密码算法与协议[M]. 北京：电子工业出版社，2009

[36] J Daemen，V Rijmen. AES proposal：Rijndael(Version 2)[EB]. Available：NIST AES website csrc. nist. gov/encryption/aes

[37] J Daemen，V Rijmen. The Design of Rijndael：AES－like cryptosystems[J]. Journal of Cryptology，1991，4(1)：3－72

[38] Announcing the ADVANCED ENCRYPTION STANDARD(AES)[P]. NIST，2001，1－53

[39] Raghavan N S. AES：Croptography Advances into the Future[J]. Java World，2000，12(4)：47－51

[40] Merkle R C，Hellman M H. Hiding information and signatures in trapdoor knapsacks. IEEE Trans. on Info. Theory，1978，IT－24(5)：525－530

[41] 周建华. RSA 电子邮件签名的设计与实现. 电脑知识与技术，2005，8：36－38

[42] M. Lemes Proenca. Jr，C. Coppelmans and M. Bottoli. The Hurst Parameter for Digital Signature of Network Segment. Lecture Notes in Computer Science，2004：772－781

[43] Shafi Goldwasser，Erez Waisbard. Transformation of Digital Signature Schemes into Designated Confirmer Signature Schemes. Lecture Notes in Computer Sciences，2001：309

[44] Michel Abdalla，Lenoid Reyzin. A New Forward－Secure Digital Signature Schemes. Lecture Notes in Computer Science，2000：116

[45] David Pointcheval. Security Arguments for Digital Signatures and Blind Signatures. Journal of Cryptology，2003，13(3)：361－396

[46] Ueli Maurer. Intrinsic Limitation of Digital Signatures and How to Cope with Them. Lecture Notes in Computer Science，2003：180－192

[47] Goichiro Hanaoka，Junji Shikata and Yuliang Zheng. Efficient and Unconditionally Secure Digital Signatures and a Security Analysis of a Multireceiver Authentication Code. Lecture Notes in Computer Science，2002：64

[48] 袁晓宇，张其善. 基于 ECDSA 的电子签章系统研究. 计算机工程与设计，2005，26(5)：1233－1235

[49] 蔡惠，张健. 电子商务数字签名的安全性. 安徽工业大学学报，2005，22(4)：393－396

[50] Richard Schroeppel，Cheryl Beaver and Rita Gonzales. A Low－Power Design for an Elliptic Curve Digital Signature Chip. Lecture Notes in Computer Science，2003：366－380

[51] Neal Koblitz. An Elliptic Curve Implementation of the Finite Field Digital Signature Algorithm. Lecture Notes in Computer Science，2003：327

[52] 白永志，叶震，钱琨，等. 基于椭圆曲线的数字签名方案的研究. 合肥学院学报，2005，(3)：5－8

[53] National Computer Security Center. Trusted Network Interpretation of the Trusted Computer System Evaluation Criteria. DoD 5200. 28－STD. USA：DoD，1985

[54] National Computer Security Center. Trusted Database Interpretation of the Trusted Criteria. NCSC－TG－005. USA：DoD，1987

[55] Trusted Computing Group. TCG. http：//www. trustedcomputinggroup. org

[56] European Multilaterally Secure Computing Base(EMSCB). Towards trustworth systems with open standards and trusted computing. http://www. opentc. org/

[57] Jan Camenish，Better Privacy for Trusted Computing Platforms，In European Symposium on Research in Computer Security 2004，73－88

[58] Ross Anderson，Cryptography and Competition Policy－Issues with Trusted Computing，in Proceedings of the 22nd annual symposium on Principles of distributed computing，2003，3－10

[59] Steven J. Vaughan－Nichols，How Trustworthy is Trusted Computing? IEEE Computer 2003，3：18－20

[60] David Safford，Clarifying Misinformation on TCPA

［61］ D. Safford. The need for TCPA. White paper，IBM Research，2002

［62］ R. Oppliger，R. Rytz. Does trusted computing remedy computer security problems? IEEE Security & Privacy，2005，3(2)：16－19

［63］ Bill Arbaugh. Improving the TCPA Specification. IEEE Computer，2002，35：77－79

［64］ Ernie Brickell，Jan Camenisch，Liqun Chen，Direct anonymous attestation，Proceedings of the 11th ACM conference on Computer and communications security，2004：25－29

［65］ 赵波，张焕国，李晶，等. 可信 PDA 计算平台系统结构与安全机制. 计算机学报，2010，33(1)：82－92

［66］ TPM Main Part2 TPM Structures Specification Version 1.2 Revision 57 2003

［67］ TPM Main Part3 Commands Specification Version 1.2 Revision 57 2003

［68］ TPM Specification Part4 TPM Conformance Specification Version 1.2 Revision 0.10 2003

［69］ 国家质量技术监督局. 中国国家信息安全测评认证管理办法. 1999

［70］ Chen L Q，Kudla C，Paterson K G. Concurrent Signatures. In：Advances in Cryptology－EURO-CRYPT，2004. Berlin/Heidelberg：Springer，2004. 287－305

［71］ Sadeghi A R，Selhorst M，Stueble C，et al. TCG inside? －a note on TPM specification compliance. In：the 1st ACM work shop on Scalable Trusted Computing. New York：ACM，2006. 47－56

［72］ Tóth G，Koszegi G，Hornák Z. Case study：automated security testing on the trusted computing Platform. In：Proceedings of the ACM SIGOPS European Workshop on System Security(EUROSEC)，2008. 35－39

［73］ Gurgens S，Rudolph C，Scheuermann D，et al. Security evaluation of scenarios based on the TCG's TPM specification. In：Proceedings of the 12th European Symposium on Research In Computer Security，2007：438－453

［74］ Lin A H. Automated analysis of security apis. Master's thesis. Massachusetts：Massachusetts Institute of Technology，2005

［75］ 李昊，冯登国. 可信密码模块符合性测试方法与实施. 武汉大学学报(理学版)，2009，55：31－34

［76］ 李昊，胡浩，陈小峰. 可信密码模块符合性测试方法研究. 计算机学报，2009，32：654－663

［77］ 陈小峰. 可信平台模块的形式化分析和测试. 计算机学报，2009，32：646－653

［78］ Van Schyndel R，Tirkel A，and Osborne C. A digital watermark. In Proceedings of ICIP(Austin，Tex.，Nov) IEEE Press，1994，86－90

［79］ Fbaien A. P. Petiteolas，Ross J. Anderson and Markus G. Kulni. Information Hiding－A Survey，Pocr. Of IEEE，87(7)：1062－1078，1999

［80］ 向辉. 基于信息重组思想的多媒体数据压缩与多媒体数据安全技术研究［D］. 杭州，浙江大学 CAD&CO 国家重点实验室，1999

［81］ 王兵. Internet 防火墙与网络安全. 北京：机械工业出版社，1998

［82］ 黄永聪. 防火墙的选型、配置、安装和维护. 北京：清华大学出版社，1999

［83］ 陈爱民，于康友. 计算机的安全与保密. 北京：电子工业出版社，2002

［84］ 刘欣. PKI/CA 技术在电力信息系统中的应用研究［J］. 电力信息化，2009 (10)：30－33

［85］ Kwon T. Digital signature algorithm for securing digital identities［J］. Information processing letters，2002，82(5)：247－252

［86］ Needham R M，Schroeder M D. Using encryption for authentication in large networks of computers ［J］. Communications of the ACM，1978，21(12)：993－999

［87］ 李中献，詹榜华. 认证理论与技术的发展［J］. 电子学报，1999，27(1)：98－102

［88］ 张喜青. 基于指纹特征的用户身份认证技术研究与开发［D］. 成都：电子科技大学，2002

［89］ MerikeKaoe. 网络安全性设计. 潇湘工作室. 北京：人民邮电出版社，2000

[90] 郭代飞，杨义先，李作为，等. 数字身份认证技术的现状与发展[J]. 计算机安全，2003，7：1－4

[91] 王育民，刘建伟. 通信网的安全：理论与技术. 西安：西安电子科技大学出版社，1999

[92] Network Working Group. RFC2104. HMAC：Keyed－hashing for Message Authentication，1997. 16－30

[93] 吴素芹. 免疫 Agent 在入侵检测中的应用研究[D]. 南京理工大学，2009

[94] Sheyner O, Haines J, Jha S, et al. Automated generation and analysis of attack graphs[C] //Security and privacy, 2002. Proceedings. 2002 IEEE Symposium on. IEEE, 2002：273－284

[95] Gottschalk K. Web Services architecture overview[J]. IBM whitepaper, IBM developerWorks, 2000，1

[96] Esposito D. Building web solutions with ASP. NET and ADO. NET[M]. Microsoft Press，2002

[97] Smith M, Hunt R. Network security using NAT and NAPT[C] //Networks, 2002. ICON 2002. 10th IEEE International Conference on. IEEE, 2002：355－360

[98] Cheswick W R, Bellovin S M, Rubin A D. Firewalls and Internet security：repelling the wily hacker[M]. Addison－Wesley Longman Publishing Co. , Inc. , 2003

[99] Curbera F, Duftler M, Khalaf R, et al. Unraveling the Web services web：an introduction to SOAP, WSDL, and UDDI[J]. IEEE Internet computing, 2002, 6(2)：86－93

[100] 吴海燕，蒋东兴，程志锐，高国柱. 入侵防御系统研究[J]. 计算机工程与设计，2007，28(24)：5844－5846

[101] S. L. Shaffer, R. A. Simon. Network security. New York：Academic press, 1994. 231－245

[102] 陈新和. 探讨入侵检测技术在电力信息网络安全中的应用[J]. 通讯世界，2014 (1)：67－68

[103] 史玉锋. 基于入侵检测技术在电力信息网络安全中的应用探析[J]. 电子技术与软件工程，2014 (18)：228－228

[104] 任洁，陈尚恺. 入侵检测技术在电力信息网络中的应用探究[J]. 电子技术与软件工程，2014 (24)：14－14

[105] 高昆仑，辛耀中，李钊，等. 智能电网调度控制系统安全防护技术及发展[J]. 电力系统自动化，2015，1：010

[106] 王先培，李文武. 防火墙和入侵检测系统在电力企业信息网络中的应用[J]. 电力系统自动化，2002，26(5)：60－63

[107] Spitzner L. Honeypots：Tracking Hackers. Boston：Addison－Wesley Longman Publishing Co. , Inc. , 2002

[108] Stoll C. The Cuckoo's Egg：Tracking a Spy Through the Maze of Computer Espionage. London：The Bodley Head Ltd. , 1989

[109] Cohen F. The deception toolkit. 2012. http：//al1. net/dtk/index. html

[110] Cohen F, Lambe D, Preston C, Berry N, Stewart C, Thomas E. A framework for deception. 2012. http：//www al1. net/journal/deception/Framework/Framework. html

[111] Provos N. A virtual honeypot framework. In：Proc. of the 13th Conf. on USENIX Security Symp. Berkeley：USENIX Association, 2004. 1－14

[112] The Honeynet Project, Know Your Enemy：Learning about Security Threats. 2nd ed. , Boston：Addison-Wesley Professional, 2004

[113] Watson D, Riden J. The honeynet project：Data collection tools, infrastructure, archives and analysis. In：Zanero S, ed. Proc. of the WOMBAT Workshop on Information Security Threats Data Collection and Sharing (WISTDCS 2008). Amsterdam：IEEE Computer Society Press, 2008. 24－30. [doi：10. 1109/WISTDCS. 2008. 11]

[114] Hoepers C, Steding—Jessen K, Cordeiro LER, Chavos M HPC. A national early warning capability

based on a network of distributed honeypots. In: Proc. of the 17th Annual FIRST Conf. on Computer Security Incident Handling (FIRST 2005). Singapore, 2005. http: //www cert. br/docs/palestras/ certbr - early - warning - first2005. pdf

[115] Leita C, Pham VH, Thonnard O, Ramirrez—Silva E, Pouget F, Kirda E, Dacier M. The Leurre. tom project: Collecting Internet threats information using a worldwide distributed honeynet. In: Zanero S, ed. Proc. of the WOMBAT Workshop on Information Security Threats Data Collection and Sharing(WISTDCS 2008). Amsterdam: IEEE Computer Society Press, 2008. 40 – 57. [doi: 101 – 109/WISTDCS. 2008 – 8]

[116] Leita C, Dacier M. SGNET: A worldwide deployable framework to suppo~the analysis of malware threat models. In: Avizienis A, ed. Proc. ofthe 7th European Dependable Computing Conf. Kaunas: IEEE Computer Society Press, 2008. 99 – 109. [doi: 10. 1109, EDcC – 7. 2008. 15]

[117] Zhou YL, Zhuge JW, Xu N, Jiao XL, Sun WM, Ji YC, Du YJ. Matrix: A distributed honeynet and its applications. In: Proc. of the 20th Annual FIRST Conf. (FIRST 2008). British Columbia, 2008. http: //www. first. Org/conference/2008/papers/zhou—yonglin—slides pdf

[118] Jiang X, Xu D. Collapsar: A VM—based architecture for network attack detention center. In: Blaze M, ed. Proc. of the 13th Conf. On USENIX Security Symp. Berkeley: USENIX Association, 2004. 15 –28

[119] Vrable M, Ma J, Chen J, Moore D, Vandekieft E, Snoeren AC, Voelker GM, Savage S. Scalability, fidelity, and containment in the potemkin virtual honeyfarm. ACM SIGOPS Operating Systems Review (SOSP 2005), 2005, 39(5): 148 – 162. [doi: 10. 1 145/1095809. 1095825]

[120] Lu TF, Chen ZJ, Zhuge JW, Han XH, Zou W. Research and implementation of network attack flow redirection mechan ism in the honeyfarm environment. Journal of Nanjing University of Posts and Telecommunications(Natural Science), 2009, 29(3): 14 – 20(in Chinese with English abstract)

[121] Kuwatly I, Sraj M, Masri ZA, Artail H. A dynamic honeypot design for intrusion detection. In: Yousif M, ed. Proc. of the 2004 IEEE/ACS Int'l Conf. on Pervasive Services(ICPS 2004). Washington: IEEE Computer Society, 2004. 95 – 104. [doi: 10. 1 109/ PERSER. 2004. 135677C]

[122] Artail H, Safa H, Sraj M, Kuwatly I. A hybrid honeypot framework for improving intrusion detection systems in protecting organizational networks. Computers&Security, 2006, 25(4): 274 – 288. [doi: 10. 1016/j. cose. 2006. 02. 009]

[123] Anagnostakis KG, Sidiroglou S, Akritidis P, Xinidis K, Markatos E, Keromytis AD. Detecting targeted attacks using shadow honeypots. In: M cDanie R, eft Proc. ofthe 14th Cone on USENIX SecuritySymp. Berkeley: USENIX Association, 2005, 9

[124] Dagon D, Qin XZ, Gu GF, Lee W. Honeystat: Local worm detection using honeypots. In: MoNa R, ed. Proc. of the 7th Int'l Symp. on Recent Advances in Intrusion Detection(RAID 2004). LNCS 3224, 2004 39 – 58. [doi: 10. 1007/978 – 3 – 540 – 30143 – 1_ 3]

[125] Portokalidis G, Bos H. SweetBalt: Zero – Hour worm detection and containment using low—and high – interaction honeypots. Elsevier Computer Networks(Special Issue on From Intrusion Detection to self_Protecti0n), 2007, 51(5): 1256 – 1274. [doi: 10. 1016/j. comnet. 2006. 09. 005]

[126] Portokalidis G, Slowinska A, Bos H. Argos: An emulator for fingerprinting zero—day attacks fo r advertised honeypots with automatic signature generation. ACM SIGOPS Operating Systems Review, 2006, 40(4): 15 – 27. [doi: 10. 1 145/12l8063. 1217938]

[127] Kohlrausch J. Experiences with the NoAH honeynet testbed to detect new Internet worms. In: Gtinther D, ed. Proc. of the 5th Int'l Cone on IT Security Incident Management and IT Forensics.

Washington：IEEE Computer Society，2009. 13 - 26 [doi：10. 1 109/IMF. 2009. 9]

[128] Wang YM，Beck D，Jiang X，Roussev R. Automated Web patrol with strider HoneyMonkeys：Finding Web sites that exploit browser vulnerabilities. In：Harder E，ed. Proc. of the Network and Distributed System Security. San Diego：The Internet Society，2006

[129] Provos N，Mavrommatis P，Abu M. AH your iframes point to us. In：Oorschot PV，ed. Proc. of the 17th USENIX Security Symp. Berkeley：USENIX Association. 2008. 1 - 15

[130] Baecher P，Koetter M，Holz T，Dornseif M，Freiling F. The Nepenthes platform：An eficient approach to collect malware In：Diego Z，et al.，eds. Proc. of the 9th Int'l Symp. on Recent Advan ces in Intrusion Detection(RAID 2006). LNCS 42 1 9，Hamburg：Springer—Verlag，2006. 165 - 184 [doi：10. 1007/11856214—9]

[131] Zhuge JW，Holz T，Han xH，et al. Collecting autonomous spreading malware using high - interaction honeypots. In：Qing SH，ed. Proc. of 9th Int'l Conf. on Information and Communications Security (ICICS 2007). LNCS 4861，Zhengzhou：Springer - Verlag，2007. 438 - 4511 [doi：10. 1007/978 -3 - 540 - 77048 - 0 - 34]

[132] Chen KZ，Gu GF，Zhuge JW，Nazario J，Han XH. WebPatrol：Automated collection and replay of Web—based malware scenarios. In Cheung B，ed. Proc. of the 6th ACM Syrup. on Inform ation，Computer and Communications Security(ASIACCS 2011). Hong Kong，New York：ACM Press，2011. 186 - 195. [doi：10. 1145/1966913. 1966938]

[133] Syamtec Inc. Symantec Internet security threat report—2010. 2011. http：//www. symantec. com/ threatreport/topic. jsp? id：=threatreport

[134] Freiling F，Holz T，Wicherski G. Botnet tracking：Exploring a root. - cause methodology to prevent distributed denial—of - service attacks In：Samarati P，ed. Proc. of the 10th European Symp. on Research in Computer Security(ESORICS 2005). LNCS 3679，Milan：Springer - Veflag，2005. 319 - 335. [doi：10. 1007/11555827 - 19]

[135] Rajab MA，Zarfoss J，Monrose F，Terzis A. A multifaceted approach to understanding the botnet phenomenon. In：Janeiro R，ed Proc. of the 6th ACM SIGCOMM Conf. on Internet Measurement (IMC 2006). New York：ACM Press，2006. 41 - 52. [doi：10. 1 145/1 177080. 1 177086]

[136] Zhuge JW，Holz T，Hart XH，Guo JP，Zou W. Characterizing the irc - based botnet phenomenon. Technical Report，Beijing：Peking University & University of Mannheim. 2007

[137] 胡林峰. 网络隔离器的设计与实现[D]. 江南大学，2006(6)

[138] 孟卫东. 电力系统常用的网络隔离技术比较[J]. 云南水力发电. 2008，3：104 - 106

[139] 杨守君. 黑客技术与网络安全[M]. 北京：中国对外翻译出版公司，2000

[140] 刘美兰. 电力行业管理信息系统网络安全研究[D]. 云南昆明：昆明理工大学，2003

[141] 中华人民共和国国家经济贸易委员会令第 30 号. 电网与电厂计算机监控系统[S]

[142] 王保义，张少敏. 电力企业信息网络系统的综合安全策略[J]. 华北电力技术，2003，4：19 - 22

[143] 孙力. 电力企业信息安全管理研究[D]. 南京邮电大学，2014.

[144] Boudaoud K，McCatieNevile C. An Intelligent Agent - based Model for Security Management [A]. The 7th IEEE International Symposium on Computers and Communications. Taormina，Italy，2002

[145] Boudaoud K，Labiod H，et al. Network Security Management with Intelligent Agents [A]. IEEE/ IFIP Network Operations and Management Symposium. Honolulu，HI，USA，2000

[146] Boudaoud K，Guessoum Z，et al. Policy - based Security Management Using a Multi - agent System [A]. Workshop HPOWA. Berlin，2001

[147] Torrellas G，Vargas L. Modeling a Flexible Network Security Systems Using Multi - agents Sys-

tems：Security Assessment Considerations［A］. The 1st ACM International Symposium on Information and Communication Technologies. Trinity College，Dublin，Ireland，2003

［148］Torrellas G，Cruz D. Security in a PKI－based Networking Environment：A Multi－agent Architecture for Distributed Security Management System ＆ Control［A］. The 2nd IEEE International Conference on Computational Cybernetics. Vienna，Austria，2004

［149］邹超，王晓峰，吴新鹏. 多 Agent 技术在电力系统安全与稳定中的应用［A］. 北京：科技信息，2007

［150］Pilz A. Policy－Maker：a Toolkit for Policy－based Security Management［A］. The 9th IEEE/IFIP Network Operations and Management Symposium. Seoul，Korea，2004

［151］Distributed Management Task Force. CIM Specification 2. 2－1999 Common Information Model

［152］Duan Haixin，Wu Jianping. Security Management for Large Computer Networks［A］. APCC/OECC. 99. Beijing，China，1999

［153］马茜. 基于 Web 的电力系统自适应安全事件管理设计［D］. 湘潭大学，2007

［154］Xu C，Gong F，Baldine I，et al. Celestial Security Management System［A］. DARPA Information Survivability Conference and Exposition. Hilton Head，USA，2000

［155］Shin M，Moon H，Ryu K H，et al. Applying Data Mining Techniques to Analyze Alert Data［A］. The 5th Asia－Pacific Web Conference. Xian，China，2003

［156］Bidou R. Security Operation Center Concept ＆ Implementation

［157］胡书. 信息资产管理［J］. 电子工艺技术. 2008，29(4)：238－241

［158］柳婵娟，邹宁，张征，李明楚. 安全审计技术在电力网络安全中的应用［A］. 全国第 19 届计算机技术与应用（CACIS）学术会议论文集（下册）［C］. 中国仪器仪表学会（CIS）、中国系统仿真学会（CSSS）、中国仪器仪表学会微型计算机应用学会（CACIS）、中国系统仿真学会复杂系统建模与仿真计算专业委员会筹备处（CSSC），2008，5

［159］Coyle J，Demerest J，McAllister R. A Proposed Security Management Framework for the Global Information Community［A］. The 6th IEEE Workshop on Enabling Technologies Infrastructure for Collaborative Enterprises，Cambridge，MA，1997

［160］Damianou N，Bandara A，Sloman M，et al. A Survey of Policy Specification Approaches. Tech Rep. London：Department of Computing at Imperial College of Science Technology and Medicine，2002

［161］Internet Engineering Task Force. RFC 3060－2001. Policy Core Information Model－Version 1 Specification

［162］Hayton R J，Bacon J M，Moody K. Access Control in an Open Distributed Environment［A］. IEEE Symposium on Security and Privacy. Oakland，USA，1998

［163］Ribeiro C，Zuquete A，Ferreira P，et al. SPL：An access control language for security policies with complex constraints［A］. Network and Distributed System Security Symposium. San Diego，USA，2001

［164］Damianou N，Dulay N，Lupu E，et al. The Ponder Policy Specification Language［A］. Workshop on Policies for Distributed Systems and Networks. Bristol，UK，2001

［165］Corradi A，Montanari R，Lupu E，et al. A Flexible Access Control Service for Java Mobile Code［A］. IEEE Annual Computer Security Applications Conference. New Orleans，USA，2000

［166］黄承夏，杨林，马琳茹，李京鹏. 基于组件技术的网络安全管理架构研究［J］. 信息安全与通信保密，2006，06：61－63

［167］Jarnhour E. Distributed Security Management Using LDA PDirectories［A］. The 21st International Conference of the Chilean Computer Science Society. Punta Arenas，Chile，2001

［168］Tsoumas B，Gritzalis D. Towards an Ontology－based Security Management［A］. The 20th IEEE

Internat ional Conference on Advanced Information Networking and Applications. Vienna, Austria, 2006

[169] Tsoumas B, Dritsas S, Gritzalis D. An Ontology－Based Approach to Information Systems Security Management [A]. Computer Network Security. Heidelberg：Springer Berlin, 2005：151－164

[170] 杨尚瑾, 董超. 浅谈电力系统信息安全策略[J]. 中国电力教育, 2009, 09：219－220

[171] 周晓芬. 电力系统的信息安全体系和策略[J]. 科技广场, 2007, 05：113－115

[172] 洪杰, 耿德成, 於晓晖, 詹磊. 网络日志审计系统在电力信息安全中的运用[J]. 信息网络安全, 2010, 07：39－40

[173] 刘宝新, 陈真. 电力行业实现"移动互联网"的切入点[J]. 电脑知识与技术, 2011, 36：9355－9356 ＋9362

[174] 董雪源. 基于互联网技术的电力系统广域保护通信系统研究[D].西南交通大学, 2012

[175] Mobile working needs a security rethink[EB/OL]. http://www. zdnetasia . com/insight/security/0, 39044829, 62052863, 00. htm, 2009－04－07

[176] Mobile security technology fights fraud[EB/OL]. http://www. zdnetasia. com/news/security/0, 39044215, 62042941, 00. htm, 2008－06－20

[177] Wayne Jansen, Karen Scarfone. Guidelines on Cell Phone and PDA Security[S]. National Institute of Standards and Technology (NIST) SpecialPublication 800－124, October 2008

[178] 余勇, 林为民. 移动互联网在电力系统的应用及基于等级保护的安全防护研究[J]. 信息网络安全, 2012, 10：1－4

[179] 马恺, 张宏芳. 互联网技术及在电力信息中的应用[J]. 宁夏电力, 2002, 01：37－40

[180] 陈志新, 华晓. 基于云计算的电力信息管理探究[J]. 通讯世界, 2014, 10：114－115

[181] 王瑞. 云计算在电力信息化建设的应用研究[J]. 科技与企业, 2015, 08：75

[182] 金霜. 基于云计算的电力信息系统数据安全技术探讨[J]. 计算机安全, 2013, 08：77－82

[183] 顾春晖. 基于云计算的电力信息系统安全技术讨论[J]. 电子技术与软件工程, 2014, 09：227

[184] 王石玉. 云计算在企业信息化的应用[J]. 电子科技, 2012, 10：142－144

[185] 詹伟.电网企业云计算技术应用[J].电力信息化, 2012(12)：100－103

[186] 董志刚.云计算在信息化建设中的应用探讨[J].城市建设理论研究, 2013(46)：390－392

[187] 赵俊华, 文福拴, 薛禹胜, 林振智. 云计算：构建未来电力系统的核心计算平台[J]. 电力系统自动化, 2010, 15：1－8

[188] 衡星辰, 周力.分布式技术在电力大数据高性能处理中的应用[J]. 电力信息化, 2013, 11 (9)：40－43

[189] 许海清, 黄敏. 浅谈电力大数据对信息运行的影响[J]. 江苏电机工程, 2015, 02：62－64

[190] 华巧. 基于大数据的电力信息技术发展探讨[J]. 网络安全技术与应用, 2014, 12：224＋226

[191] 张国歌, 谢岩, 薛继梅, 韩艳辉, 于伟. 大数据对电力企业的影响[J]. 信息与电脑(理论版), 2015, 01：80－81

[192] 方俊皓. 大数据时代电力信息技术思考与探索[A]. 中国电机工程学会电力信息化专业委员会.电力行业信息化优秀论文集 2013[C].中国电机工程学会电力信息化专业委员会：2013：4

[193] TILAK S, ABHU－GAZHALEH N, HEINZELMAN W. R. A tax－anomy of wireless micro－sensor network models[J]. ACM SIGMOBILE Mobile Comp. Commun. Rev, 2002, 6(2)：28－36

[194] CHEN H, TSE C K, FENG J. Source extraction in bandwidth constrained wireless sensor networks [J].IEEE Tran. Circuits and Systems II, 2008, 55 (9)：947－950

[195] 王琼. 基于物联网的电力设备信息管理研究与实现[D]. 华北电力大学, 2013

[196] 陈树勇, 宋书芳, 李兰欣, 等. 智能电网技术综述[J].电网技术, 2009, 33(8)：1－5

[197] 宁焕生，张瑜，刘芳丽，等. 中国物联网信息服务系统研究[J]. 电子学报，2006，34(12)：2514 – 2517

[198] 唐跃中，邵志奇，郭创新，等. 数字化电网体系结构[J]. 电力自动化设备，2009，29(6)：115 – 118

[199] 李勋，龚庆武，乔卉. 物联网在电力系统的应用展望[J]. 电力系统保护与控制，2010，22：232 – 236

[200] 黄孝斌. 物联网应用实践[J]. 信息化建设，2009，(11)：21 – 22

[201] 侯思祖，王亚微. GPRS 技术在电力抄表领域的研究与应用. 低压电器，2008(8)

[202] 栗玉霞，徐建政，刘爱兵. GPRS 技术在自动抄表系统中的应用. 电力自动化设备，2003(12)

[203] 罗俊，周峰. 基于 CDMA 的电力远程抄表物联网应用[J]. 电信科学，2011，S1：67 – 70

[204] 陈蕾. 物联网技术及其在电力系统通信中的应用[J]. 企业技术开发，2010，17：31 – 33

[205] 李鸿培，于旸，忽朝俭，曹嘉. 工业控制系统及其安全性研究报告，绿盟科技，技术报告，2012.12. http://www.nsfocus.com/report/NSFOCUS_ICS_Security_Report_20130624.pdf

[206] 王志强，王红凯，张旭东，沈潇军. 工业控制系统安全隐患及应对措施研究[J]. 信息网络安全，2014 (09)：203 – 206

[207] [LYHC2013] 李鸿培，于旸，忽朝俭，曹嘉. 工业控制系统的安全性研究. 中国计算机学会通信，Vol.9，2013，37 – 42

[208] 杜伟奇，王平，王浩. 工业控制系统中安全威胁分析与策略[J]. 重庆邮电学院学报：自然科学版，2006，17(5)：594 – 598

[209] 张帅. 工业控制系统安全风险分析[J]. 信息安全与通信保密，2012(3)：15 – 19

[210] 谷神星网络科技有限公司. 工业控制网络安全系列之四典型的工业控制系统网络安全事件[J]. 微型机与应用，2015，34(5)：1 – 5

[211] [工信部451] 关于加强工业控制系统信息安全管理的通知，工信部协[2011] 451 号

[212] [电监会2013] 电监会2013年50号文，《电力工控信息安全专项监管工作方案》

[213] [国家烟草局2013] 国家烟草局《烟草工业企业生产区与管理区网络互联安全规范》

[214] 陈海南. 网络化控制系统在电力系统中的应用[J]. 机电信息，2013(24)：16 – 17

[215] 席盛代. 基于 PC＋PLC 工业控制系统的应用与发展趋势[J]. 工业控制计算机，2008，21(7)：1 – 2.

[216] STOUFFERK, FALCOJ, SCARFONEK. Guide to Industrial Control Systems (ICS) Security[S]. American：NIST，2011

[217] 向登宁，马增良. 工业控制系统安全分析及解决方案[J]. 信息安全与技术，2013(11)：28 – 30

[218] 兰昆，饶志宏，唐林，等. 工业 SCADA 系统网络的安全服务框架研究[J]. 信息安全与通信保密，2010(3)：47 – 49

[219] 刘威，李冬，孙波. 工业控制系统安全分析[J]. 信息安全网络，2012，41 – 43

[220] 余勇，林为民. 工业控制 SCADA 系统的信息安全防护体系研究[J]. 信息网络安全，2012，(05)：74 – 77

[221] 郭斌，於志文，张大庆，等. 机会物联及其安全性探讨[J]. 信息网络安全，2012，(05)：68 – 69

[222] 贾东耀，王仁煌. 工业控制网络结构的发展趋势[J]. 工业仪表与自动化装置，2002，(05)：12 – 14

[223] 李发根，钟笛. 数字签名综述[J]. 信息网络安全，2011，(12)：1 – 8

[224] Keith Stouffer, Joe Falco. Guide to Industrial Control Systems [J]. (ICS)Security，2011，(07)

[225] 任伟. 密码学与现代密码学研究[J]. 信息网络安全，2011，(08)：1 – 3

[226] 张帅. 工业控制系统安全管理体系-ICS 工业控制系统安全风险分析之二[J]. 计算机安全. 2012，1：20 – 23

[227] 朱世顺，董玙，等. 电力工业控制系统信息安全测评体系研究[J]. 电力信息化. 2012，4：16 – 19

[228] 余勇，林为民，等. 智能电网中的云计算应用及安全研究[J]. 信息网络安全. 2011，(06)：41 – 43

[229] 兰昆，饶志宏，等. 工业 SCADA 系统网络的安全服务框架研究[J]. 信息安全与通信保密，2010(3)：

47 - 49

[230] 王浩，吴中福，王平.工业控制网络安全模型研究[J].计算机科学，2007，34(5)：96 - 98

[231] GB/T 22239—2008：信息安全技术 信息系统安全等级保护基本要求[S].2008

[232] 王同洋，余鹏飞.数据摆渡在安全移动存储中的应用研究[J].计算机工程与应用，2010，28：114 - 117

[233] 余斌，刘宏培.浅析计算机病毒检测方法[J].福建电脑，2009，10(08)：98 - 99

[234] 王永达.浅谈计算机病毒及其检测与预防[J].今日科苑，2010，23(02)：106 - 107

[235] 李询涛.计算机病毒检测技术分析[J].计算机光盘软件与应用.2012，21：101，106

[236] 中华人民共和国国家标准(GB/T 20275—2006，ICS35.040 L80).信息安全技术入侵检测系统技术要求和测试评价方法，2006，05，31

[237] 齐琪.基于内存完整性的木马检测技术研究[D].武汉：华中科技大学，2006

[238] Gene H. Kim, Eugene H. Spafford. The design and implementation of tripwire: a file system integrity checker. Conference on Computer and Communications Security, 1994：18 - 29

[239] 商海波.木马的行为分析及新型反木马策略的研究[D].浙江工业大学硕士学位论文，2005

[240] 刘勇，邱玲.虚拟机查毒技术的实现[J].科技创新导报，2008，18：25 - 26

[241] 李家骥.计算机木马攻击与检测技术研究及实现[D].电子科技大学硕士学位论文，2011

[242] 宋娟.浅析网络病毒预防和清除的方法[J].科技创新与应用.2014，21：77 - 78

[243] 姜小妹，方芳.浅析木马侵袭及清除方法[J].科教导刊，2012，14：251 - 252

[244] 刘涛.工控网络协议转换网关关键技术的研究[D].大连理工大学，2007

[245] 张淑英.网络安全事件关联分析与态势评测技术研究[D].吉林大学，2012